HAMBURGER GEOGRAPHISCHE STUDIEN

Herausgegeben von Albert Kolb, Erich Otremba, Wilhelm Brünger.
Schriftleitung Wilhelm Brünger

Heft 9

STRUKTUR UND ENTWICKLUNG PAPUAS UND DES VON AUSTRALIEN VERWALTETEN, EHEMALS DEUTSCHEN GEBIETES DER INSEL NEU-GUINEA

von

STEFAN VON GNIELINSKI

Hamburg 1958

Im Selbstverlag
des Instituts für Geographie und Wirtschaftsgeographie
der Universität Hamburg

Die Abhandlung wurde am 27. Juli 1957 von der Math.-Naturwissenschaftlichen Fakultät der Universität Hamburg unter dem Dekanat von Prof. Dr. Sperner auf Antrag von Prof. Dr. Albert Kolb als Dissertation angenommen.

Inhaltsverzeichnis

Einleitung

„Natur und Kultur eines Erdraumes und seiner Bewohner stehen in einem engen, sich gegenseitig bedingenden Zusammenhang. Die Natur bildet die Grundlage des menschlichen Lebens, der Mensch jedoch wandelt durch seine gestaltende Kraft die anfänglich reine Naturlandschaft in eine Kulturlandschaft."[1]) Diese Worte meines verehrten Lehrers, Prof. Walter Behrmann, finden, wenn wir sie auf das von ihm zu großen Teilen erforschte Neu-Guinea anwenden, weitgehende Bedeutung.

Es soll das hauptsächliche Ziel meiner Darstellung sein, die wechselseitigen Beziehungen zwischen Raum und Klima, Mensch und Kultur im von Australien verwalteten Teilgebiet der Insel Neu-Guinea zu untersuchen.

Die Fülle der vorliegenden Literatur beweist zwar, daß Forschungsergebnisse in großer Zahl vorhanden sind, doch glaube ich, daß sie wenig Allgemeingut geworden sind, weil wir keine dem Stande unserer heutigen Kenntnis angepaßte zusammenfassende deutsche Arbeit über die Insel besitzen. Wer sich ein abgerundetes und doch ins einzelne gehendes Bild machen will, muß in zahlreichen Werken und Zeitschriften verstreute Reise- und Forschungsberichte durcharbeiten.

Durch den Versuch, auf nicht zu breitem Raume über die wichtigsten landeskundlichen Tatsachen zu berichten und die sich daraus ergebenden wirtschaftlichen Probleme zu deuten, möchte ich diesem Mangel abhelfen und einen Beitrag zur Landeskunde Neu-Guineas liefern.

Ausgangspunkt und Grundlage der Untersuchungen bilden die Verhältnisse, die ich während meines Aufenthaltes auf der Insel 1954/55 vorfand.

Die vielen Anregungen und Hinweise, die mir Prof. Albert Kolb mit auf den Weg gab und die er mir auch während meines Aufenthaltes in Neu-Guinea schriftlich zuteil werden ließ, förderten diese Arbeit richtungweisend und veranlassen mich, ihm für diese stets wohlwollende Unterstützung meinen aufrichtigsten Dank zu sagen.

Viele deutsche Forscher, Missionare, Ärzte, Pflanzer und Verwaltungsbeamte haben unter großen Entbehrungen zur genauen Kenntnis des Landes, besonders des ehemals deutschen Schutzgebietes, wesentlich beigetragen. Im Gedenken an ihr Wirken habe ich diese Arbeit geschrieben.

1 Behrmann: Vorlesung „Australien und Ozeanien" W-S. 1951—52, Freie Universität Berlin.

I. DER RAUM

1. Begriff, Lage, Größe

Man faßt die weite Inselflur des pazifischen Ozeans, die sich im Nord-Osten um Australien zieht, unter dem Begriff MELANESIEN zusammen. Neu-Guinea ist nicht nur die bedeutendste Insel dieser Gruppe, sondern mit nahezu 800 000 qkm (785 000 qkm) nach Grönland die größte Insel der Welt. Von zahlreichen kleineren Inseln und Atollen umgeben, liegt sie an der NE-Küste der alten australischen Scholle.

Die Insel erscheint als ein gewaltiger Koloß, der sich als eines der jüngsten und höchsten Hebungsgebiete der Erde vom Äquator zum 10. südlichen Breitengrad, 131°—151° östlicher Länge, bei einer Ausdehnung von 2400 km und einer Breite bis zu 660 km hinzieht.[2]) Sie wird im Westen von der Molukken- und der Ceram-See, im Norden und Osten vom Stillen Ozean und im Süden von der Korallensee, der Torresstraße und der Arafura-See (Alfuren-See) begrenzt.

Auf Europa übertragen würde die Insel von England bis zum Schwarzen Meer und von Berlin fast bis zur Po-Ebene reichen. [3]) (Vergl. Karte 1.)

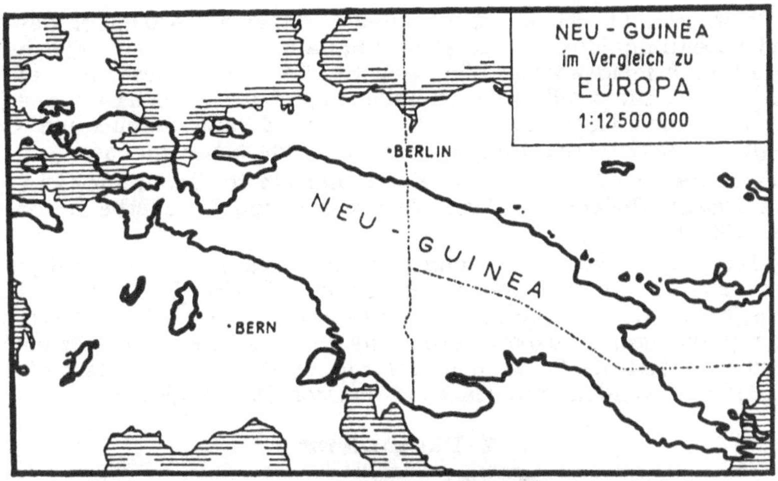

Karte 1 Neu-Guinea im Vergleich zu Europa (nach Kern)

Neu-Guinea ist ein schwer durchdringbares, tropisches Gebirgsland. 65 % seiner Landfläche liegen über 600 m hoch und nur im Süden und einigen Stellen im Norden erstrecken sich flache, offene Landstriche. [4])

Politisch gliedert sich die Insel in 3 große Teile. Der westliche, holländisch verwaltete Teil, mit einer Fläche von 376 000 qkm, soll in dieser Abhandlung nur vergleichsweise betrachtet werden. Seine östliche Grenze erstreckt sich, an der Nordküste unweit der Hauptstadt Hollandia beginnend, parallel zum 141. östlichen Längengrad bis zum Fly-River. Sie folgt dem Flußlauf bis 141° 1' 48" ö. L., um von dort ab diesem Meridian bis zur Südküste zu folgen, wo sie in der Mitte des Bensbach-Flusses endet. [5]) Es ist also eine am Schreibtisch geschaffene Grenze.

Das australisch verwaltete Gebiet, das sich östlich dieser eben genannten Grenze erstreckt, umfaßt das „Territory of Papua", sowie das ehemals deutsche

2 Behrmann (42) 254, Kolb (289) 27, ferner (304) 1, Krug (311) 94, (494) 23.
3 Kern. (274) 3.
4 (109) 29.
5 Bohrer (72) 14.

Kaiser-Wilhelm-Land jetzt „Territory of New Guinea" genannt.[6]) Die gegenseitige Grenzlinie ist ebenfalls keine natürliche Trennlinie, obwohl sie entlang der Wasserscheide führen sollte, die aber, wie sich später zeigte, nördlich dieser Abgrenzung liegt.[7]) Sie beginnt am 141. Meridian, 5° südlicher Breite und verläuft in östlicher Richtung auf den ideelen Schnittpunkt des 6. Parallelkreises mit dem 144. Meridian, setzt sich bis zum Schnittpunkt des 8. Parallelkreises mit dem 147. Meridian fort, um dann dem 8. Breitengrad bis zur Ostküste der Insel zu folgen.

Beide Territorien, das südlich gelegene Papua mit nahezu 227 360 qkm, sowie das sich im Norden anschließende Territorium Neu-Guinea mit annähernd 181 650 qkm, nehmen mit zusammen 409 000 qkm den größeren Teil der Insel ein.[8])

Die Küste ist im allgemeinen nur mäßig stark gegliedert und über weite Strecken von Korallenriffen gesäumt, die sie gegen die abradierende Kraft des Meeres schützen. Nur im Anschwemmungsland des Papua-Golfes ist durch die zahlreichen Deltabildungen die Küste in ein Gewirr von Inseln aufgelöst. Reicher wird die Küstengliederung auch dort, wo die Gebirgszüge bis ans Meer herantreten, so an den östlichen Ausläufern der Insel sowie an den Kalkterrassen des nördlichen Küstengebirges.[9]) Die Gesamtlänge der das australische Teilgebiet umschließenden Küste beträgt ca. 8000 km.

Im Osten schließt sich der Louisiaden-Archipel als Ausläufer des ins Meer tauchenden Zentralgebirges an. Misima, Tagula und Rossel sind die bedeutendsten Eilande dieses Inselschwarmes, der, von Korallenbänken gesäumt, gefährlich für die Schiffahrt ist. Die nördlich davon gelegene D'Entrecasteaux-Gruppe (Normanby, Fergusson und Goodenough) ist vorwiegend jungvulkanischen Ursprungs, doch trägt sie ebenfalls charakteristische Merkmale Neu-Guineas.

Außer diesen Inseln gehören die Koralleninseln der Trobriand-Gruppe, Woodlark- und Lusancy-Inseln zum Territorium von Papua. Die Fläche dieser Inseln beträgt ca. 7100 qkm.

Das Territorium von Neu-Guinea umfaßt außer dem ehemaligen Kaiser-Wilhelm-Land den Bismarck-Archipel mit der 33 700 qkm großen Insel Neupommern (New Britain), Neumecklenburg (New Ireland) mit 7800 qkm und Neuhannover (Lovongai) 1100 qkm, ferner die Admiralitätsinseln (Manus) und den nordwestlichen Teil der Salomonen mit den Inseln Bougainville und Buka. Das Treuhandgebiet hat somit eine Gesamtfläche von 241 000 qkm.[10])

2. Die Landformen

a. Landschaftsbau, Großformen

Da die geologische Erforschung sich im wesentlichen auf die wirtschaftlich wichtigen Gebiete beschränkt hat, ist Neu-Guinea noch heute ein Land, das wohl in seinen Grundzügen bekannt, jedoch bei weitem noch nicht im einzelnen durchforscht ist.

Der australisch verwaltete Teil der Insel bildet, wie schon aus dem erwähnten mathematischen Verlauf der Grenzlinien hervorging, keineswegs eine geographische Einheit und stellt auch keine eigene, in sich abgeschlossene orographische Struktur dar, sondern fügt sich vielmehr in den außerordentlich formenreichen Gesamtbau der Insel ein. Dementsprechend ist es unerläßlich, bei einer Landschaftsgliederung die Gesamtinsel zu betrachten.[11])

---

6 Da in Australien das gesamte Inselgebiet sowie das Mandatsgebiet „New Guinea" genannt wird, was zu Mißverständnissen führen kann, wird in dieser Arbeit das ehem. deutsche Gebiet als „Territorium" bzw. „Territorium New Guinea", die Insel dagegen als „Neu-Guinea" bezeichnet.

7 Behrmann (34) 375, (38) 34, hat im Westen, Detzner im Osten nachgewiesen, daß die Wasserscheide in Wahrheit nördlich der ehemaligen Grenze verläuft.

8 Größenangaben ohne die dazugehörigen Inselgruppen.

9 Bohrer (72) 14, Krenkel (303) 116, Krug (311) 94.

10 Statistisches Jahrbuch 1956, Geisler (194) 21, Handbook of Papua and New Guinea (646) S. 21, Yearbook of the Commonwealth of Australia 1955 (638) 118. Whyte (609) 196

11 (77) 98, (72) 39, (535) 91—95

Die Insel Neu-Guinea lagert auf dem australischen Festlandsockel, nur durch das flache Schelfmeer, die Torresstraße, von ihm getrennt, als Glied des australasiatischen Faltengürtels, der sich um den archaischen Kern des Kontinents legt, einen Bogen über die Louisiaden nach Neukaledonien bildet und sodann wahrscheinlich in zwei parallelen Rücken in SSE-Richtung nach Neuseeland streicht. Das sich in West-Ostrichtung quer durch die ganze Insel erstreckende Zentralgebirge ist die Fortsetzung des malaiischen Orogens, mit dem es in stratigraphischer Hinsicht viele gemeinsame Züge hat. [12])

Das Zentralgebirge stellt somit, nach Ed. Suess, den inneren australischen Faltengebirgsbogen dar, der sich jedoch nach, Stanley, [13]) an seinem östlichen Ende, am Huon-Golf, teilt und einen weiteren Arm hinüber nach den D'Entrecasteaux Inseln und den Louisiaden erstreckt. Das junge tertiär gefaltete und darauf gehobene Gebirge ist noch immer in Aufwärtsbewegung begriffen.

Der Sockel des Zentralmassivs besteht aus kristallinen Schiefern, Gneisen und Phylliten, sowie aus älteren Eruptivgesteinen, Diabasporphyrit, Olivingabbro und stark serpentinisiertem Gabbrogestein, weiter aus schiefrigen Grauwacken und Quarzit. Auch Granite kommen vor. Über dem praekambrischen Grundgebirge liegen Reste von wohl variszisch gefaltetem Palaeozoikum und Devon, dann folgen — besonders im Westen — Jura und Kreide. Diesen lagern sich diskordant als Deckgebirge mächtige Konglomerate auf, vor allem Sandsteine und Kalke miozänen Alters, die in gleicher Struktur auch in Holländisch Neu-Guinea bekannt sind. In den oberen Horizonten besteht zwischen den einzelnen Sandsteinbänken häufig eine Anreicherung tonigen Materials.[14]) (Anhang Karte 3) Gegen Süden werden die Sandsteine immer mehr von Konglomeraten durchsetzt. Das obengenannte Gesteinsmaterial tritt in Form von verkitteten Geröllen in diesen Schichtpaketen auf. Einer Periode der Gebirgsbildung ging also eine lange Ablagerungsperiode voraus. [15])

Im unteren Miozän wurden die Gesteinspakete gefaltet. Die faltende Kraft richtete sich vom Norden gegen die australische Masse, daher sind die Falten ganz überwiegend nach Süden geneigt. [16]) Da auch junge pliozäne und postpliozäne Gesteine gefaltet sind, hat in diesem innersten Gebirgsbogen der Hebungs- und Faltungsvorgang bis mindestens zum Pleistozän angehalten und dauert wahrscheinlich noch heute an.[17]) Die damit verbundene starke vertikale Heraushebung brachte die höchsten Teile des Landes bis in die Regionen des ewigen Schnees.

Nach Geisler [18]) war die Insel bis zum Pleistozän mit dem australischen Festland verbunden und ist erst durch das Absinken der Torresstraße von diesem getrennt worden. Eine Hebung dieser Zone um ca. 30 Meter würde die ursprüngliche Verbindung wiederherstellen.

David schreibt hierzu: "In regard to the broad tectonic features of Papua it may be suggested, very tentatively, that the mainland of Australia has functioned as a 'foreland massif' with the Torres Strait, the Golf of Carpentaria, the Arafura Sea, and the deep Mesozoic and Tertiary basins with their thick strata as a Senkungsfeld. Possibly the crystalline schists forming a great part of the backbone of the island have played the part of an inner, or rückland massif which have helped to roll up the Mesozoic and Tertiary sediments." [19])

---

12 Behrmann (40) 197, (36) 37, Geisler (194) 15. 83, Glässner (205) 864, Sueß (556) 305, Machatscheck (355) 246 ff. (311) 16, (459) 667, (8) 755, (546) 1—15, (494) 23.
13 Ed. Suess (556) 305, ferner, (366) 29, (531) 118, (546) 1.
14 (24) 32, (29) 4, 35, (31) 265, (176) 307, (194) 83, (205) 859, (355) 252, (207) 25.
15 (38) 32
16 (303) 117.
17 Die pliozänen Schichten haben, wie Braun (77) 119 bemerkt, teilweise das Aussehen von Nagelfluh. Behrmann (31) 247, ferner: (355) 251, (56) 186.
18 Geisler (194) 27, 83, (644) 501—13.
19 David (127) 324—325, vergl. auch (8) 766.

Behrmann hat den schematischen Querschnitt durch Neu-Guinea zur Veranschaulichung der Bewegungsrichtungen in zeichnerischer Darstellung entworfen.[20] Er nimmt an, daß sich die Zentralkordillere an der australischen Masse staut. Dadurch ist auch die noch andauernde Hebung des embryonalen Gebirgszuges der Südküste zu erklären, der ein großes Senkungsgebiet folgt, das bis an den Fuß des Zentralgebirges heranreicht. Dieses wird durch eine sich im Süden hebende und gegen die nördliche Ebene absinkende Großfalte gebildet, die gegen das südliche Vorland fortschreitet. Zentralgebirge und nördliches Küstengebirge werden ebenfalls durch eine weite Senkungszone getrennt. Dieses Küstengebirge ist nach seiner Struktur ein Bruchschollengebirge mit Grabenbrüchen und Horsten. Die anschließende Vulkanzone, die sich entlang der Küste bis nach Neu-Britannien hinzieht, ist eine Folgeerscheinung dieser jungen Brüche. Die Lagerung der Sedimente läßt überall starke Bewegung erkennen, und zahlreiche Erdbeben beweisen, daß der tektonische Bau, der die große Insel Neu-Guinea unter unseren Augen schafft, noch nicht abgeschlossen ist. Im Vergleich mit dem malaiischen Archipel ist die Bebenhäufigkeit Neu-Guineas jedoch gering.[21]

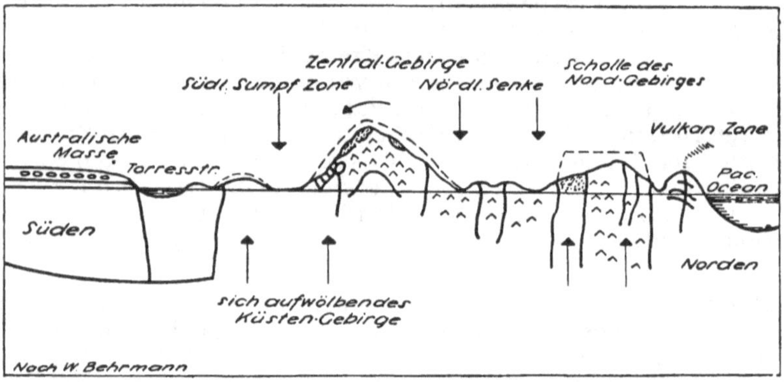

Karte 4. Schematischer Querschnitt durch Neu-Guinea zur Veranschaulichung der Bewegungsrichtungen.

In der Großgliederung tritt uns somit ein deutlicher Parallelismus von West nach Ost gerichteter Hoch- und Tiefenzonen entgegen, der durch die jungen tektonischen Bewegungen verstärkt wird.[22] So betrachtet, ergibt sich eine Dreigliederung: Das Zentralgebirge, das nördliche Küstengebirge sowie ein südliches Bergland und zwischen ihnen die Schwemmlandflächen der Flüsse, die von tropischen Regen gespeist werden. (Anhang Karte 2)

Das Rückgrat der Insel bildet das Zentralgebirge, ein altes kompliziert aufgebautes Grundgebirge, das sie in ihrer ganzen Ausdehnung durchzieht, in der vergletscherten Carstensz-Spitze im Nassau-Gebirge eine Höhe von 5000 m erreicht und gleichsam eine Sperrlandschaft bildet, die den Süden vom Norden trennt.[23] Im Nassau- und Oranje-Gebirge steigt es, sich steil aus der Küstenebene erhebend, noch verschiedentlich über die bei 4300 m liegende Schneegrenze empor, so daß vom Meer aus die Schneegipfel gesichtet werden können. Im australischen Gebiet wird die Schneegrenze von keinem Gebirgsrücken mehr erreicht, jedoch wies Wollaston auch hier die Spuren früherer Vergletscherung schon bei einer Höhe von 3650 m nach.[24]

20 Karte 4 Schematisches Profil der Insel. (355) 251, (311) 96.
21 Behrmann (40) 207, v. Bemmelen (56) 715, (311) 94, (491) 629, (355) 250, 253, (77) 119, (531) 116 ff. (335) 17.
22 Machatscheck (355) 250.
23 Behrmann (29) 28, (31) 247, Kolb (289) 28, ferner: (311) 94, (633) 23.
24 Wollaston (634) 248 ff. Siehe auch (72) 47, (348) 447 ff.

Beginnend mit den Star-Mountains, die vom holländischen Gebiet herüberstreichen, sind die wichtigsten Gebirgszüge im australischen Teilgebiet die Hindenburg-, Victor-Emanuel-, Müller-, Kubor- und Schrader-Ketten, sowie das bis über 4200 m hohe Bismarck-Gebirge. [25]) An die Kubor-Ketten, die zum Purari-Hochland gehören, schließen sich das Krätke-Gebirge, sowie als Ausläufer die langgezogene, mächtige Owen-Stanley-Kette an. Die einzelnen Gebirgszüge legen sich in Ketten hintereinander, die Richtung ESE bis WNW innehaltend. Dabei wird die Wasserscheide oft von der einen Kette an die andere übergeben, wie auch die einzelnen Ketten verschieden hoch und breit sind. [26])

Die Star-Mountains, die bis zu 3850 m emporragen und sich aus Kalk- und Sandsteinen zusammensetzen, [27]) liegen fast genau auf der ehemals deutsch-englischen Grenzlinie, und hohe Seitengrate zweigen von ihnen nach Norden und Süden ab. Der breite Rücken wird jedoch im Quellgebiet des Sepik und Fly unvermittelt eingeengt. Die Victor-Emanuel-Kette ist hier relativ schmal und zugleich niedriger. Die Hindenburg-Kette ist kaum höher als 2800 m. Hier führt ein zwar steiler, aber auch naher Paß vom Fly zum Sepiktal hinüber. Nach Bohrer sind die Quellgebiete der beiden größten Flüße Neu-Guineas in Luftlinie nur noch ungefähr 3 km voneinander entfernt. [28])

Östlich davon steigen die Gebirge wieder auf 4000 m an und überragen die bei 3200 m liegende Baumgrenze. [29]) Parallel zur Hindenburg-Kette, auf deren Rücken die Wasserscheide verläuft, erstrecken sich im Norden die Schatteburg- und Thurnwald-Ketten, sowie die sich vom Stollé-Berg bis Roesicke- und Treppen-Berg hinziehende Zentralkette, von der sich Westkette und Hunstein-Gebirge nach Nordosten streichend ablösen. [30])

Die Kaban- und die Blücher-Kette im Süden bestehen aus stark zerklüfteten Kalken, die östlich des Strickland in der bis 2000 m hohen Müller-Kette ihre Fortsetzung finden.

Weiter nach Osten verläuft die Wasserscheide des Zentralgebirges in größerer Entfernung nördlich der ehemaligen Grenze. Bohrer schreibt: [31]) „Die englische Hagen-Berg-Expedition (1933/34) hat die Ansicht Behrmanns bestätigt, daß als wasser- und zugleich als landschaftsscheidender Gebirgszug die Hagen-Kette und deren vermutliche Fortsetzung über die Herbert-, Wilhelm-, Otto- und Helwig-Berge zu gelten hat." Hier biegt die Wasserscheide nach SSE um und verläuft über den Mt. Chapman und den Rücken des Owen-Stanley-Gebirges.

Auch im östlichen Teil des australischen Gebietes haben wir es, wie bereits Behrmann erkannte, nicht mit einem riesigen, einheitlichen Gebirgsstock zu tun, sondern hauptsächlich mit zwei parallel von West nach Ost verlaufenden Gebirgszügen, die durch Hochtäler und Flüsse durchfurcht werden. Es finden sich hier auch einzelne stark verkarstete Kalkberge. Der südliche Gebirgszug besteht aus dem Kubor-Gebirge mit dem Puraridurchbruch. Das Purarihochland, ebenfalls ein außerordentlich zerklüftetes Karstgebiet, besteht aus marinen Kalken miozänen Alters und bildet die Abgrenzung des dem Zentralgebirge südlich vorgelagerten tertiären Hügellandes. [32]) Diese Hochflächen weisen auf eine ungewöhnlich große, junge Hebung hin.

Der nördliche Gebirgszug besteht aus dem Bismarck-Gebirge, das sich ohne Unterbrechung in der Schrader-Kette fortsetzt, die jedoch nur Höhen von 2300 m erreicht. Das bis 4260 m hohe Bismarck-Gebirge (Mt. Wilhelm) bildet den höchsten und breitesten Gebirgszug des australischen Teilgebietes. Es steigt aus der Ramu-

25 Karte Nr. 2
26 (38) 37, (56) 58, 59, (303) 117, (531) 118, (468) 7.
27 Austin (17) 144.
28 (72) 43, (56) 58. Vergl. Karte Nr. 2.
29 (38) 39, (56) 58 ff, (355) 252, (467) 2, (469) 10 ff.
30 Behrmann (25) 121, ferner: (390) 126.
31 Bohrer (72) 43—44.
32 Bohrer (72) 45, (355) 252, (468) 8.

ebene in kulissenhaft hintereinandergeschobenen Bergrücken fast bis zur Schneegrenze an und besitzt landschaftlich Hochgebirgs-Charakter.[33]) Lauterbach hat es in seinen Randhöhen erforscht und festgestellt, daß hier, sowie im Westen des Huon-Golfes, im Herzog-Gebirge und in den weiteren Ausläufern kristalline, stark metamorphe und intensiv gefaltete Gesteine erheblich verbreitet sind. Daneben finden wir granitische, dioritische und gabbroartige Tiefengesteine mit ihren ultrabasischen Randbildungen (Olivinfels) und Kontaktgesteinen (Andalusit, Granatamphibolit), dagegen keinerlei marine Sedimente. Stark verwitterte Diabase und Diorite, die ein hohes Alter erkennen lassen, kommen westlich des Huon-Golfes vor.[34]) Detzner glaubt eine deutliche Terrassenbildung im Bismarck-Gebirge wahrzunehmen. Nach ihm legen sich drei Terrassen übereinander. Braun vermutet jedoch, daß es sich eher um Längstäler zwischen in gleicher Richtung streichenden Ketten handelt. Solche sind zwischen dem Detzner-Berg und der Schrader-Kette nachgewiesen. Die Talsohlen, die sich durch zahlreiche Bergstürze und Flußaufschüttungen ausfüllen, ähneln den Terrassen.[35]) Vom Herbertberg (4000 m) an verengt sich das Zentralgebirge wieder. Auch durch den Papua-Golf, der bei 147° östlicher Länge ins Land einbricht, werden die Ketten eingeschnürt. Als Ausläufer des Bismarck-Gebirges streicht nur das Krätke-Gebirge (2500 m) in südöstlicher Richtung auf die Owen-Stanley-Kette zu, die sich auf der schmalen Südosthalbinsel bis zu einer Höhe von 4030 m (Mt. Edward und Mt. Victoria 4010 m) erhebt und über die Inselspitze in ein Mittelgebirge ausläuft, das jungvulkanischer Entstehung ist und dem die mächtige Sandsteindecke der westlichen Gebirgszüge fehlt. Die Breite beträgt noch etwa 100 km.[36]) Der Vulkanismus erreichte sein Maximum im Pliozän und ist bis zur Gegenwart tätig. Die Zentren vulkanischer Aktivität beginnen am Mt. Hagen und ziehen sich über das Purari-Hochplateau östlich über das Owen-Stanley-Gebirge zu den vorgelagerten Inseln hin.[37])

Ein Schollengebirge, das sich an der Nordostküste von der Insel Japen bis zum Huon-Golf hinzieht, bildet das zweite Hauptelement im Aufbau der Insel. Es erstreckt sich im wesentlichen parallel zur Hauptkordillere des Zentralgebirges, getrennt durch eine breite Senkungszone, die sich vor die Großfalte legt und die von den Flüssen Memberamo, Sepik und Ramu teilweise aufgeschüttet wird.[38]) Dieses Nordgebirge ist kein einheitlicher Gebirgszug, sondern ein aus einzelnen Teilen zusammengesetztes, sehr junges bewegtes Schollenland mit großen Einbrüchen, deren einzelne Gebirgszüge sich bisweilen kulissenartig ineinander schieben. Der Kern besteht ebenfalls aus alten kristallinen Schiefern und erheblichen, praecretaceischen Kontakthöfen, die durch eine Anzahl granitischer, dioritischer und Gabbro-Massive gebildet wurden. An diese legen sich mehr oder minder steil aufgerichtete Sedimentgesteine (jungtertiäre Foraminiferenmergel) und verschiedenartige Ergußgesteine und Tuffe, sowie ganz junge, stark gehobene Terrassen. Die Ketten sind im allgemeinen 1000 bis 2000 m hoch, doch ragen sie in der Gauttier-Kette, sowie im Finisterre-Gebirge bis zu einzelnen Höhen von über 3500 m, im Saruvaged-Gebirge sogar bis 4000 m empor.[39])

Die Grenzberge, die noch hinüber zum holländischen van Rees-Gebirge streichen, verbinden dieses mit dem Bewani- und Torricelli-Gebirge. Machatschek weist auf den komplizierten Bau des Torricelli-Gebirges hin und auch Reiber — der hier bei einer Expedition ums Leben kam — hat von der starken Lateritbildung, die über kretazeischen Schichten, älteren Eruptiven und schiefrigen Schichten von hohem Tongehalt einsetzte, berichtet.[40]) Das Gebirge stellt sich dem regenbringenden Monsun entgegen und ist deshalb überaus feucht und in der Regenzeit kaum zu betreten. Auch Friederici wurde hier zur Umkehr gezwungen.[41])

33 Machatschek (355) 252, Verstappen (588) 336, 425, (591) 424.
34 Gagel (191) 3 ff, Lauterbach (330, 331).
35 Detzner (133), P. Braun (77) 105.
36 v. Bemmelen (56) 58, (311) 94, (355) 253, (376) Bd. I 107, ferner: Behrmann (29) 58.
37 v. Bemmelen (56) 59, (355) 251, (134) 158 ff, (159) 8 ff.
38 Behrmann (24) 68, (29) 11, (38) 34, (41) 265, (56) 58, (77) 120, (355) 254.
39 (25) 121, (31) 247, (191) 54—55, (311) 94, (523) 19
40 (355) 254, (461) 133.
41 (461) 133, Richarz (469).

Das sich anschließende Prinz-Alexander-Gebirge klingt an der Hansemann-Küste aus und überschreitet die 1000-m-Grenze nur an einem Gipfel. Hier öffnet sich die große Gebirgslücke, die Sepik und Ramu benutzen, um das Meer zu erreichen und ihr Delta aufzuschütten. Eine leichte EW-Strömung erfaßt die Flußalluvionen und verfrachtet sie landeinwärts auf die mangrovenbewachsenen Ufer, so daß sich an beiden Mündungen, besonders westlich des Ramu und im Westen des Sepikdeltas bis hinauf zum Kap Girgir, Strandwall an Strandwall bildete.[42])

Südlich der Gebirgszüge erstreckt sich eine 50—80 km breite, hochwasserfreie Ebene mit vereinzelten Hügeln, die allmählich in die sumpfigen Regionen des Sepik übergehen. [43])

Östlich der Delta-Ebene des Sepik und Ramu schließen sich die Adalbert-, Finisterre- und Saruvaged-Ketten an, ferner die Hahl- und Rawlinson-Ketten, letztere dicht am Huon-Golf. Auch hier verhält sich der Schollenaufbau ähnlich. Rauh und zerklüftet sind besonders die Adalbert-Berge. Das Finisterre-Gebirge schiebt sich zwischen die Astrolabe-Bai und den Ramu. Es besteht aus Tonschiefern und vielen altvulkanischen Durchbrüchen, Konglomeraten und Tuffen.[44])

Die Kalkablagerungen des Saruvaged erreichen Höhen von über 4000 m und haben eiszeitliche Kare, die nischenartig in die steilen Rück- und Seitenwände der Gebirgskämme eingegraben sind. Hier und vor allem bei Finschhafen finden sich rezente Korallenkalkreste, die Terrassen bis zu 1000 m Höhe bilden und auf eine ruckartige, periodische Hebung jüngeren Datums hindeuten. Auch der im Osten vorgelagerte Mt. Cromwell (3200 m) bricht in wohlerhaltenen Brandungsterrassen steil zum Meer ab. [45]) Von weiteren eindrucksvollen Küstenerhebungen bei Madang berichtet Panzer. [46])

Van Bemmelen sieht in diesem Küstengebirge und den Ketten von Neu-Britannien eine Verbindung, da sie der Struktur nach übereinstimmen. Nach ihm ist das Nordgebirge als der nichtvulkanische, äußere Bogen des sogenannten Melanesischen Orogens aufzufassen. [47])

Im ehemaligen Kaiser-Wilhelm-Land herrscht eine ausgesprochene Steilküste vor, die aus bis zu 60 m hohen Riffen besteht. Nur stellenweise zeigen sich ein schmaler Sandstrand oder, im Mündungsbereich der Flüsse, sumpfige Mangrovensäume mit vereinzelten Flachküstenstreifen. [48])

Die der Nordküste vorgelagerte Inselkette erweckt wegen des auf ihr herrschenden regen Vulkanismus besonderes Interesse. Hebungs- und Senkungserscheinungen des zerstückelten Nordgebirges stehen mit diesem Vulkanismus in ursächlichem Zusammenhang. Diese Vulkanreihe beginnt an den Andesit-Brüchen bei Aitape und zieht sich über die Schouten Insel, wo gehobene Riffkalke bis 90 m auftreten, zum 1630 m hohen Vulkankegel des Manam, der vor der Mündung des Sepik ideal-kegelförmig, steil aus dem Meere aufragt und lebhaft tätig ist. Es folgen die Vulkane Karkar, Bagabak und Crown-Island, sowie Long-Island, der Umboi mit noch tätigem Krater und die Ritterinsel bis zu der Vulkankette von Neupommern. [49])

Der Vulkanismus scheint vom Westen zum Osten gewandert zu sein. Kleinere Vulkankegel wie Ruprup und Kadowar sind erloschen und schon von der Erosion ergriffen, obwohl Sapper beide noch zu den tätigen Vulkanen rechnet.[50]) Bam ist jedoch noch aktiv tätig. Seine obere Hälfte ist durch eine Explosion weggeblasen und der Vulkankegel erscheint nach Behrmann [51]) halbiert. Seit Jahrzehnten ist

42 (29) 28, (247).
43 (25) 121, (29) 29, (56) 58 ff, (303) 118.
44 Maahs (350) 31, Zoeller (640) 91 ff.
45 Detzner (132) 41, (56) 58, (136) 466 ff, (185) 185 ff, (277) 177, (355) 254, (416) 182.
46 Panzer (416) 182.
47 (56) 59 ff, (485) 255—256, (531) 118, (561) 203, (607) 176
48 (24) 70, (247) 364 ff, (355) 254.
49 Behrmann (24) 68, (31) 249, (38) 40 ff, (56) 58, (194) 85, (303) 118.
50 Sapper (487) 79, (488).
51 Behrmann (29) 30.

der hohe Stratovulkan der tätigste dieser Gruppe. (Schouten Ins.) Behrmann berichtet: „Allabendlich leuchtet die Rauchfackel aus seinem Gipfel, heftige Aschen-eruptionen verfinstern häufig den Himmel, und die Auswurfsprodukte werden weit über das Festland getrieben." [52])

Diese Vulkanreihe weist nach Südosten hin eine immer größere Zahl von Vulkanen auf und erreicht in Neu-Pommern den stärksten Grad der Aktivität.[53])

In dieser Zone tektonischer Störungen sind Erdbeben häufige Erscheinungen. Besonders das Gebiet am Huon-Golf wird von zahlreichen Beben heimgesucht.[54]) Noch häufiger sind die tektonischen Störungen bei Rabaul auf Neu-Pommern. Rabaul hat besonders unter dem starken Ascheregen zu leiden, den der ca. 200 m hohe Vulkan in der Blanche Bucht (Vulkaninsel) um sich verbreitet. Aus diesem Grunde wurde auch der deutsche Gouverneursitz verlegt.[55])

Südlich des steilabfallenden Zentralgebirges breitet sich eine flache Ebene, die Merkmale einer rezenten und noch andauernden ansehnlichen Hebung trägt, die auf eine jungdiluviale Senkung folgte. Wir haben es, wie die Granitvorkommen auf den zwischengelagerten Inseln und an der Südküste Papuas beweisen, mit einem alten Festlandstück zu tun, das nur die seichte Torresstraße vom australischen Kontinent trennt und somit einen vormesozoischen Teil der australischen Masse darstellt. Alfuren-See und Papua-Golf sind ebenfalls nur seichte Meeresbecken. [56])

Nach Zwierzycki wurde dieser Kontinentalteil bereits im Neogen von einer geringen Transgression betroffen. Beweise liefern Ablagerungen marinen Jungteritiärs über dem Granit. Die darauf folgende Hebung ließ eine längere Periode kontinentaler Entwicklung folgen, wie aus der geologischen Beschaffenheit des Quartärs ersichtlich.[57])

Diese Bewegung erfolgte keineswegs gleichmäßig, sondern in Hebungs- und Senkungsperioden, wobei letztere an der Küste große Ablagerungen von Sand und Seeton verursachten, die sich weit ins Innere verfolgen lassen. [58])

Behrmann stellte die Hypothese auf, das südlich der Diogel-Fly-Linie ein embryonaler Gebirgszug im Entstehen sei, der sich parallel zum Zentralgebirge in einem Abstand von 250 km bildet. Durch dieses sich flach aufwölbende Küstengebirge würden Diogel und Fly aus ihrem ursprünglichen Lauf abgelenkt und in östlicher Richtung divergieren.[59]) Diese Laufänderung spricht für die Hebung des Gebietes, und die Tatsache, daß die Ufer des Fly 5—15 m hoch sind, bekräftigt diese Annahme. Terrassen von Korallenkalken am Papua-Golf und an der Milne-Bay, sowie das Vorhandensein zahlreicher Strandwälle deuten ebenfalls darauf hin.[60])

Wir können demnach die Ansicht Zwierzyckis, der annimmt, daß Süd-Neu-Guinea augenblicklich in Senkung begriffen sei, nicht teilen.[61])

Die übrige Südwestküste Papuas bildet eine riesige flache Ebene, die von Mangroven- und Grassümpfen eingenommen wird und sich kaum über den Meeresspiegel erhebt. Erst etwa 40—50 km landeinwärts beginnt das Land allmählich sanft anzusteigen, erreicht die beschriebene ca. 300 m hohe Oriomo-Kette und dehnt sich nördlich dieser Granithügel wieder als weites Tiefland, das ebenfalls nur wenige Meter über dem Meer liegt und von breiten, wasserreichen Flüssen in trägen Mäandern durchzogen wird. Endlose Grassümpfe, Sumpfwald und Sago-

52 Behrmann (29) 30, (237) 254.
53 (29) 30, (38) 40 ff, (261) 557, (547) 830 ff.
54 (384) S. II, (303) 119
55 Hahl (235) 18, ferner: Egan (143) 33.
56 Ed. Suess (556) Bd. II 332, ferner: van Bemmelen (56) 58 Sperling (541) 16, (355) 250, (311) 94, (645) 281.
57 Zwierzycki (645) 201, (205) 876, (541) 21, (77) 19.
58 Wirz (628) I. Bd. 12.
59 Behrmann (40) 194, (29) 11, (21) 84, siehe auch E. Sueß (556) Bd. II, 332.
60 (191) 7, (208) 28, Report of Papua S. 11.
61 Zwierzycki (645) 315.

bestände überziehen diese Gebiete, die besonders am Fly sich bis über 300 km weit ins Innere erstrecken.

Zwischen Fly und Strickland liegen im Sumpfland eine Anzahl von Seen, von denen der 40 km lange und bis 9 m tiefe Murray-See der bedeutendste ist. Die größte Zeit des Jahres ist jedoch das gesamte Gebiet überflutet. Dieses Tiefland stellt gewissermassen eine Einwalmung der südlichen Hebungszone dar.[62])

Von Norden her wird diese Tiefenzone von einem Gebirgsland, den „Southern Foothills", begrenzt, deren Westrand das Einzugsgebiet des Fly bildet, und deren Ostrand wir nahe Kerema am Papua-Golf finden. Die Foothills streichen also nicht bis ins holländische Gebiet und fehlen auch am Südabfall des Owen-Stanley-Gebirges.

Dieses von tertiären und stellenweise auch mesozoischen Gesteinen gebildete Vorland, das in seiner Zusammensetzung vorwiegend aus Sandstein, Mergel und vor allem aus Kalk besteht, zieht sich in mäßiger Höhe bis an den Fuß des Zentralgebirges heran, das sich dann unvermittelt mit schroffen Kalkketten steil emporhebt.[63])

In der Zone der „Foothills" findet sich ebenfalls eine Reihe pleistozäner Vulkane, deren erloschene Krater jedoch weitgehend abgetragen sind. Die höchsten dieser Vulkankegel bilden Mt. Favenc (2000 m), Mt. Murray (2400 m) und Bosavi (3100 m) [64])

b. Landschaftsbau, Kleinformen

Wegen der Üppigkeit der Vegetation ist die Kenntnis der Oberflächenformen noch sehr gering. Das fast lückenlose Urwaldkleid der Berge und Ebenen verdeckt die Kleinformen und verwischt alle Feinheiten und die kleinen Unebenheiten. Sapper bemerkt hierzu:[65]) „Die Vegetation ist oft so hoch und dicht, daß man nichts von dem unmittelbar benachbarten Boden erschaut und demgemäß auch keinerlei Kleinformen erkennen kann." Das Gesamtbild muß demnach aus vielen kleinen Zufallsbeobachtungen zusammengetragen werden.

Da fast überall das dichte Vegetationskleid die Gesteinsoberfläche vor direkter Sonneneinstrahlung schützt, scheiden Temperaturschwankungen und Insolation als morphologisch wirksame Kräfte aus.

Es ist die chemische und mechanische Arbeit des Wassers, die zur Gesteinszersetzung und zur Massenbewegung führt. Bei dieser Boden- und Gesteinsbewegung unterscheiden wir Abtragungs- und Aufschüttungsflächen.[66])

Dem Boden liegt eine Moderschicht von Blättern, verfaulenden Zweigen, Ästen und Stämmen auf. Sie setzen den linear einschneidenden Gewässern kaum einen Widerstand entgegen. So haben sich die Flüsse in die Bergflanken einreißen können. Scharfe Grate, Schneiden und Kerbtäler bildeten sich heraus. Die Gebirgssysteme zeigen ein unruhiges Relief. Bergstürze sind eine alltägliche Erscheinung, verursacht durch starken Niederschlag, das Stürzen von Bäumen, Vertikalwinde und häufige Erdstöße, die das plötzliche Reißen der Vegetationsschicht sowie Gleit- und Rutschbewegungen des durchfeuchteten Materials bewirken. Diese Erscheinungen stellen nicht nur die normalen Erosionsvorgänge des Tropenklimas dar, sondern sind aus ihrem Zusammenwirken mit der rezenten Hebung zu erklären.[67])

Besonders die starke Bodendurchfeuchtung läßt die dichte Vegetationsschicht häufig vom anstehenden Gestein der Bergflanken abrutschen. Die so entstehenden

62 Behrmann (40) Festband 1928, ferner: (468) s. 10.
63 The Resources of Papua and New Guinea (468) s. 9.
64 ebenda S. 9.
65 Sapper (490) S. 81.
66 Behrmann (35) 44.
67 Machatschek (355) 254.

Bergschlipfe, Bergrutsche und Bergstürze schaffen das verwitterte Material zu Tal, das sich an den Flanken anhäuft. Von den Bergwänden sieht man den nackten, roten und weißen Fels aus der zerrissenen Vegetationsdecke herausleuchten, die diese Stellen jedoch bald wieder überwuchert.[68])

Es bilden sich in den Ebenen weite Aufschüttungsgebiete, die durch Ablagerungen der periodisch über die Ufer tretenden Flüsse angeschwemmt werden. Die Oberfläche dieser Akkumulationsgebiete ist von zahlreichen grabenartigen Rinnen durchzogen, in denen sich nach dem Rückgang der regelmäßigen Überschwemmungen das Wasser sammelt. Diese alluvialen Schwemmlandgebiete sind im folgenden Kapitel Gegenstand der Betrachtung und werden deshalb hier nicht weiter erörtert.

c. Bodenverhältnisse

Auch über die Bodenverhältnisse Neu-Guineas ist bisher wenig bekannt, da Bodenuntersuchungen größeren Stils nur in begrenzten, wirtschaftlich bedeutenden Gebieten vorgenommen wurden, deren Ergebnisse in erster Linie dem Bau von Flugplätzen, der Errichtung von landwirtschaftlichen Versuchsstationen sowie der Erdölsuche dienten. Zur Zeit der deutschen Verwaltung wurde jedoch im Kaiser-Wilhelm-Land den Bodenuntersuchungen große Aufmerksamkeit geschenkt. Die von deutschen Forschern 1913 durchgeführte Gogol-Ramu-Expedition befaßte sich in erster Linie mit Bodenuntersuchungen, um ein geeignetes Gebiet für die Anlage einer Versuchsfarm zu erkunden. [69])

Ein wesentlicher Faktor in bezug auf die Bodenkunde ist die Tatsache, daß es zwar einige äußerst fruchtbare Böden alluvialer Ablagerungen und vulkanischen Ursprungs gibt, die aber im Verhältnis zur Gesamtfläche nur eine relativ geringe Verbreitung haben. Mohr schreibt: „Ungleich Java ist die Insel nicht von weiten, fruchtbaren vulkanischen Ablagerungen bedeckt, die selbst einen terrassenförmigen Anbau lohnen und infolge der verbesserten Bodenbewirtschaftung Lebensmöglichkeiten für 40 Millionen Menschen geschaffen haben."[70])

Wie es auch in anderen Tropenländern der Fall ist, verursacht der hohe und häufige Niederschlag ein starkes Auslaugen der Böden. Das in die Tiefe sickernde Wasser löst die Stoffe des Oberbodens, die sich im B-Horizont anreichern. Weiterhin bewirken die unerhört starken Regengüsse eine oftmals erhebliche flächenhafte Abspülung des Mutterbodens.

Zu dieser Bodendurchfeuchtung tritt als zweiter wesentlicher Faktor die konstante Wärme hinzu, welche das Wasser chemisch wirksamer macht als in den kalten oder gemäßigten Zonen. Die Gesteinsverwitterung, d. h. die Bodenbildung, ist somit sehr intensiv; denn die tiefgehende chemische Zersetzung verursacht eine meist tonige und schmierige Verwitterungskrume, die nach Behrmann [71]) Mächtigkeiten bis zu 6 m erreicht.

Eine weitere häufige Erscheinung ist der Bodenfluß. Hier ist die abspülende Wirkung des Regens eine indirekte. Die üppige Vegetationsschicht des Urwaldes verhindert, daß der niederprasselnde Regen abspülend zu Boden kommt. Bei stärkerer Durchfeuchtung bildet sich jedoch Schlamm unter dem Wurzelwerk, der an geneigten Hängen subsilvin abwärts fließt, um weiter unterhalb hervorzutreten und sich in rot-gelbem Schwemmkegel über das Laubwerk zu ergießen.[72]) Die Moderschicht selbst hat durch das verfilzte Wurzelwerk einen stärkeren Zusammenhalt und bleibt zurück. Die dadurch oftmals entstehenden Hohlräume sind bis zu 1$^1/_2$ Meter tief. Da sie nur eine dünne Decke aus Wurzelgeflecht und Laub tragen, wirken sie als natürliche Fallgruben.

Weite Teile des Gebirgslandes und Gebiete mittlerer und stärkerer Bodenneigung haben Skelettböden, dürftige, wasserdurchlässige Bleichböden, die häufig

68 Behrmann (39) 57, Schultze-Jena (522).
69 Braun, M. (76) 51
70 Mohr (388) 276, Vageler (586) 23.
71 Behrmann (24) 28, (523) 19, (586) 26, (537) 29, (517) Bd. 3
72 Behrmann (39) 5, (42) 51, (270) 309, (595) 115 ff, (490) 15.

von Gesteinstrümmern oder schwachverändertem anstehendem Gestein durchsetzt werden. [73])

Vor allem aber trifft man die für das humid-heiße Klima charakteristischen lateritischen Roterden an. Durch die hydrolytische Verwitterung wird die Kieselsäure aus dem Oberboden ausgelaugt. Tonerde und rotes Eisenhydroxyd bleiben zurück.

Unzählige Kleintiere bereiten den Humus auf. [74]) Besonders die Termiten und zu einem gewissen Grade auch die Ameisen mit ihren oft mehrere Meter hohen Bauten fördern die chemische Zersetzung der Bodensubstanz.[75])

Wegen der starken Auslaugung sind die meisten Böden chemisch arm. Ihre Fruchtbarkeit hängt fast ausschließlich von der Humusbildung ab. [76])

Eine besondere Stellung nimmt der Korallenkalk ein, den wir nicht nur im engeren Küstengebiet, sondern auch in den Gebieten des nördlichen und südlichen Küstengebirges finden. Die leichtlöslichen und stark porösen Gesteine weisen die gleichen Erscheinungen wie in den gemäßigten Breiten auf. [77]) Diese Karsterscheinungen, wie Karren, Schratten, Schlundlöcher und Dolinen, sind oftmals durch eine dünne Verwitterungskruste verdeckt und somit an der Oberfläche meist nicht deutlich wahrzunehmen.

Weite Gebiete dieser Kalkböden sind nur mit Alang-Alang-Gras bewachsen. Wo sich Humus auf Kalkböden anreichert, können sich Rendzinaböden bilden, doch sind diese wegen ihres geringen Vorkommens in Neu-Guinea nur von untergeordneter Bedeutung.

Außer Kalkböden sind besonders vulkanische Gesteine am Aufbau des Küstenberglandes beteiligt. Aber auch am Hagen-Berg und am Chimbu finden wir vulkanische Ablagerungen rezenter, vorwiegend aber älterer Herkunft. In der Regel bilden die jungen vulkanischen Ablagerungen die fruchtbarsten Böden.[78])

Je weiter wir uns von den Gebirgen entfernen, um so mehr treten feine Sande, Kiese, Tone und Mergel auf. Besonders die Südküste bis an den Fuß des Zentralgebirges ist von rötlichem oder gelbweißem Ton bedeckt. [79])

Alluviale Böden treten vor allem in den Küstengebieten sowie in den weiten Flußtälern auf. Obwohl sie stellenweise zur Podsolbildung neigen, sind sie neben den vulkanischen die fruchtbarsten Böden des Inselgebietes. [80]) Die Überschwemmungen tragen riesige Mengen von Schlamm über die Flußufer, während gröbere Schwebeteilchen und Sinkstoffe sich in Flußnähe absetzen und so die in diesem Klima typischen Uferwälle entwickeln. Die feineren Sinkstoffe lagern sich in den kleinen Depressionen der Umgebung ab und ergeben einen außerordentlich fruchtbaren Boden. [81])

Solche Schwemmlandgebiete entwickeln sich hauptsächlich an den unteren Läufen des Ramu, Markham, Sepik und Fly. Doch finden wir in diesen Überschwemmungszonen natürlich auch ausgedehnte Sumpfgebiete, vorzugsweise die Deltaflächen des Turama, Bamu, Sepik und Fly, sowie im Küstengebiet des Golfes von Papua. An der Nordküste gibt es eine Zahl kleinerer Sumpfgebiete, die durch die Ketten des Schollengebirges von den weiten Sumpfflächen des Sepik getrennt werden.

Wir unterscheiden zwischen periodisch überfluteten und dauernd überschwemmten Sümpfen. So stuft sich die Sumpflandschaft nach der Zeitdauer der Überschwemmung und der Höhe des Wasserspiegels ab und führt, beginnend mit

73 Lambert (317) 97.
74 Behrmann (35) 48.
75 ebenda (35) 48, Vageler (586) 144, 148.
76 Report on Netherlands New Guinea (467) 3.
77 Behrmann (24) 32, (44) 435, (77) 122, (474) 151.
78 Vroklage (597) 886, ferner (317) 97, (465) 63, (523) 19
79 Wirz (628) 13.
80 Mohr (388) 294, (468) 62.
81 (316) 97, (541) 35, (586) 155—56, (688) 13.

dem nur zeitweise überspülten Urwald, zum Wald- und Sagosumpf und schließlich in den dauernd überschwemmten Partien zur Bildung von Grassümpfen.

Die neuesten Untersuchungen des „Economic Development Committee" ergaben, daß zahlreiche Sümpfe trockengelegt werden könnten und dann für den Reisanbau geeignet wären.[82])

Auch die Mangrovensümpfe können ein bodenbildendes Element sein. Ihr dichtes Wurzelwerk hält den sich im Inneren des Dickichts ablagernden feinen Hochwasserschlamm fest, so daß sich ein blauschwarzer Ton bildet.[83])

Verschiedentlich finden sich an einigen Küstenstrichen und in Flußnähe Rasenhügelböden, die in Kanada als „Earth Mummocks" bekannt sind.[84])

Zusammenfassend kann gesagt werden, daß Neu-Guinea, abgesehen von manchen natürlichen Nachteilen in bodenkundlicher Hinsicht und einer nur geringen Bevölkerungsdichte, in bezug auf die landwirtschaftliche Nutzfläche ein beachtliches Entwicklungspotential besitzt, das durch moderne, bodenkonservierende Maßnahmen noch weitaus steigerungsfähig ist.

3. Die Gewässer

Dank der starken Niederschläge verfügt Neu-Guinea über ein äußerst wasserreiches, engmaschiges Flußnetz. Die Flüsse haben innerhalb der hohen Gebirgspartien tief eingeschnittene Kerbtäler geschaffen, die meist linear verlaufen. Durch das Fehlen von Talauen schwillt der Wasserstand nach den in den Abendstunden wolkenbruchartig niederprasselnden Gewitterregen erheblich an. Auch sickert der Regen infolge der wasserundurchlässigen Verwitterungsdecke, von Kalkgebieten abgesehen, nicht in den Untergrund ein, so daß sich die Wassermassen sammeln und in Form von Wildbächen die steilen Hänge hinunterstürzen, um die Ebene immer wieder zu überfluten.[85])

Das Zentralgebirge, das den Rumpf von Neu-Guinea durchzieht und in annähernd gleiche Teile teilt, bildet durch seine nördliche und südliche Abdachung die Wasserscheide und ist somit für die Entwässerung der Insel in erster Linie bestimmend.[86]) Das außerordentlich starke Gefälle bewirkt, daß das Flußbett schon nach kurzer Entfernung vom Quellgebiet nur noch in geringer Höhe über dem Meeresniveau liegt.[87]) Das angesammelte Material, viele schwebende Erdteilchen und Sinkstoffe, akkumuliert in flachen Schwemmkegeln, die bei kilometerweiter Ausdehnung nur wenige Meter hoch sind. Das geringe Gefälle nach dem Austritt aus dem Gebirge begünstigt die Mäanderbildung, und in trägen Windungen bilden die Wasserarme ein unregelmäßiges Gewirr, das den ganzen Urwald durchzieht.

Weite Teile dieses Urwaldes sind die größte Zeit des Jahres völlig überschwemmt. In der niederschlagsärmeren Periode zeigen sich an den Bäumen Schlamm-Marken, die bis 1½ Meter über dem Boden kenntlich sind.[88]) Diese Schlammringe werden auch vielfach durch den Einfluß der Gezeiten an den Flußmündungen verursacht, die besonders beim Fly, Morehead, Bensbach und Wassi-Kussa von mir beobachtet wurden. Die Amplituden der Gezeiten liegen bei 45—60 cm. Behrmann berichtet von starken Uferabbrüchen zur Zeit des Niedrigwassers, die auf Ausquellungen an den Böschungen zurückzuführen sind. Der Druck des Flußdammes macht sich bei Niedrigwasser auf der glitschigen, verschlammten Unterlage bemerkbar. Die an den Prallstellen entstehenden Ausquellungen werden durch die Hochwasser weggerissen. Somit verändern sich die Flußläufe dauernd. Das bei vielen Flüssen oft schwarzgefärbte Wasser weist auf die

82 Resources of Terr. Papua and New Guinea (468) 63, (316) 97.
83 Behrmann (24) 68.
84 Rasenhügelböden am Wassi-Kussa und auf der Strachan-Insel erschwerten durch das Auf und Ab meine Märsche.
85 Behrmann (24) 31, (25) 121, (35) 55, (7) 278.
86 Marquardson (365) 418 ff.
87 Bohrer (72) 52.
88 (35) 55. (77) 157, (570) 82.

regelmäßigen Überschwemmungen hin, da die Schwarzfärbung auf die Alluvionen und vor allem auf die Humussäure zurückzuführen ist, die die das Flußbett überschreitenden Wassermassen wegspülen.[89])

In weiten Gebieten, besonders an den Unterläufen der Flüsse, haben die dauernden Überschwemmungen Grassümpfe entstehen lassen. Dabei handelt es sich um amphibische Gebilde, die wie saftige Wiesen erscheinen, doch hebt und senkt sich die Grasdecke, die auf dem Wasser schwimmt, mit dem Wasserstand, ist also nicht zu betreten. Wo die Flußränder durch sich ablagernde Sedimente erhöht worden sind, stellt sich der Schilfsumpf, die Brutstätte zahlloser Moskitoschwärme, ein. [90])

Der längste und wasserreichste Fluß ist der Fly, der das südliche Tiefland durchströmt. Hier vereinigen sich zwei mächtige Flußläufe zu einem gemeinsamen Unterlauf, der eigentliche Fly, der das größere Einzugsgebiet hat, und der Strickland, der bedeutend wasserreicher ist. Der Fly hat eine Länge von 1100 km, was der Länge der Elbe entspricht, ist aber an seiner Mündung ca. 50 km breit. Die Quellflüsse des Fly entspringen der Hindenburg- und Dap-Kette. Der größte von ihnen, der Bolfluß, verschwindet im Oberlauf immer wieder in Schlundlöchern und wird erst in 1600 m Höhe zu einem beständigen, wasserreichen Fluß, der von zahlreichen Gebirgsbächen gespeist wird. Der Palmerfluß entwässert mit seinen Nebenflüßchen die Kalkvorketten, das Blücher-Gebirge und die Kaban-Ketten. Weit oberhalb der Palmer-Mündung (Palmer-Junction) liegt die oberste Schiffahrtsgrenze des gesamten Fly, nur etwa 25 km vom Mount Blücher entfernt, bis zu der flache Boote ins Innere vorstoßen können. Von hier bis zur Küste, also auf die gewaltige Entfernung von über 800 km, beträgt das Gefälle des Stromes nur noch 18 Meter.[91])

Nach Vereinigung mit dem Strickland fließt der noch 9 m tiefe Fluß in großen Windungen als Dammfluß durch die Tieflandzone. Die Uferböschung ist von Galeriewald umsäumt und trennt ihn von den Grassümpfen, die bisweilen von Waldbeständen unterbrochen werden. Am Unterlauf liegen in der Flußmitte viele langgestreckte Inseln, deren größte die Kiwai-Insel mit einer Länge von über 50 km ist. Hier ergießen sich die lehmgelben Fluten, Treibholz und schwimmende Inseln mitführend, in den Papua-Golf, der im weiten Umkreis eine merkliche Trübung annimmt. Breite Mündungsbarren haben sich vor dem Flußdelta abgelagert, und nur eine schmale Rinne, die ca. 6 Meter tief ist, gewährt eine sichere Einfahrt.[92])

Der Einfluß der Gezeiten macht sich bis über 100 km flußaufwärts bemerkbar, wo der breite Mündungstrichter noch etwa 3 km breit ist.

Im Süden des Fly sind noch vier größere Wasserläufe zu nennen: Bensbach, Morehead, Wassi-Kussa und Oriomo. Obwohl hier im Südwinter eine relativ regenarme Zeit herrscht, handelt es sich nicht, wie Bohrer[93]) annimmt, um periodische Gewässer, und von einem Austrocknen des Oberlaufes des Morehead kann kaum die Rede sein. Schwankungen des Wasserstandes von einigen Metern treten allerdings alljährlich auf. Mai-Kussa und Wassi-Kussa sind Gezeitenflüsse, die ebenfalls heftigen Wasserstandsschwankungen unterliegen. Obwohl die Flüsse von beachtlichen Mengen Süßwasser gespeist werden, ist das Wasser brackig und ungenießbar.

Im westlichen Deltagebiet schließen sich Aramia, Wawoi, Bamu, Turama und Omati an, die wie der Fly der von SE nach NW einbrechenden Tiefenzone in ihrem Lauf folgen. Auch sie unterliegen weitgehend dem Einfluß der Gezeiten.

Kikori und Purari entwässern die Karstlandschaften der südlichen Foot-Hills. Der Purari, neben Fly und Sepik der längste Fluß im Territorium, entwässert zudem, wie neuere Beobachtungen ergeben haben, das gesamte Gebiet des südlichen

89 (32) 245, (42) 258.
90 Behrmann (35) 56.
91 (468) 13, (72) 58.
92 (72) 59, (76) 58.
93 Bohrer (72) 59.

Bismarck-Gebirges und wird darüber hinaus noch von dem vom Hagen-Berg kommenden Wahgi-Fluß gespeist. [94])

An der Südküste schließen sich mit dem Vailala, Tauri und Biaru noch eine Zahl kleinerer Flüsse an.

Während die Gewässer im Süden im allgemeinen steil abfließen und im direkten Lauf der Küste zustreben, müssen die Gewässer des Nordens, durch die Ausläufer des Zentralgebirges gehindert, einen Weg zur Küste suchen. Meist fließen sie daher parallel den Gebirgszügen, bis sie zwischen den tiefzertalten Lücken der Gebirgsausläufer schließlich in die Tieflandzone eindringen. [95])

Deutlich läßt sich beim Sepik, der nach dem Fly mit einer Länge von rd. 1000 km der größte Fluß ist, diese Tendenz verfolgen. Er ist der Hauptentwässerer der westlichen Hälfte von Kaiser - Wilhelm - Land. Er hat sein Quellgebiet im Victor-Emanuel-Gebirge und wird von zahlreichen Gießbächen gespeist. Im Oberlauf drängt er sich durch schmale Schluchten und bildet Schnellen und Wasserfälle bis hinaus in die Ebene, wo er die Gerölle, die er in den engen Erosionstälern sammelte, an seinen Gleitufern als Geröllbänke ablagert. Hier bildet der Sepik eine Zone der Verwilderung und er verästelt sich in viele Wasseradern.

Erst hinter der Oktober-Flußmündung, wo das Waldland beginnt, bildet er die ersten Mäander. Behrmann berichtet hierzu. [96]) „In wunderbarer Weise lagert er Sandbänke an den Gleitufern, hinter denen sich eine Schilfzone einstellt, ab. Am Prallufer dagegen ist der Altwald vom Strome angegriffen, und das unterwaschene Ufer ist wegen der zahlreichen in den Fluß gestürzten Stämme kaum anzufahren."

Hier beginnen auch die weiten Überschwemmungen, die ausgedehnte Flächen zu beiden Seiten unter Wasser setzen. Dadurch verändert der Fluß, der nicht ganz in sein altes Bett zurückkehrt, seine Lage, und es entstehen viele Altwasserarme, die jedoch auch durch die zahlreichen Mäander verursacht werden. [97]) Der weichgründige Boden begünstigt diese Mäanderbildung.

Von der Mündung des Mai-Flusses an ist der Sepik mit einer Breite von über 250 m und einer Tiefe von ca. 10 m bereits zum Strom angewachsen, der nur noch 20 Meter über dem Meeresniveau fließt. Deutlich hebt sich der hier aus Lehm, Ton und anderen Erdteilchen aufgeschüttete natürliche Flußdamm an den Ufern von den überschwemmten Grassümpfen ab. Diese 3—4 Meter hohen Flußdämme sind von Galeriewäldern, die bis 200 m breit werden können, bewachsen. [98])

10 km vor Malu zieht sich noch einmal eine Felskette durch das Flußbett, danach ist der Sepik auch für größere Fahrzeuge schiffbar. [99])

Hier weicht der Galeriewald allmählich verfilzten Grassümpfen, die die weiten Ebenen bedecken, und stellenweise auch Sagobeständen. Der Fluß, der nunmehr eine Breite von 2 Kilometern erreicht und 20—25 m tief ist, hat trotz des geringen Gefälles eine Stromgeschwindigkeit von 5—8 km p. h. [100])

Über den Flußverlauf vor dem Mündungsgebiet berichtet Behrmann: „Die Windungen des Sepik an der Küste liegen seit den Zeiten der Entdeckungen, wie die Aufnahmen von Schrader aus dem Jahre 1887 beweisen, fest und haben sich nicht verändert." [101]) Der Grund ist in der Gezeitenströmung zu suchen. Die Flußwindungen werden nicht, wie weiter oberhalb, nur meerwärts umflossen, sondern zur Flutzeit auch in entgegengesetzter Richtung, landeinwärts, wodurch nicht immer dieselben Stellen von der erodierenden Kraft des Stromes erfaßt werden.

Durch die zahlreichen mitgeführten Sinkstoffe, die die Fluten bis hinaus ins Meer gelb-grau färben, lagern sich, wie schon berichtet (vergl. S. 7), Strandwälle

94 (336) 247, (591) 425.
95 Behrmann (24) 68, (355) 254.
96 Behrmann (29) 42 vergl. ferner (77) 68.
97 Behrmann (24) 61, Stollé (551) 249 ff.
98 Behrmann (42) 258.
99 (468) 13, (610) Bd. II 415.
100 P. Braun (77) 150
101 Behrmann (29) 23, ferner (77) 150.

ab, und ein geräumiges Delta bildete sich aus. Die starke Küstenversetzung verhinderte jedoch ein Weiterwachsen über die Strandwälle.[102])

Die Hauptmenge seiner Nebenflüsse erhält der Sepik von den hohen Gebirgsketten im Süden, die quer zum Monsun liegen und den Regen auffangen. Das andere Ufer ist arm an Nebenflüssen. Das dem Strom vorgelagerte Hunstein-Gebirge verwehrt einigen Gewässern den Zutritt. Dadurch bildeten sich hinter den nördlichen Ausläufern des Gebirges Seen und Sümpfe.

Neben den schon genannten Nebenflüssen wären noch der April-Fluß, der Yuat und Karawari, sowie der Keram oder Töpfer-Fluß zu nennen, die, ebenfalls vom Süden kommend, in den Sepik münden.

Von den Eingeborenen wird der Strom nicht „Sepik", sondern am Unterlauf Káugia oder Kágia genannt. Die TUMELO bezeichnen als „Sepik" lediglich die von Sinkstoffen gefärbten Gewässer, die die See bis weit hinaus trüben. [103])

Der dem Krätke-Gebirge entspringende Ramu ist ein weiterer Flußriese, der aber nur eine kurze Strecke schiffbar ist. In einer gewaltigen Schlucht bricht er durch die Bismarck-Kette und fließt in die nördliche Tieflandzone. 200 km von der Mündung entfernt überschwemmt er oft das flache Land, und seine Wasser reichen bis zum Töpfer-Fluß hinüber. Die Mündungen von Ramu und Sepik liegen nah beieinander, und wir finden die gleichen Erscheinungen der Strandwall- und Delta bildung. [104])

Als größere Flüsse müssen vor allem hier noch der Markham, der im Finisterre-Gebirge entspringt, sowie der Gogol und Waria Erwähnung finden.

Mit Ausnahme von Fly, Sepik und Purari sind die Flüsse, abgesehen von Kanus und kleinen Motorbooten, für Fahrzeuge mit größerem Tiefgang ungeeignet. Im Leben der Eingeborenen jedoch sind sie in materieller und kultureller Hinsicht bedeutungsvoll.

Wie schon erwähnt (Vergl. Seite 9), gibt es in Neu-Guinea auch eine Anzahl kleinerer Seen, die aber in den weiten Sumpfgebieten ohne wirtschaftliche Bedeutung sind. Wir können 3 verschiedene Typen von Seen deutlich unterscheiden: Sumpfseen, Vulkanseen (Maare) und Bergseen.

Murray-, Herbert Hoover- und einige andere Flachseen liegen im Sumpfgebiet des Fly. Sie und der Lake Chambri im Sepikgebiet sind ausgesprochene Sumpfseen, und ihre Ufergrenzen, die mit den Sümpfen verschwimmen und sich dauernd verändern, sind kartographisch kaum exakt darzustellen.

Entlang der Nordküste finden sich vereinzelt in erloschenen Vulkankratern Seen, von denen Lake Wisdom (Long Island) und der Dakataua See (New Britain) die bekanntesten sind.

Von den Bergseen ist der Lake Kutubu am Ostende der Karius-Kette (Southern Foothills) zu nennen, der ca. 10 km lang ist. Im Owen-Stanley-Gebirge, unweit des Mt. Albert-Edward, befinden sich in Höhen von über 3500 m 36 kleine Karseen, die glazialen Ursprungs sind.

4. Das Klima

a. Allgemeiner Überblick

Zwei wesentliche Faktoren sind es, die das Klima Neu-Guineas bestimmen; die Insellage und die Nachbarschaft des Äquators. Infolgedessen herrscht ein tropisches Seeklima, das sich durch gleichbleibende Wärme und hohe Feuchtigkeit auszeichnet. Jahreszeitliche Temperaturunterschiede sind minimal, und auch die

102 Machatschek (355) 254.
103 Thurnwald (571) 417.
104 The resources of Papua and New Guinea (468) 14.

Tagestemperaturen zeigen im allgemeinen geringe Schwankungen, da selbst des Nachts nur eine schwache Abkühlung eintritt.[105]) Diese Amplituden verringern sich noch während der Regenzeit. In den Zeiten des Windumschwunges im April und November treten jedoch tägliche Schwankungen bis 15° C auf.[106])

Neben diesen Erscheinungen prägen besonders zwei Windsysteme, der NW-Monsun und der SE-Passat, das Klima. Durch ihren regelmäßigen Wechsel bilden sich, im Gegensatz zu den gemäßigten Zonen, nicht die üblichen vier Jahreszeiten, sondern eine Regenzeit und eine regenarme Zeit aus.

Wenn auch die Insel infolge ihrer Größe und der Höhe ihrer Gebirgszüge als besondere Klimaprovinz anzusehen ist, stimmt sie hierin mit dem Malaiischen Archipel überein, jedoch begünstigt die Lage zum Australischen Festland die Herausbildung des Monsunklimas.[107])

b. Temperaturverhältnisse

Neu-Guiena liegt innerhalb der auf den Meeresspiegel bezogenen Jahresisotherme von 26° C. Die maritime Lage und die dichte Urwalddecke, die eine starke Insolation nicht zuläßt, wirken ausgleichend auf die Temperatur, deren Jahresmittel in den weiten Niederungen bei 27,2° C liegt.[108]) (Der kühlste Monat ist August mit einem Mittel von 25,3° C, der wärmste Monat Dezember mit einem Mittel von 28,3° C.) Mit zunehmender Höhe erfahren die Temperaturen naturgemäß eine Abschwächung. Da sich aber mit Ausnahme von KOKODA, das 610 m über NN liegt, sämtliche meteorologischen Stationen in den Küstengebieten befinden, ergeben die von einzelnen Distrikt-Beamten und Privatpersonen durchgeführten Messungen in den verschiedenen Höhenregionen nur annähernde Durchschnittswerte der Temperatur.[109])

Tabelle I

Durchschnittstemperaturen in verschiedenen Höhenlagen

	Höhe	Durchschnitts-Temperatur
	3650 m	6.7° C
	2750 m	11.7° C
	1850 m	16.0° C
	900 m	21.0° C
(Kokoda)	600 m	25.7° C
	Seehöhe	27.2° C

Erst bei Höhen von ca. 1000 m ergeben sich für den Europäer erträgliche Temperaturen, die unter 20° C liegen. Die Temperaturschwankungen von Orten gleicher Höhe sind demgegenüber gering und unwichtig. Auch in den noch höher gelegenen Regionen sind die Jahresschwankungen gering. Ausnahmen bilden nur die Hochtäler, wo die starke Einstrahlung des Tages häufig durch kühle Gebirgsluft, die bei nachtklarem Himmel einbricht, abgelöst wird. In den hohen Gipfelbereichen nähert sich die Temperatur bisweilen sogar dem Gefrierpunkt. Werner hat im Bismarck-Gebirge Schnee beobachtet.[110])

Wie die folgende Tabelle zeigt, weichen die Jahresmittel der einzelnen Küstenstationen kaum voneinander ab. Die höchste mittlere Jahresschwankung mit 3.7° besitzt die Orangerie-Bay. Kokoda und Bulolo beweisen, daß die Schwankungen der extremen Temperaturen in den höheren Gebieten zwar auch gering, aber doch größer als in den Küstengebieten sind. (Siehe Tabelle II, Seite 17.)

Stärker als die monatlichen Schwankungen sind die täglichen Temperaturunterschiede, die an der Küste durchschnittlich 6—8° betragen und im Landinnern

105 Behrmann (31) 250, (139) 12, (468) 35, (559) 73, (581) 41.
106 Bohrer (72) 28.
107 (194) 51, (293) 25, (497) 407, (467) 3.
108 Behrmann (35) 45.
109 Resources of Papua (468) 36, (548) 81, (428) 144 (603) 100, (555) 3.
110 Werner (605) 76, (72) 29.

bisweilen etwas höher sind. Schon des Morgens herrschen Temperaturen von 23—24°, die zur Mittagszeit auf 30—32° ansteigen und abends kaum merklich auf ca. 25—26° abkühlen. [111]) Die tiefste beobachtete Temperatur in den unteren Niederungen beziffert Behrmann mit 19.5°.

Tabelle II

Mittlere Jahres- und Extremtemperaturen in Australisch-Neu-Guinea (in Celsius)

Ort:	Höhe m.	Anzahl der beob. Jahre	Mittl. Jahrestemp.	Mittl. Minimum	Mittl. Maximum	Schwankung d. mittl. Jahrestemp.	Schwankung der Extremtemp.
Daru	8	9(51)	26.8	24.2	29.4	2.7	5.2
Kikori	46	5(51)	26.5	22.5	30.6	3.2	8.1
Kerema	—	11(51)	27.0	23.2	30.7	2.2	7.5
Port Moresby	38	24(51)	27.0	23.8	30.2	3.0	6.4
Oranger. Bay	—	16(51)	25.3	21.5	29.2	3.7	7.7
Samarai	6	9(51)	27.3	23.6	31.2	2.2	7.6
Cape Nelson	64	15(51)	26.9	23.9	29.9	2.0	6.0
Kokoda	600	7(51)	25.7	19.1	31.3	1.6	12.2
Bulolo	ca. 700	8(51)	25.2	19.2	31.2	2.2	12.
Madang	6	13(54)	26.6	23.2	30.0	1.9	6.8
Lae	—	10(54)	26.2	23.0	29.5	1.7	6.5
Rabaul	12	18(51)	27.5	22.8	32.9	1.1	9.4

Das Temperaturbild ist in seinem täglichen Ablauf zu allen Jahreszeiten und an allen Orten ähnlich. (Siehe Tabelle III.)

Tabelle III

Mittlerer Tagestemperaturverlauf in Neu-Guinea

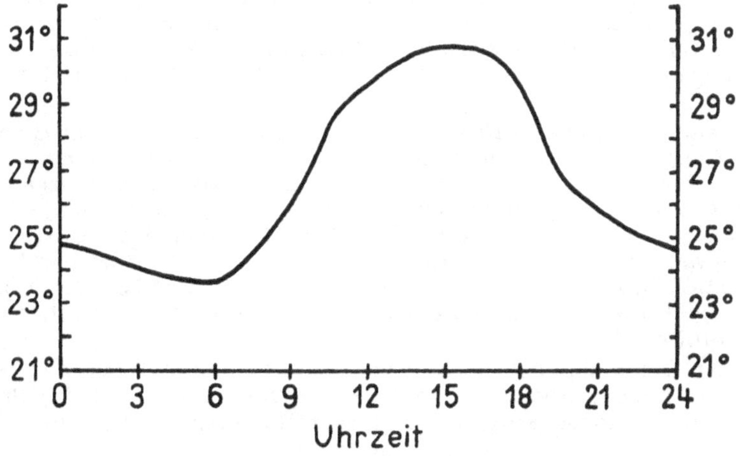

c. Windsysteme und Luftdruck

Neu-Guinea liegt inmitten der Ausgleichszone jahreszeitlicher Klimagegensätze Australiens und Asiens; daher ist die Luftzirkulation von den thermischen und barischen Verhältnissen dieser Kontinente abhängig. Die vorherrschenden Windsysteme, der NW-Monsum, dessen Einfluß die Insel im allgemeinen von Dezember bis April unterliegt, und der SE-Passat, der vom Mai bis November vom australischen Festlande weht, unterstreichen durch ihren regelmäßigen Wechsel diese

111 Behrmann (35) 45, (194) 52.

Abhängigkeit und prägen dem sonst gleichförmigen Klima des Landes zwei verschiedene Jahreszeiten auf.[112])

Im Südsommer saugt ein infolge der außerordentlichen Erwärmung durch den Hochstand der Sonne über dem erhitzten Australkontinent gebildetes Tief die Luftmassen, über Neu-Guinea herausgreifend, aus dem nord-äquatorialen Hochdruckgebiet an. So strömt der NW-Monsum ungehindert über weite Flächen des Ozeans sättigt sich mit Feuchtigkeit und bringt dem nördlichen Teilgebiet Neu-Guineas große Niederschlagsmengen. Er stößt auf das nördliche Küstengebirge, das sich ihm entgegenstellt und die Luftmassen zum Aufsteigen, zur Kondensation und somit zur Feuchtigkeitsabgabe zwingt. Weitere Luftmassen strömen in das Sepikdelta oder streichen, die Richtung ändernd, die Küste entlang bis Finschhafen. Die Höhe des Zentralgebirges hemmt diese Monsunströmungen, die im Innern des Landes nur noch unstetig und schwach sind.[113])

Im Südwinter hat sich über Australien ein ausgeprägter Hochdruckgürtel ausgebildet. Der sich entwickelnde Südostpassat weht nunmehr mit großer Beständigkeit zu den Kalmen. Diese Luftbewegung wird durch die Anziehungskraft des tiefen asiatischen Minimums intensiviert, und so strömt der Passatwind ungehindert auf weite Strecken zu beiden Seiten der Zentralkette, die ungefähr die gleiche Richtung innehält. So stellt sich dem SE-Passat nur ein kleiner Teil des Landes entgegen, nämlich die Küste am Huon-Golf, wo die Randgebirge ihn zum Aufsteigen zwingen. Auf der Südseite öffnet sich ihm der Papua-Golf und führt ihn in seiner starren Einseitigkeit gegen das unübersteigbare Hindernis der Zentralkette, gegen das er vergeblich anrennt. Die Gebirgshänge nördlich von Kikori wirken als Windstaugebiete, und dieser Ort verdankt, wie Tami am Huon-Golf, dem Staueffekt seine gewaltigen Winterregenmengen.[114])

Flohn vertritt nun allerdings die Ansicht, daß die Hitzetiefs und Kältehochs nicht solche Mächtigkeiten hätten, um als alleinige Ursachen der Monsune angeführt zu werden. Er fügt vielmehr die Monsune in das System der planetarischen Windgürtel ein. Nach seiner Auffassung entsteht der jahreszeitliche Richtungswechsel der Monsune durch die dem Sonnenstande folgende jahreszeitliche Verlagerung der planetarischen Windgürtel (äquatoriale Westwindzone), die zu einer Aufspaltung der innertropischen Konvergenzzone in 2 Äste (NITC und SITC) führt.[115])

Er schreibt: „In dieser Aufspaltung liegt die Ursache der tropischen Monsune. So ist der Ausbruch des Sommermonsuns über Indien und dem bengalischen Meerbusen die Folge einer plötzlichen Verbreiterung der äquatorialen ozeanischen Luftdruckfurche. Diese Aufspaltung und Verlagerung läßt sich als Folge der wechselweisen kontinentalen Erwärmung während des Zenitstandes der Sonne erklären. Im Bereich der auf der ganzen Erde einzigartigen Überhitzung Nordindiens verlagert sich im Nordsommer die sommerliche NITC bis über 30° Nordbreite hinaus, ebenso wandert die SITC im Südsommer an der Westküste Australiens bis ca. 20° südlicher Breite."[116])

In erster Linie sollen jedoch in dieser Klimadarstellung die Witterungserscheinungen Gegenstand der Betrachtung sein, so daß die Entstehungsursachen dieser Monsunströmungen hier nicht ausführlicher verfolgt werden können.

Der Beginn des Windwechsels vom Passat zum Monsun ist größeren Schwankungen unterworfen. Auch vollzieht sich dieser nicht plötzlich, sondern in einer sogenannten Kenterzeit, in der die eine Windrichtung allmählich der anderen weicht. Tabelle IV zeigt die normale Länge der vorherrschenden Jahreszeiten in verschiedenen Gebieten.

112 (465) 11, (72) 29, (167) 6. Unter Monsun (arab. Mausim) verstehen wir einen mit großer Beständigkeit wehenden Wind, der seine Richtung im Laufe des Jahres umkehrt.
113 (559) 72, (320) 2.
114 Tüllmann (582) 39.
115 Flohn (169) 11.
116 ebenda (169) 11, Seilkopf (649) 90 ff.

Tabelle IV

Beginn und Dauer der jahreszeitlichen Windsysteme[117])

Gebiet	Wind	Länge und Dauer
Küstengebiet Aitape-Madang	NW-Monsun SE-Passat Kenterzeit	Mitte November bis Ende März Mitte Mai bis Ende September Anfang April bis Mitte Mai Anfang Oktober bis Mitte November
Gebiete am oberen Markham, Watut und Mambare	NW-Monsun SE-Passat Kenterzeit	Mitte Dezember bis Mitte März Anfang Mai bis Ende Oktober Anfang November bis Mitte Dezember Mitte März bis Ende April
Huon-Golf	NW-Monsun SE-Passat Kenterzeit	Mitte Dezember bis Mitte März Anfang Mai bis Ende Oktober Anfang November bis Mitte Dezember Mitte März bis Ende April
Ioma-Samarai Küstengebiet	NW-Monsun SE-Passat Kenterzeit	Mitte Dezember bis Mitte März Anfang Mai bis Mitte Oktober Anfang November bis Mitte Dezember Mitte März bis Ende April
Daru-Samarai Küstengebiet Papua-Golf	NW-Monsun SE-Passat Kenterzeit	Anfang Januar bis Ende März Anfang Mai bis Mitte November Mitte März bis Ende April Mitte November bis Ende Dezember

Daraus ersehen wir, daß der NW-Monsun seinen Einzug im Gebiete von Aitape-Madang Ende November, vereinzelt sogar Mitte November, hält; das Küstengebiet von Daru jedoch erst Anfang Januar erreicht. Er hat seinen Höhepunkt von Februar bis Anfang März und endet normalerweise in den letzten Tagen des Monats. Der SE-Passat beginnt frühestens Anfang Mai und endet unregelmäßiger als der NW-Monsun. Die Windgeschwindigkeit des SE-Passats ist ebenfalls größer als die des Monsuns und erreicht ihr Maximum im Laufe des August und September.

Wenn wir die horizontale Windbewegung in ihren Auswirkungen betrachten, erscheint es, als müßte ein ausgesprochener Wechsel zwischen einer Regenzeit und einer Trockenperiode auftreten. Zu solchen Gegensätzen kommt es aber im allgemeinen nicht, da in vielen Teilen des Gebietes die vertikalen Luftströmungen eine entscheidende Rolle spielen. Diese vertikale Luftbewegung verursacht das Auftreten von lokalen Stürmen, die meist in den Abendstunden kurz in Erscheinung treten. Diese böenartig heftigen Winde werden fast immer von starken Gewitterregen begleitet, die kaum länger als eine Stunde anhalten. Diese „GUBUS" sind Ausgleichsbewegungen von Luftmassen, die durch die meist unregelmäßige örtliche Bewölkung verschieden stark erwärmt werden und so Spannungsunterschiede des Luftdrucks verursachen.[118])

Gleicher Art ist auch der „MULASSA", ein gefürchteter Nachtwind, der vom Dezember bis März häufig aus dem Markhamtal herausweht und als plötzlich einsetzender Fallwind die Fahrzeuge im Huon-Golf gefährdet.[119])

Diese lokalen Winde haben einen beachtlichen Effekt, da sie das Wohlbefinden des Menschen heben. Besonders die Bergwinde bringen des Nachts ein wenig Küh-

117 Siehe: The resources of Territorium of Papua and New Guinea (468) 37.
118 Bohrer (72) 31, vergl. auch Flohn (168) 149.
119 Braun, P. (77) 130.

lung, und auch die Seebrise hat tagsüber eine angenehme Wirkung und vertreibt die fürchterlichen Moskitoschwärme.[120] So macht in den meisten Fällen erst die Luftbewegung das Klima in den Tropen erträglich. Steigt man nach längerer Fahrt im offenen Wagen aus, hat man bei Windstille das Gefühl, in einem Backofen zu sein.

d. Niederschläge

Die hohen Niederschläge verteilen sich im allgemeinen fast gleichmäßig über das ganze Jahr, jedoch vermindert sich die Regenhöhe in einem großen Teil des Gebietes während des südhemisphärischen Winters, wenn der SE-Passat zur freien Entfaltung gelangt.

Infolge der Bodenfiguration befindet sich dann fast die ganze Nordküste im Regenschatten, da der SE-Passat den größten Teil seiner Feuchtigkeit beim Überschreiten der hohen Gebirgskämme des Zentralgebirges, das als Wetterscheide wirkt, verliert, ehe er das Küstenland erreicht.[121] Der nach Abflauen des SE-Passats einsetzende NW-Monsun bestreicht nun wieder die Gebiete, die der Passat nicht erreicht. Dennoch haben wir im Territorium Niederschläge zu fast allen Zeiten des Jahres, da, wie bereits erwähnt, die vertikale Luftbewegung fast täglich Regenfälle verursacht.

Ein weiterer Regenbringer sind die aufgespeicherten Wassermassen der Sümpfe und Nebelwälder, die bei Tag verdunsten und in die Höhe getragen werden und nach erfolgter Abkühlung in der Nacht wieder zu Boden fallen.

Aus diesen Gründen stellt sich in Neu-Guinea keine wahre Trockenzeit ein. Wir haben vielmehr zwischen einer Regenzeit und einer niederschlagsarmen Zeit zu unterscheiden.[122]

Die Niederschläge erfolgen meist in der Form von Gewitterregen, die besonders in den Abendstunden auftreten. In den hohen Gebirgslagen sind aber auch Hagelschläge recht häufig.[123] In diesen Hochgebirgsregionen fällt vereinzelt auch Schnee, der aber nicht liegen bleibt. Die Gebirge, die in ihren Tälern außerdem noch starke Nebelbildung aufweisen, erhalten bis zu 8000 mm Niederschlag im Jahr. Die maximalen täglichen Niederschläge fallen in Höhen von 1000—2000 Metern.[124]

Die relative Luftfeuchtigkeit erreicht infolge der hohen Niederschläge und der insularen Lage selbstverständlich einen hohen Grad und ist das ganze Jahr hindurch bemerkenswert konstant. Zumal am frühen Morgen, vorwiegend in den Flußtälern, weist die Luftfeuchtigkeit sehr hohe Prozentsätze auf, und die Luft erscheint fast wasserdampfgesättigt. Mit zunehmender Sonneneinstrahlung nimmt die Luftfeuchtigkeit mittags ab (ca. 70 %), um in den Abendstunden wieder auf 88 % anzusteigen.

Diese Feuchtigkeit wirkt erschlaffend auf den Europäer, der die Ebenen nach Möglichkeit meidet und die höheren Regionen bevorzugt, in denen ein kontinentaleres Klima herrscht.[125]

Aber nicht nur das physische Wohlbefinden des Menschen leidet unter dieser Treibhausluft, auch seine Geräte werden in Mitleidenschaft gezogen. So setzen die Gewehre Rost an, die Stiefel beginnen zu schimmeln, die Gläser der Instrumente werden blind, die Munition verdirbt, und Filme und Briefumschläge kleben zusammen.

Behrmann hat die Luftfeuchtigkeit mit einem Jahresmittel von morgens 96,5 %, mittags 71,5 %, abends 88,0 % errechnet.[126]

---

120 Graf Pfeil (424) 205.
121 Behrmann (29) 12, Südseehandbuch (555) 5, (104) 172.
122 Bohrer (72) 33, (558) 21 ff. Siehe auch Tabelle IV.
123 Braak (74) 91.
124 In der niederschlagsreichen Periode setzt der Regen schon oft um die Mittagszeit ein und rauscht an manchen Tagen bis in die späte Nacht nieder. Gänzlich verregnete Tage sind jedoch sehr selten. Vergleiche Bohrer (72) 37.
125 Bohrer (72) 38.
126 Behrmann (24) 82 ff, ferner Geisler (194) 52 ff.

e. **Niederschlagsmenge der einzelnen Klimaregionen**

Wenn auch die bisherigen Untersuchungen als Charakteristikum des Klimas dessen Gleichförmigkeit während des ganzen Jahres hindurch ergaben, so zeigt die Betrachtung der einzelnen Klimaregionen doch einige markante Unterscheidungen, die sich besonders in der örtlichen Niederschlagshöhe und der Niederschlagshäufigkeit erkennen lassen.

Diese regionalen Klimaunterschiede werden bedingt durch die vorherrschenden, periodisch ihre Richtung ändernden Windsysteme. Weiterhin ist, wie wir gesehen haben, für die Höhe des Niederschlags die Lage der Gebiete in bezug auf die Windrichtung von ausschlaggebender Bedeutung. So haben die dem NW-Monsun beziehungsweise SE-Passat zugewandten LUV-Seiten im allgemeinen sehr hohe Niederschläge, und jährliche Regenmengen von 3000 bis 3500 mm sind keine Seltenheit. Die LEE-Seite liegt demgegenüber im Regenschatten, und die Niederschlagsmengen sind erheblich geringer.[127])

Diese Einflüsse machen sich bei Port Moresby besonders deutlich bemerkbar, und so verzeichnet dieser schmale „Trockengürtel" auch die geringsten Niederschlagshöhen des gesamten Inselgebietes von etwa 1080 mm. (Diagramm T.)

Diagramm 1: Jährliche Niederschlagsverteilung.

Die schwarzen Säulen entsprechen der Niederschlagsmenge, die umrandeten Säulen geben die Anzahl der Regentage an. (Jeder Teilstrich 50 Tage)

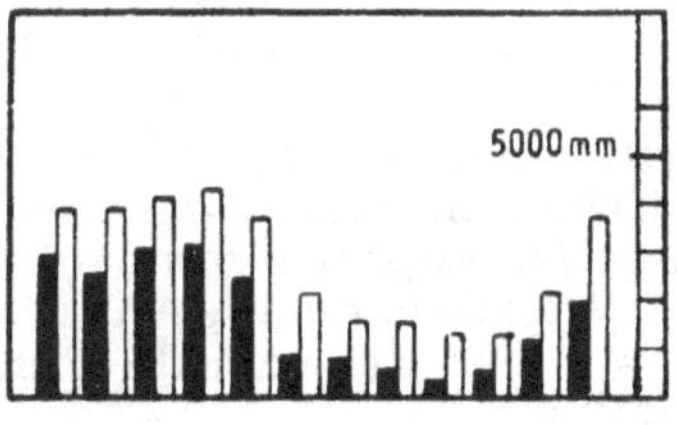

Daru:
Jahresniederschlag: 2090 mm
Mittel 1940—51

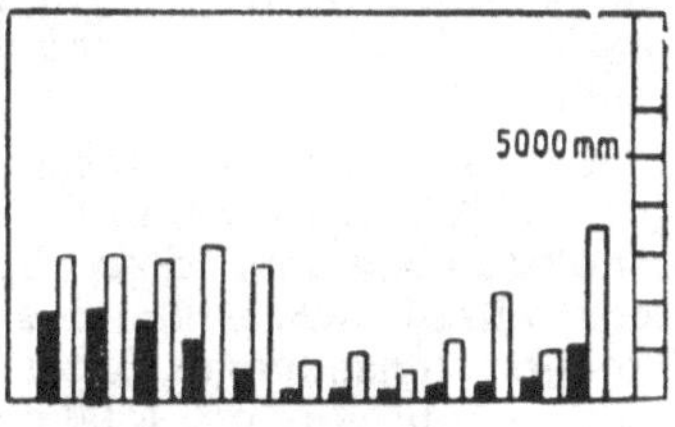

Port Moresby:
Jahresniederschlag: 1010 mm
Mittel 1954—55

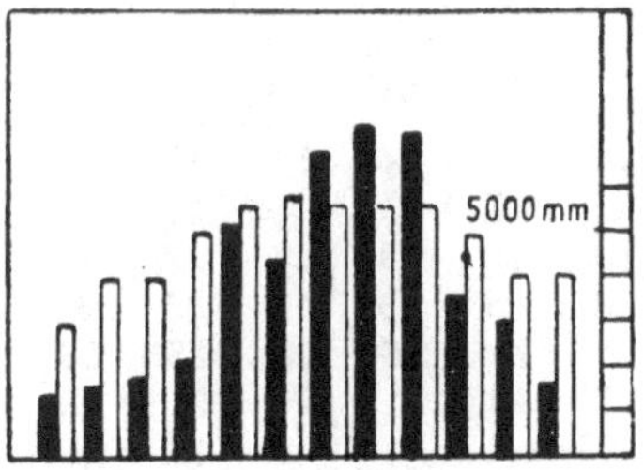

Kikori:
Jahresniederschlag: 5880 mm
Mittel 1940—51

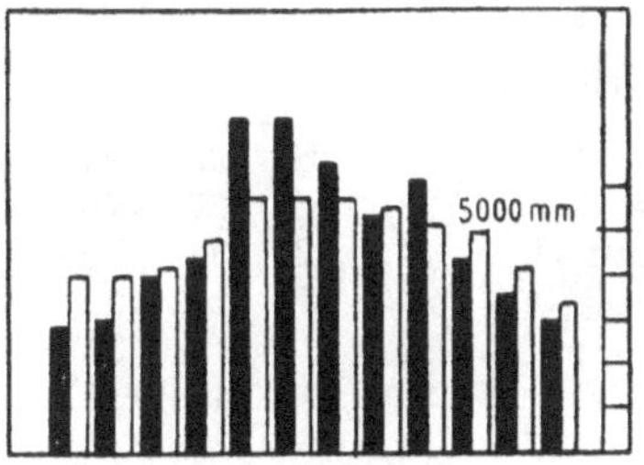

Sattelberg:
Jahresniederschlag: 4580 mm
Mittel 1940—51

127 Behrmann (25) 121, (397) 45.

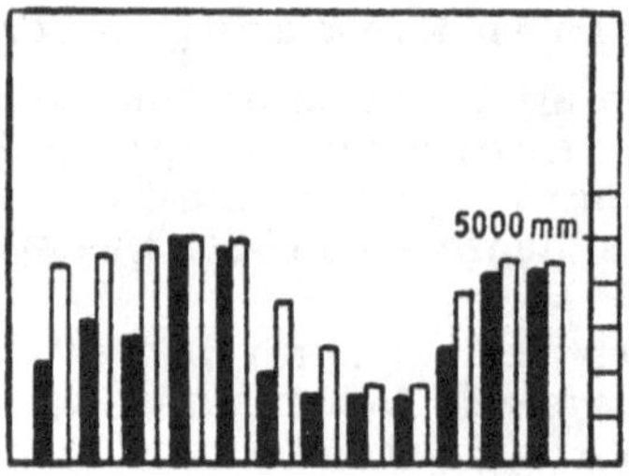

Lae:
Jahresniederschlag: 4400 mm
Mittel 1940—55

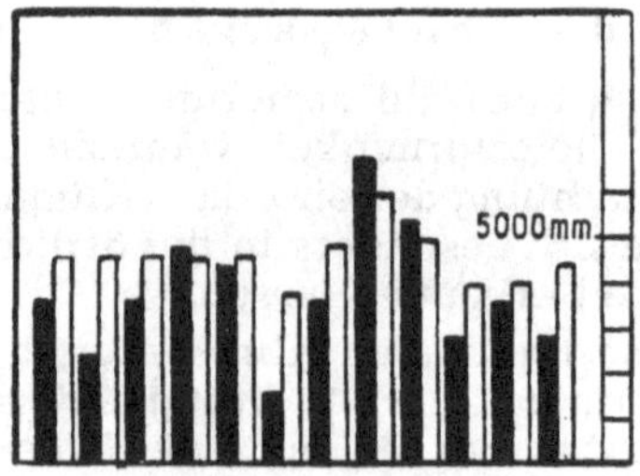

Madang:
Jahresniederschlag: 3570 mm
Mittel 1954—55

Die Klimakarte (Anhang, Karte Nr. 5) zeigt die Verteilung der durchschnittlichen jährlichen Niederschlagsmenge. Die feuchteste Region liegt danach am Papua-Golf im Einzugsgebiet von Kikori und Turama. Die jährliche Niederschlagshöhe liegt hier weit über 5000 mm, bei Kikori über 5800 mm und steigert sich wahrscheinlich noch am Fuße der sich im Norden anschließenden Hügelketten.

Besonders hohen Regenfall finden wir auch auf der Huon-Halbinsel und an der Westküste des Huon-Golfes. Hier liegt die jährliche Niederschlagsmenge unterhalb von Sattelberg bei 4600 mm.[128]) Vom Edie-Creek bis zur Schrader-Kette erstreckt sich als schmaler Streifen das Ramu-Tal, das im Regenschatten des Finisterre-Gebirges liegt und deshalb nicht mehr als 2500 mm Niederschlag empfängt. Das Gebiet westlich der Kuper Mountains erreicht stellenweise „nur" eine Regenhöhe von 1500—1700 mm, die ungefähr der des Harzes, der feuchtesten Gegend Deutschlands, entspricht.

Auch im Mündungsgebiet des Sepik bei Marienberg ist die Niederschlagshöhe gewöhnlich nur etwa 1800 mm. Ein weiteres Gebiet mit relativ geringer Niederschlagshöhe ist neben dem schon oben genannten Trockengürtel von Port Moresby der Küstenstreifen südwestlich des Fly-River. Weite Teile dieses Abschnitts erhalten Niederschlagsmengen unter 2000 mm, während der schmale Küstensaum nur eine Regenhöhe von ca. 1500 mm aufweist. [129])

Die folgende Tabelle zeigt die Durchschnittswerte der monatlichen Regenhöhe der einzelnen Stationen.[130])

Tabelle V

Durchschnittliche Monats- und Jahres-Niederschläge

Ort:	Monate:												Jahr:
	1	2	3	4	5	6	7	8	9	10	11	12	mm
Abau	16	16	22	23	26	23	26	20	14	12	13	14	2250
Aitape	23	26	26	26	18	17	17	17	11	16	21	27	2450
Ambunti	20	22	37	19	9	9	13	11	13	24	17	27	2210
Baniara	27	27	22	22	16	15	8	5	6	14	15	22	2035
Buna Bay	34	31	33	30	23	20	14	11	15	23	35	38	3070
Cape Nels.	41	47	43	32	28	21	13	10	11	21	31	32	3300
Daru	30	26	31	32	25	9	8	6	4	6	12	20	2090
Edie Creek	21	19	33	29	18	11	17	17	21	23	27	34	2740
Ioma	44	39	39	30	27	24	17	23	27	30	47	47	3940
Kaiapit	24	24	38	36	15	6	7	7	10	17	22	32	2386
Kairuku	25	26	22	13	4	5	3	1	4	4	7	15	1290
Kerema	24	20	27	28	43	41	33	35	32	31	23	19	3560
Kp. Welch	20	17	21	21	10	6	4	4	5	7	12	18	1450

128 Schimper (497) 407, ferner (364) 350.
129 Braun (77) 134, (160) 97, (605) 76.
130 hierzu: The resources of Papua and New Guinea (468) 49.

Kikori	29	32	39	44	77	77	65	54	61	44	36	30	5880
Kokoda	33	30	41	34	33	19	16	24	27	28	37	38	3600
Lae	27	25	34	48	44	14	36	68	53	28	36	27	4400
Madang	21	32	28	50	48	20	15	14	15	27	43	44	3570
Marienberg	14	13	21	25	15	11	9	8	9	16	15	18	1740
Morobe	12	22	23	29	30	30	25	17	23	21	33	30	2950
Orang. Bay	21	22	25	20	22	20	22	21	15	13	10	15	2260
P. Moresby	18	19	17	11	6	3	3	2	3	3	5	11	1010
Rigo	17	11	20	14	6	6	4	4	4	5	7	10	1080
Samarai	18	18	25	25	31	28	20	22	26	22	22	13	2710
Sattelbg.	13	16	18	22	51	44	68	74	71	35	30	16	4580
Wewak	13	9	16	22	21	20	20	16	29	21	19	16	2220

Die Zahlen obiger Tabelle, verglichen mit Karte 5, ergeben, daß auch die trockeneren Monate des Südwinters (Juni—September) noch Niederschlagsmengen von über 10 cm aufweisen. Eine sogenannte Trockenzeit oder „dry season" kommt demnach mit Ausnahme des schmalen Küstenstreifens bei Port Moresby (und den benachbarten Orten Kairuku, Kamp Welch und Rigo) keinesfalls so ausgeprägt zur Auswirkung wie beispielsweise in Darwin oder Java. Wir können in Neu-Guinea also nur von einer Regenzeit (wet season) und einer „regenarmen" Zeit (rainy season) sprechen.

Der Menge des Niederschlages entspricht im wesentlichen auch die Anzahl der Regentage. Port Moresby besitzt im Mittel 102 Regentage (Maxim. 126, Minim. 62). Kikori dagegen erhält durchschnittlich an 252 Tagen im Jahr Regen. (Maxim. 301, Min. 203). Diese Regenverteilung ist für den Boden von einschneidender Bedeutung, weil in den Tropen ein trockener Monat zugleich ein heißer Monat ist und somit ein Trockenmonat schon Mißernten zur Folge haben könnte.[131])

5. Die Pflanzenwelt

Die Vegetationsverhältnisse eines Landes erklären sich durch die geographische Lage, das Klima und die Morphologie. Auch in Neu-Guinea wirken alle diese Komponenten zusammen, aber sie werden in ihrer Bedeutung von dem bestimmenden Faktor übergroßer Bodenfeuchtigkeit übertroffen.[132]) Die üppige Tropenvegetation zeigt einen großen Artenreichtum.

Der Hauptteil der Insel gehört dem malaiischen Florenreich an, jedoch finden wir in den südlichen Regionen Savannengebiete, deren Vegetation der australischen durchaus gleicht. Auch die in der Torresstraße liegenden Inseln gehören floristisch zu Australien.[133])

Neu-Guinea besitzt jedoch eine große Zahl endemischer Florenelemente, die in keiner Beziehung zur malaiischen oder australischen Vegetation stehen. Die Insel ist deshalb in floristischer Beziehung kein Trabant des australischen Festlandes, sondern bildet ein eigenes Florengebiet, das nach Warburg[134]) das „Papuanische" genannt wird.

Urwald, Alangsteppe und Sumpf, sei es Gras-, Zuckerrohr-, Sago- oder Mangrovensumpf, sind die Hauptvegetationsformen, die in Neu-Guinea vorkommen. Von der Küste bis zum Gebirge hinauf überzieht der tropische Regenwald alles mit einem weiten, grünen Teppich. Er beeinflußt den Verkehr, die Wohnweise, ja das ganze Leben überhaupt. Ihm ist es zuzuschreiben, daß die Insel bis heute noch so wenig erforscht ist; denn wegelos und nahrungslos hüllt der Urwald die ganze Insel in einen schwer zu durchdringenden Schleier. Dieser Regen- und Hochwald hat eine überraschende Ähnlichkeit mit dem des Malaiischen Archipels; die meisten Gattungen kommen in beiden Gebieten vor.[135])

131 Tüllmann (582) 40.
132 Behrmann (25) 121.
133 Krieger (304) 38, McAdam (370) 55, Klein (283) Bd. II, (195) 113.
134 Siehe Warburg ((601) 40 ff, (458) 1, (195) 13, (230) 54.
135 Behrmann (29) 15, Detzner (132) 39.

Der Versuch, die Pflanzenwelt des australischen Teils der Insel nach Vegetationsgürteln zu gliedern, wird sich angesichts der dargelegten Differenzierungen auf eine Heraushebung der allgemein verbreiteten Vegetationszonen, unter Berücksichtigung der von Warburg für die gesamte Insel getroffenen Gliederung, beschränken müssen.

Wir unterscheiden demnach die folgenden 5 Vegetationsgürtel:

1. Tropischer Regenwald,
2. Nebel- oder Mooswald,
3. Alpine Vegetation,
4. Baumsavanne,
5. Sumpfgebiete.

a) Tropischer Regenwald

1. Regenwald der Tieflandzone

Tropische Hitze und übergroße Feuchtigkeit lassen den üppigen, undurchdringlichen Urwald entstehen, der den größten Teil des Gebietes bedeckt und sich besonders an den Gebirgshängen findet. Doch reicht der Urwald an vielen Stellen bis dicht ans Meer. Palmen recken ihre Wedel aus dem Schatten des Unterholzes bis an die Brandung.

Im Gegensatz zu unseren Wäldern, wo einige wenige Baumarten charakteristisch sind und in ihrer Einheitlichkeit den Eindruck tiefer Ruhe erwecken, stehen im Urwald Hunderte von Vertretern aus den verschiedensten Familien und Gattungen wirr durcheinander. Nicht Ruhe, sondern ein unentwegter Kampf und ein stummes Ringen um Licht und Luft treten uns hier entgegen. 30—40 Meter ragen die Baumkronen empor. Über sie hinaus streben zahlreiche Ficusbäume, die ihrerseits wieder überragt werden von der Araucaria Hunsteinii mit ihren hohen, glatten Stämmen.

So finden wir eine Vielheit von Pflanzen verschiedenster Art auf engem Raum, Bambus neben Kasuarinen, laubabwerfende Bäume aus den Familien der Combretaceen, Bignoniaceen und Bombacaceen neben immergrünen Bäumen, Pandanusbestände und Brotfruchtbäume neben Sapinaceen in ausgesprochener Pinienform und vielen anderen noch unbestimmten Arten. Palmen, besonders die schlanke Speerpalme, gedeihen fast nur an den Randgebieten. Hier treffen wir auch die Cycaspalme sowie die wilde Kokospalme, unter die sich die Betelpalme mischt.

Viele Baumriesen werden von Baumwürgern umrankt. Hier klettert an den feuchten Stellen der stachelbewehrte Rotang, dort wuchern die Wurzelkletterer (Araceen) mit ihren formvollendeten, üppigen Blättern. Zahlreiche Arten von Epiphyten schlingen sich um die Kronen der Bäume. Lianen ziehen sich reglos, bald niedrig wie Fußangeln, bald hochverschlungen, durch das Wirrsal der Stämme, und drückend lastet die Schwüle in dieser Region stagnierender Luft.[136])

Schwärme von Insekten aus allen Ordnungen umsurren Baumblüten, die meist unscheinbar und klein sind. Moraceen, Rubiaceen mit Morinda und Psychotria, Lauraceen, Violaceen, Myrtaceen und Sapotaceen schließen hier ihre Kronen zusammen. Euphorbiaceen und Acanthaceen mit Graptophyllum pictum und dem fleischrot blühenden Calycacanthus Magnusianus wachsen strauchartig in lichteren Beständen, und neben den Blüten des Gehölzes selbst spenden Schlingpflanzen, wie die Pachygone pubescens und epiphytische Orchideen, den Insekten Nahrung. Selbst in den Pandanuskronen leuchten die roten Fruchtkolben aus den steifen Blätterbüscheln.

Das Leben der Pflanzen läuft in diesen Breiten, wo die Wärmegegensätze unserer Jahreszeiten fehlen, der Boden aber nie ganz trocken wird, in ihrer Gesamtheit einförmig ab. [137])

136 Schultze-Jena (523) 24—26
137 Behrmann (29) 12 ff.

2. *Die Bergwaldflora*

Diese Waldflora steigt je nach den orographischen und klimatischen Verhältnissen bis zu einer Höhe von 600 bis 900 Meter empor, ohne daß sich ein auffallender Unterschied in ihrer Zusammensetzung bemerkbar macht. Jedoch unterscheiden sich die Arten der höheren Regionen oft von denen in der Tieflandzone, aber es handelt sich hier hauptsächlich um gewöhnliche Speziesunterschiede. [138])

Dichte Nebel durchziehen den Bergwald, dessen Holzbestände McAdam [139]) als die wirtschaftlich wertvollsten bezeichnet; doch hemmt die Unzugänglichkeit der Gebiete den Einschlag. Araucaria Hunsteinii und Eichen treten häufig auf. Die Araucaria Cunninghamii kann eine Höhe bis zu 90 Meter erreichen und man erwartet, daß besonders diese Arten eine wichtige Rolle in der zukünftigen Holzwirtschaft von Neu-Guinea spielen werden. Von wirtschaftlichem Wert ist weiterhin noch die rote Zeder (cedrella), die in diesen Höhenregionen häufig anzutreffen ist. [140])

3. *Küstenwald*

Die Flora des Strandes, der nicht mit Mangroven bedeckt ist, kann verschieden beschaffen sein. Meist besteht sie aus dem ganz schmalen Gürtel eines Strandwaldes, der allmählich in den Urwald übergeht. In selteneren Fällen haben wir aber, wie z. B. an einigen Stellen der Astrolabe Bucht, einen verhältnismäßig offenen Strandbusch.

Rechinger schildert den Strandwald wie folgt: [141]) „Der Strandwald zeigt eine ungemein mannigfaltige Zusammensetzung aus fast allen für die indo-malaiische Strandvegetation bezeichnenden Arten, und am Ufersand finden sich stets in Mengen ihre Früchte und Samen, teils frisch abgefallen, teils in einem Zustande, welcher einen langdauernden Transport durch das Meer erkennen läßt. Vor allem bildet Calophyllum Inophyllum riesige Bäume. Die Früchte, von der Größe einer Walnuß, haben eine vorzügliche Schwimmfähigkeit, der der Baum seine weite Verbreitung bis in die entlegensten pazifischen Inseln verdankt".

Größere Bestände bilden auch Casuarina equisetifolia sowie Barringtonia. Erstere wird wegen ihrer Anspruchslosigkeit und ihres schnellen Wuchses zur Aufforstung in den Küstengebieten verwandt. Das harte und schwere Holz eignet sich besonders für den Schiffbau. Schimper nennt den Strandwald auch Barringtonia Formation. [142]) Außer verschiedenen Rotangpalmen (calamus-Arten), die recht häufig anzutreffen sind, verdient auch die Strandkastanie erwähnt zu werden, deren Samen den Eingeborenen als Nahrung dienen. [143])

An der Südküste Papuas besteht jedoch eine auffallende Ähnlichkeit der Flora mit der Cap-York-Halbinsel und Nord-Queensland. Hier herrschen Eukalyptusarten, Akazien, Protaceen und Myrtaceen vor. Die Brücken zum übrigens nur knapp 100 km entfernten Festland Australien bilden die zahlreichen Inseln der Torresstraße, deren Formationen nicht nur in ihrem äußeren Habitus, sondern auch durch ihre Zusammensetzung mit denen der genannten Regionen übereinstimmen. [144])

4. *Sekundärwald*

Wo Brandrodung den Urwald lichtet, beginnt nach und nach sekundärer Wald das nur für einige Jahre bebaute Land, dessen Bonität rasch abnimmt, zu überwuchern. Es werden immer neue Teile jungfräulichen Waldes niedergeschlagen, um neue Felder und Gärten zu gewinnen. Der Sekundärwald ist im ganzen Inselgebiet in rascher Zunahme begriffen.

---

138 Schlechter (503) 162.
139 McAdam (370) 57.
140 Klein (283) 242, Neuhauss (401) 10.
141 Rechinger (458) Tafel 7.
142 Schimper (499) S. 71 ff
143 Schlechter (503) 154, Warburg (601) 50.
144 Thomson (566) 2, Warburg (600) 12.

Im allgemeinen sind es nur immer kleine Flächen, aber in den Küstengebieten und in einigen dichtbevölkerten Bergregionen nehmen sie größere Ausmaße an. Die „shifting cultivation" bildet einen nicht unerheblichen Verlust für den Baumbestand.[145]) J. B. McAdam, Director of Forest in Papua, beobachtete, daß besonders in den Bergregionen nach Brandrodungen nur schnellwachsende Weichhölzer wie Vaccinium, Grevillea, Albizzia und Elaeocarpus gedeihen, wenn nicht der Wald durch Grassteppe sogar ganz verdrängt wird.[146])

b) Nebel- oder Mooswald

Die Feuchtigkeit nimmt mit der Höhe zu, und der Urwald wandelt sein Aussehen. In Höhen von ca. 1000 m finden wir den triefendfeuchten Mooswald. Nebel und Treibhausluft verdichten sich. Der Boden des Waldes ist begraben unter einer dichten Schicht von Blättern, vermoderten Ästen und abgestorbenen Zweigen. Moose und Flechten überwuchern diese Moderschicht. Fettglänzende und prächtig schillernde Orchideen fesseln das Auge.

Auch hier strebt alles nach oben, zur Sonne; denn was das rettende Licht nicht erreicht, muß vermodern. Starke Bäume nehmen dem Unterholz das Licht weg; doch auch sie werden von an ihren Stämmen hochkriechenden Lianen umrankt, die lange Luftwurzeln nach unten senden, neue Schößlinge ziehen und den riesigen Stamm letztlich auch zum Absterben verdammen.

Ranken, Wurzeln und gestürzte Baumriesen machen beim Vordringen eine ununterbrochene Kletterei notwendig. Koniferen sind zahlreich vertreten und umschließen besonders die Arten Phyllocladus, Dacrydium, Libocedrus und Podacarpus.[147])

Der Nebelwald wird nicht wie der Regenwald und der Galeriewald hauptsächlich durch die Bodenfeuchtigkeit bedingt, sondern durch die hohe Luftfeuchtigkeit. Der Artenreichtum des Nebelwaldes übertrifft den des Regenwaldes ganz beträchtlich. Die Lianen werden allerdings in Höhen von 2000 m spärlicher, und auch die Calamusarten verschwinden schon unter dieser Höhengrenze.[148])

c) Alpine Vegetation

Erst in 2000—3000 m Höhe beginnt sich der Wald zu lichten. Bei ca. 2800 m stellen sich, von Farnen durchmischt, Rhododendrengürtel ein. Im Wachstum verhinderte Koniferen ragen nur wenige Meter über das holzige Büschelgras auf, das immer größere Flächen einnimmt und in Höhen von 3200 m, der Baumgrenze, dominiert.

Detzner hat die Baumgrenze im Saruvaged-Gebirge bei 3250—3300 m ermittelt. Wollaston zieht die absolute Baumgrenze jedoch bereits in einer Höhe von 3200 m.[149])

Nach Behrmann empfängt das Zentralgebirge genügend Feuchtigkeit, um unter einer grünen Urwalddecke verborgen zu sein. Nur die allerhöchsten Spitzen ragen über die Baumgrenze empor, durch Regenwaldgürtel und tiefe Temperatur für die Bevölkerung fast unerreichbar und unbenutzbar. Auf der Karte betrachtet, ist das Gebiet der alpinen Vegetation auch verschwindend klein.[150]) (Vergleiche Karte Nr. 6.)

In dieser Region oberhalb der Baumgrenze finden wir auch die Orchideen nicht mehr. Vielmehr berichtet Hagen von heimatlichen Pflanzen, wie z. B. Löwenzahn (Leontodon taraxacum), Johanniskraut, ja selbst Enzian, die in dieser alpinen Flur

145 Schlechter (503) 157, McAdam (370) 57.
146 McAdam (370) 57, Rechinger (458) Tafel 9, (601) 46.
147 McAdam (370) 57, (25) 121, (315) I. Teil Tafel 25—36.
148 Schlechter (503) 162—163, 166, (322) 6, (522) 24—25.
149 Detzner (132) 39, Wollaston (634) 248 ff. Nach Warburg (601) 62, endet der Baumwuchs erst in 3500 m Höhe. 3500 m Höhe.
150 Behrmann (25) 122.

von ihm gefunden wurden. Er schreibt: „Alles zusammen ist so europäisch alpin, es sind so dieselben Gattungen, die wir auch auf unseren Hochgebirgen finden, nur in anderen, umgebildeten Arten, daß wir uns unwillkürlich umsehen, ob nicht irgendwo in der Nähe eine Sennhütte zum Vorschein kommt.“ [151])

Auch aus den Reiseberichten von MacGregor geht hervor, daß er froh ist, aus der nebelfeuchten Moosvegetation in diese Höhe zu gelangen, in denen ein herrliches, trockenes Höhenklima vorherrscht und ihn erfrischte. [152]) Hier steigt die Temperatur am Tage nur auf 15—20° C an und bedeutet für den Wanderer nach dem Aufenthalt in der Küstenebene eine wahre Erquickung.

Die Schneegrenze, die etwa in Höhen von 4450 Meter beginnt, wird im australischen Territorium von Neu-Guinea nicht erreicht, während einige hohe Gipfel des holländischen Gebietes sogar kleine Gletscher nähren. [153]) Auf die Spuren früherer Vergletscherung ist an anderer Stelle bereits hingewiesen worden.

So finden wir über dem schmalen Gürtel der Baumgrenze diese alpine Grasflur, die bis an die vegetationslosen Berghänge und Geröllfelder ansteigt.

d) Baumsavanne

Wenn auch die weitesten Flächen der Insel vom tropischen Regenwald bedeckt sind, finden wir doch zwei Trockengürtel, von denen sich der eine um das Gebiet bei Port Moresby und der andere zwischen Fly und holländischem Grenzgebiet befindet. Es sind die Gebiete der Baumsavanne, die durch tropische Hitze, aber ohne die übergroße Feuchtigkeit (Port Moresby liegt im Regenschatten) erzeugt werden. [154])

Hier gedeiht vornehmlich Alang-Alang-Gras (Imperata arundinacea), in Papua „KUNAI“ genannt, mit einigen offenen Waldbeständen untermischt. Auch im Süden des Küstengebirges, im ehemals deutschen Gebiet, dehnt es sich, nach Behrmann, über weite Strecken aus und findet sich ebenfalls auf durchlässigem Kalkboden südlich der Karaulagune, wo der Untergrund die Feuchtigkeit absorbiert. [155])

In der Baumsavanne bei Port Moresby sind 4 Eukalyptusarten anzutreffen, die jedoch nicht über 15 Meter hoch wachsen. In der Savanne im Fly-Gebiet herrschen dagegen Melaleuca und Sandelhölzer vor. [156])

Das mannshohe Alang-Alang-Gras ist ein saures, scharfkantiges Gewächs. Es ist so hart und scharf, daß das Vieh es verschmäht und es dem Menschen eine Qual ist, wenn er sich hindurchwinden soll. Nach dem taunassen Morgen wird es am Mittag wegen der im Grase herrschenden Windstille und der rückstrahlenden Hitze, die die Luft zittern läßt, fast unerträglich. [157])

Wenn auch, wie wir festgestellt haben, einige dieser Savannengebiete aus den natürlichen, d. h. klimatischen Gegebenheiten und auf Grund besonderer Bodenverhältnisse (durchlässige Kalkböden) entstanden sind, so kann jedoch in den meisten Fällen kaum ein Zweifel darüber entstehen, daß diese Flächen erst durch den Menschen der Urwalddecke beraubt wurden.[158]) Rechinger schließt sich dieser Meinung nur bedingt an, da nach seiner Ansicht das regelmäßige Vorkommen von Alang-Alang auf jungvulkanischen Böden als primäre Vegetationsbildung zu bezeichnen ist. [159])

Bei Annäherung an größere Flußläufe ändert sich das Bild der Savanne. Entlang den Flüssen ziehen sich Galeriewälder, die oftmals in ein Sumpfgebiet übergehen.

---

151 Hagen (230) 76 ff, ferner Diels (136) 467.
152 MacGregor (354) 43.
153 Behrmann (29) 15, (195) 116, (283) Bd. II, (644) 59.
154 (25) 121, (353), (370) 58, (458), Tafel 9a.
155 (25) 121, (29) 16, (194) 116, (333) 297.
156 McAdam (370) 58.
157 Rechinger (458) Tafel 9a, Warburg (601) 46.
158 McAdam (370) 58, Warburg (601) 46.
159 Rechinger (458) Tafel 9a.

e) Sumpfgebiete (Swamps)

1. Mangrove

An vielen Stellen der geschützten Küste, besonders gern nahe den Flußmündungen und Deltas sowie an flachen Buchten, kurz, überall da, wo wir Brackwasser finden, gedeiht die Mangrove.[160])

Klein berichtet, daß die Mangrove sich bis weit ins Landinnere längs den Ufern der Gezeitenflüsse hinzieht, und ich kann diese Beobachtungen nur bestätigen; denn nicht nur an den von ihm erwähnten Ufern des Fly, sondern auch am Bensbach-, Morehead-, Wassi-Kussa- und Aramia-Fluß konnte ich die gleichen Wahrnehmungen machen.[161])

Die Mangrove ist eine eigentümliche, auf Stelzwurzeln stehende Pflanze, die häufig selbst von ihrem weitverzweigten Geäst noch bogenförmige Wurzeln nach unten entsendet und damit ihren Namen Rhizophoracee, d. h. „Wurzelträger", rechtfertigt.[162])

Da die Bäume dicht nebeneinander wachsen, bilden sie einen Wirrwarr von Ästen, Wurzeln und Stümpfen, der nur sehr schwer zu durchdringen ist. Der Untergrund dieses verfilzten Dschungels ist bei Flut bis an den untersten Blätterrand überschwemmt, und nur bei Niedrigwasser erscheinen die schlammüberzogenen, übelriechenden Stelzwurzeln. In diesem Bereich finden wir keine Lianen und kein Unterholz, nur einige Epiphyten und gewöhnlich auch einige Hydnophytum-Arten, deren knollenförmige Stengel von Ameisen bewohnt werden.[163])

2. Sagosumpf (sac-sac)

Sac-Sac, bekannt unter dem Namen Sagopalme (metroxylon rumphii), gedeiht im Süßwassersumpf, vorwiegend an den Flußufern der größeren Flüsse, wie Sepik, Ramu und Fly, sowie in den ständig durchfeuchteten Tiefebenen und Talausgängen der Bergwässer.[164])

Auch diese Sumpfgebiete sind dicht und undurchdringlich; denn man verletzt sich leicht an den Stacheln der dunkelgrünen bis rotbraunen Palmwedel, und die zahllosen Blutegel, die in den stehenden Gewässern und Tümpeln heimisch sind, werden dem, der das Gebiet durchdringen muß, zu lästigen Quälgeistern.[165])

Die Sagopalme liefert ein stärkehaltiges Mark, das in weiten Gebieten die Grundlage der Eingeborenen-Ernährung bildet. Die Palmblätter liefern ein vorzügliches Material für die Bedachung der Häuser. Nach Behrmann sind die Sagobestände fast unerschöpflich und bilden für die Zukunft vielleicht eine Quelle des Reichtums für das Territorium.[166])

3. Grassumpf

Der Grassumpf ist wohl der niedrigste Typ hinsichtlich seiner Mannigfaltigkeit. Er besteht aus einer verfilzten Grasschicht, die im Wasser schwimmt und keinen eigentlichen Nährboden braucht. Von oben gesehen macht die Landschaft den Eindruck eines prächtigen Wiesenlandes. Bei Hochwasser heben sich diese Grasflächen, reißen sich los und treiben als schwimmende Inseln den verbreiterten Flußarm stromab. In diesen Regionen ist das einzige brauchbare Verkehrsmittel der Einbaum, doch auch mit diesem ist das Durchdringen der dichtverfilzten Grasdecke anstrengend und mühsam.

In den Flußtälern, besonders am Sepik, Ramu und Fly, finden wir an sonnigen Stellen oft undurchdringliche Gebüsche eines mannshohen Grases, des Saccarum spontaneum, einer wilden Zuckerrohrart, von den Engländern auch Pit-Pit genannt.[167])

160 (69) 15, (140) 252, (211) 187, (283) II. Bd. 224, (397) 56
161 Klein (283) II. Bd 224, (353) 21.
162 Behrmann (24) 36 ff, (370) 59, (601) 48.
163 Warburg (601) 48, (315) II. Teil Tafel 37, (503) 156
164 Behrmann (24) 74, (25) 121.
165 Behrmann (24) 73, MacKay-Little (357) 483.
166 Behrmann (24) 74.
167 Spate (536) 170, (315) Teil I, Tafel 25, (333) 296.

Auch diese Grassumpfgebiete könnten bei einer planvollen Entwässerung ein äußerst fruchtbares Kulturland werden.[168])

Überblicken wir abschließend das Pflanzenkleid des Gesamtgebietes auf der Vegetationskarte (Nr. 6), so sehen wir, daß trotz allen Wechsels im einzelnen doch der Charakter eines unübersehbar weiten Mischwaldes vorwiegend malaiischer Zusammensetzung gegeben ist.[169])

6. Die Tierwelt

Die Tierwelt Neu-Guineas schließt sich eng an die des australischen Festlandes an, bildet aber andererseits auch ein Übergangsgebiet zur Fauna Südostasiens.

Sie ist infolge der Unwegsamkeit des Urwaldes arm an größeren Säugetierarten, von denen eigentlich nur Wildschwein und Wallaby (Protemnodon agilis, eine kleine Känguruhart) zu nennen sind.[170])

Dieses Gebiet australischer Restfauna ist reich an Vertretern der niedrigen Tiergattungen, der Vogelfauna und Insekten.

Wir können mit Behrmann[171]) zwischen Wald-, Steppen- und Sumpf-Fauna unterscheiden, ohne dabei an eine stagnierende Grenzziehung zu denken; denn gerade am Rande von Steppe und Urwald treffen wir Wallaby und Beuteltier, während das Schwein sich in Sumpf- und Urwaldgebieten aufhält.

Der Urwald wird von Klettertieren, wie Kuskus, Baumkänguruh und Beuteleichhörnchen bewohnt. Auch die Fliegenden Füchse sind mit ihrer hängenden oder fliegenden Lebensweise dem Walde angepaßt.

Schwarzwild findet hier reichliche Nahrung. Obwohl das Schwein vermutlich erst durch die Malaien als Haustier eingeführt wurde und verwilderte, ist es recht zahlreich und in größeren Rotten anzutreffen.[172]) Wenn sie auch im Wuchs etwas kleiner als unsere heimischen Wildschweine sind, so sind sie dagegen nicht ungefährlicher und nehmen unter Umständen sogar den Menschen an.[173])

Der braune Kuskus ist ein nächtliches Baumtier, das am Tage in Astgabeln oder in Baumlöchern sitzt. Die Eingeborenen, die das Fleisch und das Fell dieses harmlosen Gesellen lieben, machen fleißig Jagd auf ihn. Das graugelbe Fliegende Eichhörnchen (petaurus papuanus) benutzt seine Flughaut als Fallschirm, wenn es des Nachts auf Insektenjagd geht. Tagsüber hängt es schlafend in den Zweigen.[174])

Ferner ist das Baumkänguruh zu erwähnen, das auch in Australien vorkommt und in weiten Sprüngen von Baum zu Baum dem Jäger nur selten ein Ziel bietet.[175])

Das Känguruh oder Wallaby lebt besonders in den Randzonen des Urwaldes. Wir finden es häufig in der Baumsavanne von Papua. An Aussehen und Größe gleicht es der in Nordaustralien vorkommenden Art, mit der es auch die jahreszeitliche Farbveränderung des Felles gemeinsam hat.[176]) Im Gebiete des Morehead hatte ich fast täglich Gelegenheit, ein Wallaby zu schießen, was für meine Träger immer eine willkommene Beikost an Stelle der Konservennahrung bedeutete.

Sehr häufig ist auch der Beutelmarder, der in Aussehen und Größe einer Ratte ähnelt und harte, stachlige Grannenhaare besitzt. Auffallend ist sein merkwürdiges Geschrei, von dem auch Hagen berichtet.[177])

Das interessanteste Säugetier, so berichtet auch Braun, ist der Ameisenigel, der gleich seinem australischen Verwandten, dem Schnabeltier, Eier legt.[178])

168 MacAdam (370) 59.
169 Vegetationskarte
170 Klein (283) II. Bd. 193, (298) 2. Bd. 390, (304) 75. (353) 22 ferner Mertens (378) 22, (489) 73, (598) 475, (29) 18 ff
171 Behrmann (29) 18.
172 Krieger (304) 75, Hagen (230) 85.
173 Einer meiner Träger wurde auf der Jagd von einer wütenden Bache angenommen und erheblich verletzt.
174 (304) 75, (283) Bd II 193, (378) 103, (516) 277.
175 Mertens (378) 36.
176 Behrmann (34) 376, (468) 65.
177 Hagen (230) 84.
178 Braun (77) 163. (378) 32. (304) 88.

Sehr zahlreich sind die Fledermäuse (flying foxes), die abends in riesigen Scharen krächzend am Himmel dahinziehen. Auch sie kommen in verschiedenen Arten vor. Die größeren sind gefräßige Obstdiebe und leben vorzugsweise von Früchten wie Mango und Bananen und bevorzugen Eukalyptusbäume als Schlafplätze. Die Spannweite der Flügel beträgt über einen Meter. Eine kleine, flinkere Art nährt sich von Insekten.[179])

So armselig und einseitig uns die Säugetierwelt entgegentritt, so reich und mannigfaltig hat sich die Vogelwelt entwickelt. Wallace behauptet, daß die Vögel Neu-Guineas an Farbe und Pracht des Gefieders alle anderen in der Welt überteffen. [180]) Besonders in den Abendstunden erwacht hier das Leben. Die Nashornvögel krächzen, und in den Baumkronen flattern kreischend buntgefiederte Papageien. Durch Mannigfaltigkeit in Farbe und Tracht zeichnen sich auch die Tauben aus. Besonders die Prachttaube (Ptilopus superbus) macht ihrem Namen in dieser Hinsicht Ehre. Die dunkle Krontaube, die meist reglos in den Zweigen sitzt, erreicht die Größe einer Pute und ist eine begehrte Beute.[181])

Thomas E. Gilliard, ein amerikanischer Ornithologe, hat vier Expeditionen ins Innere der Insel unternommen, um die Vogelwelt Neu-Guineas zu erkunden, und er schildert ihre Schönheit und Farbenpracht in zahlreichen Publikationen.[182]) Der prächtigste dieser gefiederten Gesellen ist ohne Zweifel der Paradiesvogel. Ein Teil der Wirtschaft basierte bis 1924 auf der Paradiesvogeljagd, die schonungslos durchgeführt wurde. Annähernd 100 000 Vogelbälge wurden allein in jenem Jahre exportiert. [183]) Städte wie Hollandia, Port Moresby und Lae haben einen großen Teil des Einkommens aus diesem Erwerbszweig gezogen.

Der Paradiesvogel ist in nicht weniger als 60 außerordentlich stark abweichenden Arten nur auf Neu-Guinea und den Nachbarinseln zu finden. Nach Gilliard wird er besonders häufig in den Gebieten des Bergwaldes angetroffen. Die weiteste Verbreitung hat der gelbe Paradiesvogel oder paradisea minor.[184])

Aber auch Habicht, Adler und Geier sind zahlreich sowie die weißen und stahlblauen Reiher und Seeadler, die in den Sumpf- und Flußgebieten ihr Jagdrevier haben. Hier finden wir auch den brilliantschillernden, flinken Eisvogel, Enten, Teich- und Sumpfhühner, Schnepfen und eine Wachtelart. [185])

Gehrmann [186]) erwähnt einen Wasserläufer von der Größe eines Kiebitzes. An den Zweigen der Rotangpalme hängen häufig die beutelförmigen Nester des Webervogels. Auch Käuze und Eulen jagen des Nachts.

Nur selten bekommt man den Wallnister (Familie der Großfußhühner — megapodien), eine Vogelart, die die Eier in vermodertes Laub legt, zu sehen. Die Gärungswärme sorgt für das Ausbrüten der Eier. [187])

Der größte Vertreter der Vogelwelt ist jedoch der bis zu zwei Meter große Kasuar, ein Laufvogel, der mit dem australischen Emu verwandt ist. Sein Kopf ist mit einem helmartigen Hornaufsatz ausgestattet, und er besitzt ein dunkelglänzendes, haarähnliches Gefieder und keine Schwungfedern. Die jungen Vögel lassen sich leicht zähmen und werden, obgleich sie ausgewachsen oft bösartig und mit ihren scharfen Schnäbeln und Krallen gefährlich werden können, von den Eingeborenen gern als Haustiere gehalten.[188])

Reptilien sind wie in allen tropischen Ländern auch in Neu-Guinea sehr artenreich. Besonders zahlreich sind die Geckos, kleine, flinke Eidechsen, die des Nachts Insekten jagen und auch an den Innenwänden und Decken der Europäerhäuser

---

179 (304) 76, (468) 66.
180 Wallace (598) 475.
181 Schultze-Jena (523) 25, (77) 163, (598) 479.
182 Gilliard (198), (199), (200), (201).
183 Seit 1924 ist die Paradiesvogeljagd durch internationales Abkommen eingestellt worden.
184 Gillard (201).
185 (29) 18, (304) 103, (331) 146, (558) 133.
186 Gehrmann (193) 10.
187 Braun (77) 163, (558) 132.
188 Tappenbeck (558) 133, (566) 7.

ständig anzutreffen sind. Mit großer Schnelligkeit huschen sie die steilen Wände entlang, und für sie scheint ein Gesetz der Schwerkraft nicht zu existieren. Sie haben die eigentümliche Angewohnheit, ihre Farbe zu verändern; auch verlieren sie ihren Schwanz, wenn man sie berührt oder festhält, doch wächst dieser Teil bald wieder nach.[189])

Wie auch in Australien sind mehr als meterlange Leguane, Wühlechsen, Chamäleonarten und Goanas (Veranidae) in Neu-Guinea weit verbreitet. Besonders die großen, bis 2 Meter langen Warane werden von den Eingeborenen mit Vorliebe gefangen; denn ihre Haut liefert ihnen vorzügliches Material zum Bespannen der Trommeln.[190])

Schlangen sind nicht so verbreitet wie in Australien oder dem Malaiischen Archipel, die Hagen als „wahre Schlangenparadiese" bezeichnet. Die von ihm beschriebene „Schlangenarmut" dürfte jedoch nicht ganz zutreffen, vielmehr treffen wir mehr als 100 Species in Neu-Guinea an.[191]) Im allgemeinen ist die Schlange ein scheues Tier, das, meist beunruhigt durch den Lärm des herannahenden Menschen, der sich seinen Weg mit dem Buschmesser durch den Urwald bahnen muß, rechtzeitig das Weite sucht. Im weiten, offenen Grasland der Savanne jedoch und an freien Stellen, die dem Sonnenlicht besonders ausgesetzt sind, wird sie dem sie im Schlaf überraschenden Menschen gefährlich. Vereinzelt wagten sich Schlangen, um ein trockenes Plätzchen zu finden, selbst in unser tagsüber verlassenes Lager.

Die angriffslustigste und tödlichste Giftschlange ist ohne Zweifel die Taipan oder „braune Schlange", die auch in Australien weit verbreitet ist. Auch die äußerst giftige Todesotter ist oft vertreten.[192])

Selbst in den Gewässern ist der Mensch dem Biß der sehr giftigen Hydrophinae oder Seeschlange ausgesetzt. Auch sie ist von der Familie der Taipan, von dunkelbrauner Farbe und knallgelbem Bauch und schlängelt sich wie ein Aal durch die seichten Gewässer. Jeder Weiße, der sich in diesen unwegigen Regionen aufhält, ist aus diesem Grunde mit einem kleinen Skalpell ausgerüstet, um eine eventuelle Schlangenbißwunde sofort auszuschneiden.

Von den nicht giftigen Schlangen ist besonders die Python zu nennen, die bis 6 Meter lang werden kann und in der Lage ist, ein junges Wallaby zu verschlingen.[193])

Die interessantesten Reptilien sind jedoch die Krokodile, von denen zwei Arten, Cr. noveau guineae und Cr. porosus (Süß- und Salzwasser-Krokodil), vertreten sind. Nach Finsch kommen sie jedoch nur relativ selten in den Gewässern Neu-Guineas vor. Dazu sei bemerkt, daß nach meinen Beobachtungen am Fly, Morehead, Bensbach und Wassi-Kussa diese Behauptung nicht ganz aufrechterhalten werden kann, zumal auch MacGregor angibt, sie häufig angetroffen zu haben, und auch Behrmann berichtet von diesen gefräßigen Fischräubern.[194]) Indessen ist auch das Krokodil recht scheu, und es gelang mir, nur zwei dieser Tiere zu erlegen, aber vom Hubschrauber aus konnten wir viele dieser Unholde betrachten, die an den Flußufern wie leblose Baumstämme in der Sonne lagen.

Schließlich wären noch die Schildkröten zu nennen, von denen es vier Arten gibt. Die größte, Dermocheleys coriacea, erreicht ein Gewicht bis zu einer Tonne. Auch die grüne Schildkröte, Chelonea mydas, ist in den Küstengewässern verbreitet. Aus ihrem grünlichen, fetten Fleisch wird die delikate Schildkrötensuppe zubereitet.[195]) Chelonea imbricata liefert das wertvolle Schildpatt. Daneben sind noch einige Arten von Süßwasser- und Land-Schildkröten zu erwähnen.

189 Dahl (119) 70—72.
190 (24) 87, (331) 146.
191 Hagen (230) 97, vergleiche jedoch (468) 67.
192 Gilliard (198) 460, (230) 97.
193 Ebenda (198) 460.
194 Finsch (156) 185, MacGregor (353) 23, (29) 18.
195 Resources of Papua and New Guinea (468) 67.

Unübersehbar ist die Zahl der Insekten. Besonders in den Sumpfgebieten herrscht eine ungeheure Fliegen- und Mückenplage. Hier tritt auch die gefürchtete Anopheles auf, die die Malaria verbreitet.

Groß ist vor allem die Zahl der Käfer und Ameisen. Die bis $2^{1}/_{2}$ Meter hohen Termitenbauten, die weiß, rot oder gelb aus dem Alang-Alang-Gras herausragen, werden in einigen Savannengebieten landschaftsbestimmend. Auch Heuschrecken werden hier zur Landplage.[196])

Eine Reihe von Schädlingen hat sich entwickelt, die die menschlichen Pflanzungen heimsuchen. Der Rhinoceros-Käfer (oryctes rhinoceros) vernichtete ausgedehnte Bestände der Kokospalme, bis ihm durch die Aussetzung einer kleinen, unscheinbaren Wespe (scolia oryctophaga) aus Sansibar, die seine Larven vernichtet, Einhalt geboten wurde.[197]) Andere Schädlinge greifen besonders die Reis- und Teekulturen an.[198])

Daneben finden wir aber auch überaus bunte und schöne Schmetterlinge, um nur den schillernden Goliath und Priamus zu nennen. Schwärme von Eintagsfliegen werden — nach Behrmann — [199]) von den Eingeborenen regelmäßig gefangen und verzehrt.

„Unermüdlich, von früh bis abends, erklingt das Zirpen der Zikaden, besonders vor Gewittern, und nach den Regengüssen fallen Grillen und Frösche in diesen Chor ein, als übten sie mit Trillerpfeifen die ganze Nacht hindurch, bis die dumpfen, tiefen Lockrufe der grauen Krontaube den frühen Morgen künden".[200])

Der Schein der Petroleumlampe im offenen Zelt zieht nachts einen tanzenden Schwarm von Insekten an, so daß man schnell unter das Moskitonetz flüchtet. So hat der Mensch unter diesen unzähligen Plagegeistern zu leiden, zu denen sich in der Alang-Alang-Steppe noch ein Heer stechender Sandflöhe, Buschmücken und milbenartiger Heuschrecken gesellt.

Die Süßwasserseen und Sümpfe sind mit Blutegeln verseucht, die sich an den unbekleideten Stellen des Körpers festsaugen und schmerzende, nur langsam heilende Wunden hinterlassen.

Durch die Japaner wurde während des letzten Krieges eine Riesenschnecke eingeführt, die den Soldaten als zusätzlicher „Leckerbissen" sehr willkommen war.

Diese Riesenschnecke (Achatina fullica) vermehrte sich jedoch sehr rasch und erwies sich als ernsthafter Schädling für viele Pflanzungen.[201])

Auch die Fischwelt ist besonders in den Gezeitenflüssen sehr zahl- und artenreich. In den Mündungsgebieten dieser Salzwasserflüsse taucht vereinzelt auch einmal ein verirrter Hai auf.[202])

Überblicken wir abschließend die Fauna Neu-Guineas, so finden wir die Insel bevölkert von einer zwar an Endemismen reichen, im übrigen aber nach Australien weisenden Tierwelt. Ungleich verwickelter und weniger einheitlich in ihrer geographischen Beziehung ist die niedere Tierwelt, die in schier unendlicher Artenfülle den Wald von den hohen Wipfeln bis hinab zum dichten Moderteppich bewohnt.

---

196 (77) 163, (523) 28.
197 Barrett (19) 16, ferner: Spate (537) 30.
198 (468) 68.
199 Behrmann (29) 18.
200 Schultze-Jena (523) 27.
201 Spate (537) 30, (468) 68
202 Hase (245).

II. BEVÖLKERUNG

Die Zusammensetzung der Bevölkerung läßt sich von zwei Gesichtspunkten aus betrachten. Zuerst sind es die fast $1^1/_3$ Millionen Eingeborenen, denen lediglich ca. 15 000 Nichteinheimische gegenüberstehen. Letztere sind europäischer oder australasiatischer Herkunft, doch schließt diese Zahl 3000 Asiaten, vornehmlich Chinesen, ein.

1. Die Eingeborenen

a) Herkunft und Rassenzugehörigkeit .

Die Bevölkerung Neu-Guineas steht fast in der gleichen Abhängigkeit von Klima und Vegetation wie die Tierwelt. Die primitiven Einwohner sind demnach nicht die Herren der Natur, sondern müssen sich ihr anpassen.

Auch heute befinden sich noch weite Bevölkerungsschichten in der metall- und schriftlosen Zeit, und Holz-, Knochen- und Steinwerkzeuge herrschen noch bei vielen von ihnen vor. Wenn so das Fehlen jeglichen Metalls vor Eintreffen der Europäer das verbindende Merkmal der Kultur darstellte, so bildet die Bevölkerung deshalb doch noch keine Einheit. Behrmann[1]) schreibt hierzu: „Wie sehr sich bei Naturvölkern die Natur der Wohngebiete durch physische Eigenschaften irgendwelcher Art unterscheidet, so sehr wird ihr Kulturzustand variieren. Es gibt keine größeren Gegensätze als die steinzeitlichen Eskimos und die steinzeitlichen Papuas. Nur dort, wo gleiche Naturbedingungen auf den Naturmenschen wirkten, hat er mit annähernd gleichen Hilfsmitteln sich ihnen anzupassen vermocht, indem er aus der Natur des Landes sich die Mittel zum Kampf mit der Natur zu verschaffen wußte."

Wir können daraus folgern, daß die verschiedenen Lebensbedingungen, die die primitiven Menschen in den Gebirgshochländern, in den Steppen sowie an Flüssen und Sumpfzonen und an den Küsten vorfanden, ihre Entwicklung maßgebend beeinflußten und sie verschieden gestaltete. Diese landschaftlichen Gegensätze erklären aber die großen Unterschiede in der Kultur nicht allein, vielmehr hängen sie mit der starken Rassendurchmischung zusammen, die durch die Wanderungen hervorgerufen wurden.

In immer neuen Wellen kamen Menschen an die Küste der großen Insel, und die Späterkommenden brachten meist eine höhere Kultur mit sich, die sich durch das Vordringen ins Innere des Landes und bei der Vermischung der Rassen und Stämme meist verschieden entwickelte.

Dabei wurden niedrigere Bevölkerungselemente in die Rückzugsgebiete des Urwaldes und der Gebirge verdrängt.[2]) Lindsay bemerkt hierzu: „ It must not be thought of a swift flight of panik-stricken refugees. It was a slow wandering of little Negrito bands, moving on as the invaders drew near.".

Über die Rassendurchmischung Neu-Guineas besteht keine Klarheit. Kleiweg de Zwaan schreibt 1956: „For the anthropologist the Papuans of New Guinea still constitute a difficult and complex problem. When faced with the questions: Who and what are the Papuans? How did they originate? Do they represent a separate, distinct race? Are they indigenous to this extensive island or have they moved in from elsewhere? If so, where did they come from, in which period? What may be the relationship between the tall coastal dwellers and the so much smaller people of the central highlands? — He will have to admit that he is unable to give a definite and completely satisfactory answer."[4])

Eine Gliederung der Eingeborenen nach ihrer Rassenzugehörigkeit läßt sich daher nicht klar abgrenzen, doch lassen sich neben den kleinwüchsigen, negroiden Menschen des Inneren, verschiedentlich Pygmäen genannt, die Papua (Palaeme-

1 Behrmann (33) 325, (29) 19, Geisler (194) 117.
2 Abel (1) 59, Friederici (183) 18/19, (230) 145, (420) 33, (500), (526) 198.
3 Lindsay (347) 11.
4 Kleiweg de Zwaan (286) 321, (528) 29 ff.

laneside) und Melanesier sowie palaeo-mongolide, proto-malaiische, australische und mikronesische Rassenmerkmale verfolgen. An den Küsten finden wir außerdem Reste polynesischer Passiervölker (Tami).

Die kleinwüchsigen Menschen, von denen schon die ersten Europäer, die das Land betraten, Kunde brachten, finden wir an verschiedenen Stellen im Innern der Insel, vermischt mit Leuten größerer Gestalt. Wollaston hat sie in Niederl. Neu-Guinea nachgewiesen, und auch neuere Forschungsergebnisse berichten von ihnen. Thurnwald, Neuhauss und Pösch beobachteten sie im ehemals deutschen Gebiet, und auch in der englischen Literatur werden sie häufig erwähnt. Passarge beschreibt sie als kleinwüchsige, rundköpfige und kraushaarige Negritos. [5] Ob es sich bei diesen Menschen um eine einheitliche Urbevölkerung handelt, ist ebenfalls nicht geklärt. Behrmann scheint davon überzeugt, Bernatzik verneint diese Frage. Eickstedt macht dagegen auf den Einfluß ungünstiger Lebensbedingungen auf die Körpergröße aufmerksam. [6] Infolge der Assimilation und Rassenmischung wird hierüber jedoch kaum etwas Endgültiges festzustellen sein.

Ebensowenig ist die übrige Bevölkerung einheitlich, dies gilt sowohl in somatischer als auch in ethnographischer Beziehung. Großwüchsige Leute wohnen mit kleinen vermischt in denselben Dörfern. Die durchschnittliche Größe ist 165 cm. [7] Auch die Gesichtszüge sind völlig verschieden. Im gleichen Dorf treffen wir Menschen mit breiten Sattelnasen und wulstigen Lippen, in dem wir auch Leuten mit ausgesprochen semitischen und manchmal sogar mongolischen Gesichtszügen begegnen sowie solchen mit schmalen Lippen, wohlgeformter Nase, hoher Stirn und ovalem Gesicht. Krauses Wollhaar ist für die meisten Eingeborenen charakteristisch, doch kommen auch wellige Haare vor.

Wie die Farbe der Haut von schwarzbraun bis hellbraun schwankt, vereinzelt sind sogar ganz hellhäutige Menschen anzutreffen, so wechselt auch die Farbe des Haares, die wohl meist schwarz ist, doch oftmals brünette, ja manchmal blonde Töne aufweist. Auch Thurnwald erwähnt hellhäutige Menschen mit blondem Haarwuchs, denen er am Nordfluß begegnete. Übereinstimmend ist man der Ansicht, daß es sich bei diesen Menschen nicht um Albinos, sondern um europide Typen handelt. [8]

Die Muskulatur ist im allgemeinen gut ausgebildet. Besonders bei den Bergvölkern herrschen starkentwickelte Waden- und Bein-Muskeln vor.

Auch in Papua, in den Dörfern des Fly-, Morehead- und Wassi-Kussa-Gebietes, hatte ich diese Vielgestaltigkeit ständig vor Augen. In wenigen Dörfern wurde die gleiche Sprache gesprochen, und die Typenmannigfaltigkeit der Eingeborenen, bei denen auch Kleidung und Schmuck häufig wechselten, war beachtlich.

Die Papua oder Amelanesier sind nach Abel [9] sehr früh in Neu-Guinea eingewandert, jedoch haben sich die meisten mit später nachdrängenden andersrassischen Elementen vermischt. So zeigen sie heute die verschiedensten Rassenmerkmale, so daß man unter „Papua" wenig mehr als einen Sammelbegriff verstehen kann. [10]

Auch bei den Melanesiern kann man nicht mehr von einer einheitlichen Rasse sprechen. Nach Friederici kamen sie von den Inseln des hinterindischen Archipels über die Molukken, zogen in breiter Wanderstraße an der Nordküste von Neu-Guinea entlang, berührten Neu-Pommern und Neu-Mecklenburg, umsegelten, den NW-Monsun ausnützend, die ganze Südwestspitze der Insel und beendeten ihre Fahrt im Golf von Papua. Die Richtung des Vordringens, die er aus den vorkom-

5 (188) 210, (347) 10, (403) 280, (420) 269, (436) 278, (569) 346, (633 u. 634), (499) 19, (100) 164 ff. Negrito: span. = Negerlein.
6 Behrmann 46) 540, Bernatzik (59) 297, v. Eickstedt (145) 661 ff.
7 Behrmann (25) 61.
8 Thurnwald (570) 92, (28) 223, (156) 179, (286) 342, (419) 212. (449) 55, (611) IV. Bd. 119—121. — In mehreren Gesprächen mit Prof. O. Reche, dem Leiter d. Sepikexped. 1908, und Dr. Tischner wurde diese Annahme bestätigt. Vergl. ferner Krämer (299) 34.
9 Abel (1) 57.
10 Papua-Palaemelaneside bedeutet auf malaiisch „kraushaarig", in einem bestimmten Dialekt jedoch auch „Schwein".

menden Sprachen schloß, stimmt völlig mit der des Windes überein, den die Wanderer mit ihren Auslegerbooten ausnutzen mußten.[11])

Behrmann[12]) schreibt hierzu: „Friederici scheint damit den Schlüssel gefunden zu haben auch für das Vordringen der Bevölkerungswellen, die den Melanesiern vorausgingen und die alle unter dem Namen Papua zusammengefaßt werden. Auch sie müssen aus derselben Gegend gekommen sein."

Durch die nachfolgenden Proto-Malaien wurden Pfeil und Bogen und eine primitive Form der Landnutzung mittels des Grabstockes in Neu-Guinea eingeführt. Die zuletzt kommenden Polynesier brachten neben dem Brotfruchtbaum auch noch andere wichtige Nährpflanzen mit. Sie vermischten sich rasch mit den Melanesiern der Küstengebiete. So sollen diese die in manchen Küstendörfern bei den Bewohnern vorherrschende hellere Hautfarbe und die weitverbreitete Sitte des Tätowierens durch diese Rassenmischung übernommen haben.[13])

b) Sprache

Bei einer so weitgehenden Rassenmischung ist es verständlich, daß auch in der Sprache eine bunte Vielfalt herrscht. Die Zersplitterung geht so weit, daß sich die Bewohner benachbarter Dörfer oft nicht mehr verständigen können. Es werden daher bei einzelnen Stämmen Kinder als Sprachschüler in fremde Dörfer geschickt, um später als Dolmetscher zu dienen.[14])

Die meisten Stämme lebten in ständiger Feindschaft miteinander und blieben infolgedessen gegeneinander isoliert. Besonders die Sprachgebiete an der Küste sind klein. Meist sprechen nur wenige hundert Menschen die gleiche Mundart. In den inneren Regionen, so am Mount Hagen und im Chimbu-Distrikt, kommen jedoch auch größere Sprachgruppen vor. Kuman (Chimbu) wird von ca. 40 000 Menschen gesprochen, und auch Behrmann hat eine große Sprachgruppe, die von Jambun bis zum Sepik bei Malu reicht und die nur geringe dialektische Abweichungen aufwies, festgestellt.[15])

MacGregor[16]) gibt einige einfache, aber einleuchtende Erklärungen, denen zufolge sich Dialekte in wenigen Generationen bilden können. Er führt z. B. die Gewohnheit des Betelkauens an, eine weitverbreitete Unsitte, durch die eine klare Aussprache verhindert wird, weil sie das Gewebe der Lippen und Mundhöhle angreift und die Zähne zerstört. Nasenpflöcke, durch die durchbohrte Nasenscheidewand gezwängt, verundeutlichen die Aussprache ebenfalls und führen letztlich zur Veränderung ganzer Silben und Worte. Außerdem herrscht eine große Freiheit im Gebrauch der Konsonanten. Am Papua-Golf ist es sehr gebräuchlich M oder B nach Wahl zu benutzen. B, P und V werden regelmäßig verwechselt, und besonders häufig ist die willkürliche Vertauschung von R und L.[17])

Die Dialekte bilden sich auch durch den Tauschhandel, da der Papua gern tauscht, und auf den Märkten findet von Zeit zu Zeit ein reger Güteraustausch statt; dabei erweitern neue Worte den Sprachschatz der Eingeborenen.

Eine andere Ursache, die zu Wortveränderungen und Wortverstümmelungen führen kann, ist die Tatsache, daß der Papua gern imitiert. So kann z. B. ein vom Europäer falsch ausgesprochenes Wort in seiner neuen Fassung vom ganzen Dorf übernommen werden.

MacGregor hat weiterhin den interessanten Versuch unternommen, an Hand von Zahlen die Verwandtschaft der einzelnen Dialekte zu verfolgen. Zahlen sind zweckgebunden, der Händler braucht sie, der nicht Tauschende braucht sie kaum. So fand er bei 26 Dialekten 19, die den gleichen Ursprung der Zahlen 1, 2, 3 und 4 hatten. Die KOITA, ein Handel treibendes Küstenvolk, haben lange

11 Friederici (180 u. 181).
12 Behrmann (29) 22, ferner (25) 122 ff.
13 Lindsay (347) 12.
14 Behrmann (25) 63, (29) 30, Hager (232) 72.
15 Behrmann (29) 53, (24) 92, Roesike (473) 509. (87) 249, (13) 4, (230) 205, (360) 5, (640) 351.
16 MacGregor (353) 79, ferner Chatterton (99) 8.
17 Wasser bedeutet in der Motusprache RANU oder LANU.

Zahlenreihen in ihrer Sprache. Die KOIARI, ein Bergvolk, die gleich den Koita unweit von Port Moresby leben, jedoch keinen Küstenhandel treiben, haben nur 2 Zahlen.[18])

Trotz dieser babylonischen Sprachverwirrung lassen sich zwei Sprachgruppen unterscheiden: Die Melanesische und die Amelanesische oder Papua.[19])

Die melanesische Sprachgruppe schließt auch einige Sprachen ein, die zur austronesischen Sprachfamilie gehören. Im Territorium sind bisher 53 melanesische Sprachen bekannt, die alle in Küstennähe gesprochen werden und sich nicht im Landinnern verbreiten. Die bekannteste melanesische Sprachgruppe ist wohl MOTU, die in der Gegend von Port Moresby verbreitet ist.

Alle übrigen Sprachen gehören zu den amelanesischen oder Papua-Sprachen, die im Gegensatz zu den melanesischen nicht nach Wortschatz oder Grammatik verwandt sind, vielmehr einen völlig verschiedenen Wortschatz besitzen und lediglich einige Übereinstimmungen in der Grammatik aufweisen.[20]) Zu ihnen rechnen auch die zahlreichen Sprachen und Dialekte, die im Inneren von den kleinwüchsigen Völkern gesprochen werden, doch sind sie auch in den Küstengebieten als Sprachinseln verbreitet.[21])

Werner unterscheidet im Gebiet der Astrolabe-Bai nicht weniger als 6 melanesische und 14 Papua-Sprachen.[22]) Die Papua-Sprachen sind nach Kluge[23]) weit zahlreicher als die melanesischen.

Neben diesen zwei Hauptgruppen macht sich im Westen, vorwiegend im holländischen Hoheitsgebiet, der indonesisch-malaiische Einfluß bemerkbar.[24])

Abschließend können wir mit Zöller[25]) sagen: „Der Gesamteindruck ist der, daß es unter all den Dialekten und Sprachen Neu-Guineas keine gibt, die so große Verschiedenheiten wie z. B. germanische und romanische Sprachen miteinander haben." In den letzten Jahrzehnten verbreiteten sich allmählich einige Sprachen größerer Stämme über ihr Sprachgebiet hinaus in die Nachbargebiete. Dadurch entstand durch sprachliche Überschichtung eine Art gemeinsamer „Hochsprache" (Chimbu, Jabim, Bokadschim u. a.). Es ist sicher, daß die Sprachfamilien, die in der Nähe europäischer Siedlungen verbreitet sind, kleinere Sprachgruppen allmählich absorbieren werden, wie z. B. das MOTU; denn durch die Berührung mit den Weißen gewinnen diese Stämme immer mehr an Bedeutung.

Dieses Sprachendurcheinander bedeutet für jede Kolonialregierung ein ernstes Problem. Schon zur Zeit der deutschen Verwaltung in Kaiser-Wilhelm-Land wurde im allgemeinen Pidgin-Englisch zur Verständigung mit den Eingeborenen verwendet, doch haben sich in diesem Kauderwelsch auch viele Lehnsworte aus dem Deutschen eingebürgert, die noch heute zu hören sind. (Raus = von heraus ist wohl das häufigste. „Mark" wird noch heute für Shilling gesagt.)[26])

Friederici hat die Einführung einer Art Pidgin-Deutsch an Stelle des Englischen vorgeschlagen. Auch die Einführung des Malaiischen wurde erwogen.[27])

Pidgin unterscheidet sich vom normalen Englisch besonders dadurch, daß es nur einen sehr beschränkten Wortschatz und eine vereinfachte Grammatik besitzt. Dadurch wird die Sprache vereinfacht. Ihr Ursprung liegt nach French: „In the faulty attemps of non-English speakers to imitate the sounds they hear. The English speaker struggles to express himself in unfamiliar words, hoping thereby

18 MacGregor (353) 81.
19 Behrmann (46) 538.
20 Bernatzik (59) 298, Capell (88) 130 ff. Dempwolff (131) 1 ff, (382) 189, (353) 98, (549) 5.
21 A. B. Meyer (382) 191, Ray (450), (451) 6, (642) 351 ff.
22 Werner (606) 49, (573) 3, v. d Gablentz (190).
23 Kluge (287) 241, spricht v. 500 Papuasprachen (360) 5.
24 Bernatzik (59) 303, Zöller (642) 147.
25 Zöller (642) 147, vergl. auch Aufenanger (14) 273 ff.
26 Reed (460) 277, UN-Review Sept. 1955 p. 36.
27 Friederici (182) 92 ff, Metzger (380) 138.

that the native the more easily understands him." [28]) Selbst die Engländer haben anfangs einige Schwierigkeiten, diese Sprache zu erlernen.

In Papua ist der Gebrauch einer anderen „Lingua franca", das MOTU, weitverbreitet und ist, da es von den Polizei- und anderen farbigen Truppeneinheiten gesprochen wird, als Police-Motu bekannt. Es ist die vereinfachte Handelssprache der Motu und ihrer Handelspartner, die die Golfküste Papuas besiedeln. [29]) Auch für den Europäer bereitet die Erlernung dieser Sprache, deren gebräuchlichste Worte sich auf etwa 1000 beschränken, keine sonderlichen Schwierigkeiten.

In den letzten Jahren trat jedoch der Trusteeship Council der Vereinten Nationen wiederholt mit der Forderung an Australien heran, im Treuhandgebiet Pidgin-Englisch abzuschaffen, da normales Englisch genau so schnell zu erlernen und vor allem für den Unterricht und die Weiterentwicklung der Eingeborenen besser geeignet sei. [30])

Hier setzt die Arbeit der Verwaltung und besonders der Missionen ein, über die an anderer Stelle berichtet wird.

c) Siedlungen und Lebensweise

Die Unterschiedlichkeit der Bevölkerung in bezug auf Rasse und Sprache spiegelt sich verwirrend und bunt in ihrem Kulturbild wider. Deshalb sollten Verallgemeinerungen bei Schilderung der Lebensweise der Eingeborenen volles Gewicht auf die Feststellung legen, daß sie eine Vielzahl von kleinen sozialen Einheiten bilden.

Ein einheitlicher Zug in ihrer materiellen Kultur ist lediglich in der allgemein verbreiteten Unkenntnis des Eisens und jeglichen anderen Metalls gegeben.

Auch die landschaftlichen Gegensätze, denen sich der Mensch anpassen mußte, vertieften die kulturellen Unterschiede. So formte die Landschaft den Menschen und ließ ihn das Schwergewicht seiner Tätigkeit, entsprechend den natürlichen Gegebenheiten, auf Jagd oder Fischfang, dürftigen Pflanzbau oder Handel und Gewerbe verlagern.

Die niedrigsten Bevölkerungsstufen leben verborgen im Urwald. Die Menschen haben alle schon feste Wohnsitze, wenn sie auch meist primitive Sammler und Jäger sind, die eine weite Nährfläche benötigen, um ihren kargen Lebensunterhalt zu fristen. Diese Urwaldgebiete sind überaus dünn besiedelt, und nur an einigen versteckt gelegenen Stellen betreiben die Bewohner ein wenig Pflanzbau, um Yams, Taro, einige Bananen und Tabak zu ernten.

Die Bewohner der Alang-Alang-Savanne zeichnet eine höhere Kultur aus, die wir an der gründlicheren Bearbeitung der Pflanzungen erkennen. Sie werden nach Behrmann [31]) noch von den Völkern übertroffen, die an den Uferdämmen der größeren Flüsse leben und auf diesen ihre Pflanzungen anlegen, im Flusse fischen, die Sagopalme ausbeuten und in der Trockenzeit mit Hilfe des Feuers jagen.

In der lichten, leicht übersehbaren Landschaft haben sich die Bewohner aus Sicherheitsgründen zusammengeschlossen, und in den entstandenen großen Dörfern entwickelte sich eine industrielle und kunstfreudige Steinzeitbevölkerung.

Auch die Küstenbevölkerung, die in Berührung mit höherstehenden Kulturen getreten ist und mit ihren Auslegereinbäumen das Meer befährt, ist relativ hochentwickelt. Dieses prägt sich in der künstlerischen Ausarbeitung ihrer Gebrauchsgegenstände aus. Einbäume und Waffen sind fein geschnitzt und prächtig bemalt, und stattliche Pfahlbauten und Versammlungshäuser verraten einen hohen Kunstsinn.

Die Kulturhöhe staffelt sich demnach nicht vom Hinterland zur Küste, sondern ist, wenn man hier ein Gesamturteil überhaupt fällen kann, von den reicheren

28 French (173) 58, ferner Landtman (319) 453.
29 Chatterton (99) 5.
30 UN-Bulletin No. XVI. 15. May 1954 p. 377 ff, (173) 60.
31 Behrmann (29) 21.

Nahrungsquellen abhängig. [32] Durch diese erklärt sich auch die stark wechselnde Bevölkerungsdichte; denn die walddurchsetzten Steppengebiete, die Küstengebiete und die einigermaßen trockenen Flußufer stellen deshalb die bevorzugten Siedlungsgebiete dar, weil sie im allgemeinen günstige Lebensbedingungen für die Eingeborenen bieten. [33]

1. Anlage und Größe der Siedlungen

Die Anlage der Siedlungen entspricht neben den wirtschaftlichen Gesichtspunkten dem Schutzbedürfnis. Wir unterscheiden somit:

1. Freizugängliche Dörfer,
2. Dörfer mit versteckter Wohnlage und
3. Schutzdörfer (z. T. befestigt).

Die dörfliche Siedlung selbst besteht aus einzelnen Häusern, die oft im Busch verteilt liegen (Streusiedlungen) oder Haufendörfern mit beliebigem Grundriß, ferner aus Dörfern mit Straßenanlage. (Reihendörfer längs der Flußläufe.)

Wenn auch die Häuser in der Regel auf festem Untergrund stehen, so herrscht doch der Pfahlbau in weiten Regionen, besonders aber in Papua, vor. [34] Das ebenerdige Haus findet seine weiteste Verbreitung im ehemals deutschen Gebiet, sowie im westlichen Teil Papuas. Als letzte Art finden wir noch vereinzelt das Baumhaus, das als Zufluchtsstätte diente und heute mehr und mehr verschwindet.

Aber auch in anderer Form unterscheiden sich die Häuser beträchtlich voneinander. Während die Pfahlbauten fast nur in rechteckiger Form auftreten und der quadratische Grundriß äußerst selten ist, ist der Grundriß der ebenerdigen Häuser recht mannigfaltig. Neben dem rechteckigen Haus, dessen extreme Form das ebenerdige Langhaus darstellt, sind die runde Kegeldachhütte und die Bienenkorbhütte besonders in den Hochgebirgstälern verbreitet.

Neben diesen hauptsächlichen Hausarten finden wir in den meisten Dörfern große Versammlungshäuser. Diese Männer- oder Geisterhäuser bilden den Mittelpunkt im Dorf und dienen zur Aufbewahrung von Kultgegenständen sowie zu Beratungen. Den Frauen wird der Zugang zu ihnen verwehrt. [35]

Über die Verbreitung der Hausformen, deren Grundriß und Form, wie wir gesehen haben, äußerst variabel ist, und die somit ebenfalls ein anschauliches Beispiel für die Zersplitterung der Völkerstämme Neu-Guineas geben, hat Tischner in seiner Dissertation bereits ausführliche Untersuchungen angestellt, so daß es sich hier erübrigt, auf diese näher einzugehen. [36]

Die Häuser werden in gemeinsamer Arbeit der Dorfbewohner errichtet [37] Sie werden fast durchweg aus Bambusstäben, dünnen Stämmen, Schilf und Baumrinde gefertigt. Da Nägel unbekannt sind, werden die Stämme mit Lianen- und Rotangfasern zusammengebunden.

Auch die Form des Daches, das mit Palmblättern, geklopfter Baumrinde, Gras und Schilf gedeckt wird, ist sehr verschieden, doch überwiegt bei den rechteckigen Häusern, besonders bei den Pfahlbauten, das konkave Bogendach.

In der von mir besuchten Gegend überwogen die Pfahlbausiedlungen bei weitem. Um einen Blick in das Innere der Wohnung zu werfen, mußte man die 1—3 Meter lange Leiter erklimmen, die teils auf eine Art Veranda, teils direkt in den türlosen Eingang führte. Der aus gespaltenem Bambus gefertigte Fußboden des einräumigen Hauses schwankte und federte beim Betreten und war oft so lückenhaft, daß man durch einen ungeschickten Tritt einbrechen konnte. Durch diese Lücken pflegten die Bewohner den Schmutz und Abfälle auf den Erdboden fallen zu lassen.

---

32 Behrmann (29) 19
33 Chinnery (109) 31. Read (451) 3, Speiser (540).
34 Tischner (576) 33—36, Reche (453) 116, (350) 27, (570) 84.
35 Behrmann (47) 325, Beaver (22) 412, (151) 442, (523) 8.
36 Tischner Dissertation Leipzig 1934 (576).
37 (33) 329, (359) 29, (569) 342, (572) 82, (212) 37.

Die Einrichtung dieses rechteckigen Raumes, der ca. 3 × 10 Meter groß war, ist durchaus bescheiden. Den Hausrat bilden eigentlich nur schön geflochtene Matten, die als Schlafstätten dienen, einige Gefäße aus Holz, Bambus oder Kokosschale sowie einige Bambushorden zum Aufbewahren von Lebensmitteln.[38] Selbst die 40—50 Meter langen, prächtigen Häuser der Kiwai-Insulaner[39] fand ich im Inneren genau so dürftig eingerichtet.

Die Feuerstellen befanden sich nicht im Wohnungsinneren, sondern einige Meter davon entfernt auf dem Erdboden und wurden von mehreren Frauen gemeinsam benutzt.

Unweit der Häuser waren kleinere Verschläge errichtet, die als Schweineställe und teilweise als Stapel für Kokosnüsse, Yams und Süßkartoffeln dienten.

2. *Lebensweise der Dorfgemeinschaft*

Wir haben die Gründe untersucht, die die verschiedenartige Entwicklung der Eingeborenen in kultureller Hinsicht bedingten. Wenn ich versuchen will, die Lebensgewohnheiten der Eingeborenen am Beispiel des Dorfes TOKWA, unweit des Morehead River, bei denen ich einige Wochen lebte, zu analysieren, so geschieht das in der Erkenntnis, daß es in anthropogeographischer Hinsicht schwer ist, das ganze Land in einem großen Rahmen zu erblicken. Dessenungeachtet lassen sich auf breiter Basis doch gewisse Gesetzmäßigkeiten feststellen, die für die gesamte Insel zutreffen können.

Als mittleres Haufendorf mit versteckter Wohnlage besteht TOKWA aus ca. 28 rechteckigen Pflahlbauhütten, die regellos auf einem saubergefegten, von Kokos- und Betelpalmen beschatteten Platz stehen.

Die Dorfgemeinschaft, die sich aus über hundert Einwohnern zusammensetzt, stellt einen gesellschaftlichen Verband dar, der staatenlos und ohne politisches Empfinden im Zustand einer Art Kommunismus lebt.[40]

Das Dorf bildet eine der vielen, kleinen Gemeinschaften, die durch familiäre Bindungen oder aus Verteidigungsgründen zusammenhalten und in denen es keine eigentlichen Häuptlinge gibt.[41]

Grund und Boden ist Eigentum des gesamten Dorfes. Die Felder sind zum Teil durch besondere Zeichen, sog. Tabus, und durch an Bambusstangen befestigte Palmwedel markiert, die die Geister abhalten, aber auch Besitzrechte geltend machen sollen. Auch das nicht gerodete Land in unmittelbarer Nähe der Siedlungen ist Gemeingut des Dorfes. Nur das weiter entfernte Land gilt als herrenlos.[42] Zum persönlichen Besitz rechnet der Eingeborene nur sein Haus, seine Gebrauchsgegenstände, Schmuck, Kleidung und Waffen, seinen Einbaum und in gewisser Beziehung auch seine Frauen.[43] Auf die von ihm eingebrachte Nahrung und auf seine Haustiere hat er wohl ein erstes Anrecht, doch wird der Ertrag mit dem der übrigen Dorfbewohner geteilt. Hier bestehen also im Interesse der Aufrechterhaltung der Ernährungsgrundlage der Dorfgemeinschaft weitgehende Verpflichtungen und Bindungen des Eigentümers, und wir können von einer Pflichtgebundenheit des Eigentums gegenüber der Gemeinschaft sprechen.

Ein wichtiges Prinzip ihrer Gesellschaftsordnung ist die Sitte, jedes Geschenk und jede Hilfeleistung durch ein Gegengeschenk zu erwidern. So schreibt auch Williams: „A native will give you something, and accept whatever you please to give him in return. If you ask his price, he is surprised and embarrassed, he probably cannot induce himself to name a figure, and will merely answer: ‚It is for you to say'."[44]

---

38 Buschan (84) 68, Finsch (151) 453, (480) 533 ff.
39 (12) 46, (16) 21, (187) 10, (320) 13, (448) 269, (483) 144, (624) 32.
40 Buschan (84) 89, (268) 22, (369) 10
41 Beaver (22) 412, (156) 360, (640) 229, die gegenteilige Auffassung Meinekes (376) 129, der von Stammesfürsten spricht, ist für Neu-Guinea nicht zutreffend.
42 Wirz (627) 397, ferner Brown, G. (80) 271.
43 (125) 27, Danzel.
44 Williams (616) 9 ff, Mair (360) 7, (78) 101 ff, (204) 69.

So lebt die kleine Gemeinschaft in Freiheit und Gleichheit, und die einzige Lücke der Freiheit ist — wie MacGregor bemerkt —, „die Furcht vor einem Speer oder Pfeil und vor der schwarzen Kunst."[45]) Die Zauberei ist weit verbreitet und eng verknüpft mit dem Ahnenglauben, und so liegt jedem Mißgeschick, Krankheit und Tod nach Ansicht dieser primitiven Menschen ein Zauber zugrunde. Die Furcht vor der Rückkehr der Ahnen verbietet, ihre Namen auszusprechen. Selbst den eigenen Namen spricht der Eingeborene nicht aus, und er würde es nie wagen, einen Schlafenden zu wecken, da dessen innere Geister auf Wanderschaft sind und durch plötzliches Erwachen nicht Zeit finden könnten, in den Körper zurückzukehren.[46])

Im Ahnen- und Geisterkult verbindet sich demnach der Glaube an ein Weiterleben nach dem Tode.[47]) Er ist verbunden mit dem Glauben an das TOTEM (Familienemblem oder Schutzgeist) und äußert sich in mystischen, verwandtschaftlichen Dauerbeziehungen (Kult) von sozialen Gruppen zu Tieren oder Pflanzen (Klan), woraus sich in bezug auf diese variable Systeme von Verboten (Tabus), Vorschriften, Riten und Gebräuchen ableiten lassen.

Der Klan, der sich in Sippen und Familien untergliedert, bildet somit ein verwickeltes Verwandtschaftssystem, dessen Ursprung der Eingeborene in seinem Totem, einer Pflanze oder einem Tier, erblickt.[48])

Beckhaus schreibt: „Wenn man einen Melanesier nach seinen Totem-Ahnen, von denen er ja abzustammen glaubt, fragt, redet er, als ob es sich um ein menschliches Wesen handelt."[49])

Jeder weiß, welchem Totem (Klan) er zugehört, und die Ehe innerhalb dieses Klans ist nicht gestattet (Exogamie). Das Totem ist tabu; so wird ein Mann, der dem Totem der Krontaube angehört, diese niemals schießen.

Auch das Unwesen der Geheim- oder Männerbünde, das auch heute noch keineswegs gebannt ist, entspringt diesem Aberglauben. Nach Schultze-Jena[50]) stellen sie den „wohlgelungenen Versuch des Menschen dar, die Religion Unwissenden gegenüber zu Werkzeugen der Herrschaft zu machen, noch nicht wie auf höheren Stufen der Zivilisation der Herrschaft eines bevorzugten Standes über Stände, sondern des einen Geschlechts über das andere, wie es dem Stadium eben erst keimenden sozialen Lebens dieser primitiven Menschen entspricht."

Die Frau ist demnach auf Grund ihrer sozialen Stellung von frühester Jugend an zu harter Arbeit verpflichtet. Auch die Feldbestellung unterliegt ihrer Obhut. Diese Arbeitsleistung verursacht andererseits wieder eine Steigerung ihres Ansehens und bringt den Mann sogar in ein gewisses Abhängigkeitsverhältnis. So kaufen wohlhabende Eltern oft schon Mädchen im Alter von 4—5 Jahren für die heranwachsenden Söhne, die jedoch bis zur Heirat in ihren Dörfern verbleiben. Der Kaufpreis für eine Frau ist regional verschieden. Er beträgt in Tokwa einige Schweine, in der Gegend von Port Moresby bis ca. 200 £, für den Eingeborenen eine unerhört hohe Summe. Im Gebiet des Fly muß der Käufer im Dorfe der Braut die Schwester zurücklassen.[51])

Der Brautpreis bildet demnach durchaus keine Herabsetzung der Frau zu einer Handelsware, sondern eine Entschädigung an die Eltern, die sie verläßt, um für den Mann zu arbeiten. Jedes Mädchen ist stolz, wenn für sie ein hoher Preis geboten wird.[52])

Die Ehen sind im allgemeinen recht locker. Verläßt die Frau den Mann und kehrt zu den Eltern zurück, ist der Brautpreis zurückzuerstatten, und die Scheidung gilt als vollzogen.

---

45 MacGregor (353) 42.
46 derselbe S. 38, 79 ff, (359) 30, (513) 416, (523) 8.
47 Passarge (420) 269, (1) 62, (24) 80, (95) 203.
48 Beckhaus (23) 137, Williams (620) 113.
49 Beckhaus (23) 135.
50 Schultze-Jena (523) 8.
51 Thilenius (562) 331.
52 Laufer (327) 306.

Eine Eigentümlichkeit, die sich auch bei anderen Naturvölkern immer wieder feststellen läßt, ist das rasche Altern der Papuafrauen. Die Ursachen dafür mögen wir in übermäßiger Arbeit und der frühzeitigen Eheschließung sehen. Auch Zöller ist dieser Ansicht, die er durch die Tatsache unterstützt, daß in den USA nach europäischen Sitten lebende Negerinnen kaum früher altern als andere Frauen. [53])

Kleidung und Schmuck sind gebietsmäßig so verschieden, daß sie nicht näher erörtert werden können. In Papua ist der Grasrock noch weit verbreitet, doch tritt in den unter Verwaltungskontrolle stehenden Regionen das baumwollene Lendentuch immer mehr in Erscheinung. Wie bei anderen primitiven Völkern sind die Männer weitaus putzsüchtiger als die Frauen.

Die Ohrläppchen sind fast allgemein durchbohrt; Blattröllchen und selbst meine verbrauchten Patronenhülsen schmückten die künstlich erweiterten Löcher. An den Narbenverzierungen und den oft kunstvollen Tätowierungen kann man ganze Stämme unterscheiden. [54])

Abends beginnt das gesellige Leben. Die Männer verzehren die selbst zubereitete Jagdbeute. Frauen essen nicht in Gesellschaft der Männer. [55]) Nur selten erhalten sie Fleisch und sind im übrigen auf pflanzliche Nahrung angewiesen, die sie auch für die Männer zubereiten. Das Entfachen des Feuers geschieht bisweilen noch durch Aneinanderreiben trockener Holzstücke oder mittels eines primitiven Drillbohrers, doch ist vielfach schon das Streichholz in Gebrauch. [56]) Nach der Mahlzeit sitzt man gemeinsam vor den Hütten, lacht und erzählt, kaut Betel oder pafft abwechselnd an der reihumgehenden Bambuspfeife sowie an der selbstgedrehten Zigarre.

Ein Sonntag ist im allgemeinen nicht bekannt. Die Eingeborenen feiern ihre Feste zu besonderen Anlässen, wie Ernte, Jünglingsweihe oder Heirat, oder aber nach ergiebiger Jagd und erfolgreich abgeschlossenem Tauschhandel. [57])

Bis in die Tiefe der Nacht ertönen dann die dumpfen Sanduhrtrommeln und die monotonen Gesänge. Dem Zuschauer bietet sich ein faszinierendes Bild. Im Schein der hell lodernden Flammen eines offenen Feuers bewegen sich gespensterhaft die dunkelhäutigen, glänzenden Gestalten in phantastisch-buntem Federschmuck tanzend, singend und waffenschwingend um einen Kreis, in dessen Mitte sich die Frauen nach dem Rhythmus der Trommeln im Takte wiegen. Ihre bunten, kunstvoll gefärbten auf und ab wippenden Baströckchen heben den Kontrast zu ihren braunen, mit Kokos gefetteten Leibern malerisch hervor. So wird dieses Naturschauspiel, in seiner eigenartigen, aber reizvollen Schönheit, dem Europäer zum unvergesslichen Erlebnis.

2. Die nichteinheimische Bevölkerung

a) Die Europäer

Wenn auch die Inselwelt der Südsee in ihrer landschaftlichen Schönheit und Romantik für den Europäer von jeher ein besonderes Anziehungsgebiet bedeutete, so haben doch das feuchtheiße Klima und der unwegsame Urwald Neu-Guineas sein Vordingen erheblich erschwert und verzögert. Die Natur hat gleichsam den Schutz der Eingeborenen übernommen, so daß wir auf der Insel auch heute nur Wirtschafts- und keine Siedlungskolonien haben. Somit bilden die Eingeborenen in jedem Falle den Stamm der Bevölkerung, und die Europäer nur eine dünne Oberschicht.

Erst in den achtziger Jahren des vergangenen Jahrhunderts begannen die Europäer, meist Missionare und Händler, das Land dauerhaft zu besiedeln, doch lebten um die Jahrhundertwende noch keine 1000 Weiße in Kaiser-Wilhelm-Land

53 Zöller (640) 72, Mead (374) 47.
54 Behrmann (28) 233.
55 D'Albertis (4) 113, Williamson (622) 122 ff.
56 Landtman (320) 37, (550) 55.
57 (202) 413, (439) 242.

und Papua. Damals überwog die Zahl der deutschen Missionare, Händler und Pflanzer die der Engländer.[58])

Bis zum Weltkrieg wuchs die Einwohnerzahl dann auf über 2200 an, doch hemmten die Kriegsjahre die friedliche Besiedlung und Kolonisation im deutschen Gebiet, und auch die wirtschaftliche Entwicklung, die durch die gründliche Vorarbeit der deutschen Verwaltung weitgehend beschleunigt wurde und einen vielversprechenden Aufstieg genommen hatte, nahm lange Jahre nicht den erwünschten Verlauf.

Die Entdeckung und Ausbeute der Goldvorkommen bei Morobe verursachte ein erneutes, erhebliches Ansteigen der Bevölkerungsziffern von 1930 an. Dieser Bevölkerungsanstieg wirkte sich jedoch nicht auf Papua, sondern nur auf Deutsch-Neu-Guinea aus. In Papua ging der Anstieg der Bevölkerung bis zum Jahre 1947 nur schleppend vor sich, da dieses Gebiet außer den Kautschukplantagen kein „spezifisches Lockmittel" besaß, und viele europäische Einwohner wanderten nach Bekanntwerden der Goldfunde ins ehemals deutsche Gebiet ab.

Trotz der japanischen Invasion und der Evakuierung vieler Europäer ist nach dem 2. Weltkrieg ein Rückgang der Bevölkerung nicht zu verzeichnen. Der Preisanstieg der Kolonialprodukte auf dem Weltmarkt und großzügige Finanzhilfe durch das australische Mutterland ließen die Bevölkerungszahlen nach 1947 sogar beachtlich ansteigen.

Die folgende Tabelle zeigt das Anwachsen der europäischen Bevölkerung seit 1910 [59])

Tabelle VI

Jahr	Kaiser-Wilhelm-Land	Papua	Gesamt-Bevölkerung
1910	687	879	1 566
1914	1 027	1 186	2 213
1921	1 026	1 268	2 294
1925	1 450	1 371	2 821
1930	2 663	1 525	4 188
1935	4 201	1 229	5 430
1940	4 399	1 822	6 221
1947	6 200	2 542	8 742
1953	8 406	4 691	13 097
1955	8 950	5 781	14 731

b) Chinesen und andere Farbige

Im Mandatsgebiet befinden sich gegenwärtig ungefähr 2500 Chinesen. Zur Zeit der deutschen Kolonialverwaltung wurden sie ins Land gerufen, um mit ihrer Hilfe den Mangel an zuverlässigen Arbeitskräften zu beheben. Es erwies sich jedoch bald, daß das schon damals ernste Problem auf diese Art nicht die richtige Lösung fand, da es den auf den Plantagen arbeitenden Chinesen durch genügsame Lebensführung und zähen Fleiß bald gelang, sich als Handwerker und Händler selbständig zu machen und den Kleinhandel zu kontrollieren. Besonders der Handel mit den Eingeborenen ist ihr Metier, doch haben einige von ihnen große Geschäfte errichtet oder besitzen ausgedehnte Plantagen.

Als Handwerker arbeiten sie exakt und billig, erfreuen sich daher größerer Aufträge durch die Weißen und spielen somit für die Entwicklung der Insel eine nicht unbeachtliche Rolle, denn auch im holländischen Gebiet, wo sie vorzugsweise als Händler und Copraaufkäufer auftreten, ist ihr Anteil am wirtschaftlichen Aufbau nicht zu bezweifeln.[60])

So bilden sie gewissermaßen eine Zwischenschicht, die Eingeborene und Weiße verbindet.[61]) Zwar bilden die Europäer das eigentliche Kulturferment und sind

58 Handbook of Papua and New Guinea (646) 25, Reed (460) 125, ferner: Brandes (75) 263.
59 Handbook of Papua and New Guinea (646) 25, (465) 75 ff, (466) 105 ff.
60 Hahl (235) 83, Klein (285) 569, (423) 240, (460) 148, Blum (647) 166—167.
61 Sapper (491) 638

Träger des wirtschaftlichen Fortschritts, doch kann selbst die australische Verwaltung, die zwar eine weitere Einwanderung chinesischer Elemente unterbindet, nicht mehr umhin, die Tüchtigkeit und die im vergangenen Kriege bewiesene Loyalität dieser Minderheit anzuerkennen. „The Chinese generally are regarded as good citizens of New-Guinea, industrious, thrifty and commercially trustworthy." [62])

Der japanische Angriff traf die chinesische Bevölkerung mit gleicher Härte wie die Europäer, und ein Teil wurde ebenfalls nach Australien evakuiert. Nach dem Kriege zeigte sich, daß viele Chinesen über beachtliches Kapital verfügten, und eine Anzahl von ihnen kauften europäische Kokosplantagen auf. Dadurch zogen sie sich die Mißgunst einiger Kreise, besonders der australischen Plantagenbesitzer, zu. Man begann auf die „illegale Einwanderung" von Chinesen in Neu-Guinea hinzuweisen, doch erwiesen sich diese Gerüchte als gegenstandlos. Das Anwachsen der chinesischen Bevölkerung erklärt sich lediglich aus dem hohen Geburtenüberschuß. [63])

So bestehen jedenfalls gewisse Spannungen, die nicht zuletzt auch durch die Tatsache bedingt sind, daß in Papua auf Grund der scharfen Einwanderungsgesetze den Chinesen der Zutritt gänzlich verwehrt wird.[64]) Selbst im Territorium Neu-Guinea müssen Chinesen, die nach 1921 ins Land kamen, die Regierung alle 3 Jahre um eine neue Aufenthaltsgenehmigung ersuchen, die einer persona ingrata natürlich verweigert werden kann.[65])

Die chinesische Bevölkerung lebt vorzugsweise in Gemeinschaftssiedlungen, den sogenannten „Chinatowns", die wir in Rabaul, Kavieng, Lae, Aitape, Madang, Wau und Salamaua vorfinden.

Außer den Chinesen leben noch einige Filipinos, Inder und Malaien im Mandatsgebiet, sowie einige Mischlinge, die zusammen etwa 1100 Einwohner zählen. Unter der deutschen Verwaltung waren die Chinesen und Malaien etc. nach ihrer Gerichtsbarkeit Eingeborene. Diese Anordnung bedeutete keine Benachteiligung, sondern sie waren im Gegenteil dadurch besonders geschützt.[66])

Die australische Mandatsverwaltung stellte dagegen die nichteinheimischen Farbigen hinsichtlich der Gerichtsbarkeit auf gleiche Stufe mit den Weißen, unterband jedoch, wie erwähnt, den freien Zuzug. So bemerkt man heute in einem Lande, wo schwarz und weiß in rassischer und kultureller Hinsicht zwar ungemeine, keinesfalls aber diskriminierende Gegensätze bilden, daß der Chinese vom Europäer als gleichberechtigt angesehen wird. Besonders die chinesische Jugend, die ihre Ausbildung und Erziehung mehr und mehr im australischen Kontinent genießt, hilft hier, etwaige Gegensätze zu eliminieren.[67])

Aus diesen Gegebenheiten heraus und nicht zuletzt durch die Tatsache bedingt, daß der Chinese, der seiner Mentalität nach sehr heimatverbunden ist, mit wachsender Aufmerksamkeit die Entwicklung, die sich in seinem Mutterland vollzieht, beobachtet, hält die australische Verwaltung strikt an ihrer „white policy" fest. Sie fürchtet bei Aufhebung dieser Einwanderungssperre ein Überhandnehmen der Immigration, verursacht durch die oben beschriebene relative Gleichberechtigung, und außerdem in erster Linie die Infiltration kommunistischer Elemente.

3. Dichte und Verteilung der Bevölkerung

Wie wir festgestellt haben, besteht die Bevölkerung aus über 1,5 Millionen Einwohnern, die sich aus Hunderten von Stämmen zusammensetzen und sich wiederum in Tausende von sozialen und familiären Einheiten unterteilen.
Die Bevölkerungsdichte beträgt im Durchschnitt 2—3 Einwohner auf den qkm,

62 Handbook of Papua and New Guinea (646) 29.
63 The „Times" London 25 Sept. 1953.
64 Handbook of Papua and New Guinea (646) 27 Hahl (235) 15.
65 Report of the UN Visiting Commission 1951 S. 17.
66 Hahl (235) 15, (646) 27.
67 Handbook of Papua and New Guinea (646) 29.

doch sind Urwald- und Sumpfgebiete fast menschenleer, während die Flußregionen und die Siedlungsgebiete der Alang-Alang-Savanne, die Hochländer und Küstensäume relativ dicht bevölkert sind.[68] (Vergl. Tabelle VIII.)

Die folgende Tabelle VII zeigt die Bevölkerungszahlen von Eingeborenen, Europäern und Chinesen von Papua und Neu-Guinea einschließlich der unter australischer Verwaltung stehenden Inselgebiete.[69]

Tabelle VII

Die Bevölkerungszahlen von Papua und Neu-Guinea einschließlich der Inselgebiete

PAPUA:	1950	1952	1954	1955
Eingeborene	368 559	369 975	408 400	439 369
Europäer	4 380	4 242	5 295	5 781
Übrige	—	—	1 018	1 013
NEU-GUINEA:				
Eingeborene	1 071 105	1 090 332	1 195 307	1 241 615
Europäer	6 201	7 322	8 020	8 950
Chinesen	2 479*	2 604*	2 192	2 359
Übrige			158	159
Gesamt-Bevölkerung				
Eingeborene	1 439 644	1 460 307	1 603 707	1 680 984
Europäer	10 581	11 564	13 315	14 731
Chinesen	2 479*	2 604*	2 192	2 359
Übrige			1 176	1 172

* Die Zahlen schließen außer den Chinesen auch die übrigen Asiaten ein.

Die dichteste Bevölkerung weist der „Eastern Highland" Distrikt bei einer Fläche von ca. 24 300 qkm mit einer Bevölkerung von rund 300 000 auf. Dies entspricht einer durchschnittlichen Bevölkerungsdichte von 13 Einw. pro qkm und beweist die relativ dichte Besiedlung der weiten Hochlandtäler. Demgegenüber steht der Western-Distrikt mit ca. 98 000 qkm, dessen ausgedehnte Sumpfzonen nur ausgesprochen dünn besiedelt sind, so daß wir im Durchschnitt nur ca. 3 Einw. alle 10 qkm vorfinden. Dieses entspricht einer Bevölkerungsdichte von 0,3 Einw. pro qkm.

Tabelle VIII[70]

Durchschnittliche Bevölkerungsdichte von Papua und Neu-Guinea

Gebiet:	Fläche in qkm	Bevölkerungs-zahlen	Bevölkerung auf den qkm
Territorium Neu-Guinea:	241 000	1 241 615	5
Papua:	234 460	439 369	2
Niederländisch Neu-Guinea:	376 000	700 000	2
Eastern Highlands:	24 000	300 000	13
Western District:	98 000	32 000	0,3
Neu-Britannien:	37 000	87 000	2,5
Neu-Irland:	10 000	34 000	3,4

Schon an Hand dieser wenigen Zahlen sind wir in der Lage festzustellen, daß das Land als Wohn- und Siedlungsgebiet noch über beachtliche Reserven verfügt. Durch Trockenlegung von Sümpfen und intensivere Bodennutzung könnten Lebensmöglichkeiten für eine Vielzahl der heutigen Bevölkerung geschaffen werden. Den Beweis liefert der „Eastern Highland" Distrikt, der an Größe nur $^1/_{10}$ des Territoriums Neu-Guinea ausmacht, aber allein 25 % der Gesamtbevölkerung, die in diesem Gebiet ansässig ist, ernährt.

68 Behrmann (24) 9, Stanner (549) 14.
69 Seite 2 (Ein Drittel der Eingeborenenzahlen beruht auf Schätzung.) Vergl. (646) 25, (465) 75, (466) 105 ff.
70 Statistisches Jahrbuch f. d. Bundesrep. 1956, Handbook of Papua and New Guinea (646) 99, (465) 75 ff, (466) 105 ff. Die Flächen und Bevölkerungszahlen schließen die australisch verwalteten Inselgebiete ein.

III. DIE WIRTSCHAFT

A. Das Land als Wirtschaftsgebiet der Eingeborenen

Ernährung und Nahrungsgewinnung stehen bei primitiven Völkern naturbedingt im Vordergrund des ganzen Lebens. Auf die Bevölkerung Neu-Guineas angewandt, offenbart dieser Gesichtspunkt einen weiteren einheitlichen Zug ihrer Kultur, begründet durch die Tatsache, daß sie weder reine Jäger, noch Sammler, noch Pflanzer oder reine Fischer sind, sondern eigentlich von jedem etwas betreiben. [1] Es sind also sämtliche Wirtschaftsformen in ihren Anfangsstadien vorhanden, nur werden sie verschieden intensiviert.

Zwei Tätigkeitskomplexe kennzeichnen die primitive menschliche Wirtschaft: Raubbau und Produktionswirtschaft, die Augenblicks- bzw. Dauerwerte schaffen. Wenden wir uns zuerst der ausschließlich aneignenden Wirtschaftsform, dem Raubbau, zu.

1. Sammelwirtschaft

a. Sammelgut aus der Pflanzen- und Tierwelt

Trotz der üppigen Vegetation bietet der Urwald dem Sammler nur wenig eßbare Früchte, wie überhaupt die Nutz- und Nährpflanzen recht gering sind. [2]

Das Mark der Sagopalme ist die pflanzliche Hauptnahrung, die der Wald bietet, und bildet unerschöpflichen Reichtum für die anliegenden Dorfschaften. Hier lassen sich die ersten Ansätze einer Produktionswirtschaft bereits erkennen, da die Einwohner dieses Nährgebiet nicht nur systematisch ausbeuten, sondern die Sagopalme stellenweise zu einer stachellosen und ertragreicheren Pflanze kultiviert haben. [3] Auch das wilde Zuckerrohr, das gierig gegessen wird, hat, im Gegensatz zum Brotfruchtbaum, der nur gehegt wird, in vielen Gärten seinen Einzug genommen.

Weitere Nahrung spenden Mango, Pandanus, Schößlinge und Kräuter, sowie Wildäpfel, die Samen der Strandkastanie und eine Feigenart. [4]

Neben dieser pflanzlichen Nahrung wird auch alles andere Eßbare gesammelt. Fingerlange Maden aus Sagopalmen, Engerlinge, Schnecken und Würmer sowie Vogeleier, die meist nach dem Abbrennen der Alangsteppe zu Jagd- oder Rodungszwecken in Mengen zu finden sind.

Behrmann [5] schildert die reichen Mahlzeiten der Eingeborenen an Tagen, da die Eintagsfliege ausschlüpft, wie folgt: „Dieses geschieht fast plötzlich. Die Luft, eben noch klar, ist plötzlich durch ein weißes Schneegestöber von lebenden Eintagsfliegen angefüllt, die sich zu Millionen und Abermillionen auf dem Fluß niederlassen und dicht über der Oberfläche hintreiben. An solchen Tagen, wo der ‚Kaal' auftritt, läßt der Eingeborene jede Arbeit ruhen, denkt nicht an Krieg, Fest oder Ernte, sondern fährt mit allen Booten auf den Fluß. Er legt die Einbäume trichterartig hintereinander und einen quer vor die Öffnung, erschlägt mit Reisig und Rudern, was er an Tieren treffen kann, und schöpft mit den Händen, was man bergen kann, in sein Boot. Die noch lebende Masse wird zu Schneebällen geformt und sofort gierig gegessen. Der Rest als Leckerbissen verwahrt und geröstet."

Braun berichtet von Seewürmern von ca. 10—15 cm Länge, die alljährlich zu bestimmten Zeiten (Mitte Oktober bis November) in seichten Küstengewässern auftreten und von den Eingeborenen zu Tausenden verzehrt werden. [6]

Neben den Nahrungsmitteln findet der Mensch auch Steine, Holz, Fasern von Liane und Rotang, Baumrinde und Palmblätter, aus denen er Waffen, Werkzeug, Kleidung und Baumaterial herstellt. Scharfrandige Muscheln dienen als Messer.

1 Behrmann (26) 241, Mair (360) 5.
2 Drude (140) 488 ff, Behrmann (24) 86.
3 Gehrmann (193) 22, Landtman (320) 103, (353) 66.
4 Warburg (601) 50, 66, MacGregor (353) 66, (135) 118.
5 Behrmann (26) 248.
6 P. Braun (77) 171, Block (69) 16.

b. Genuß eßbarer Erden (Geophagie)

In Neu-Guinea gibt es nur wenige genaue Nachrichten über die geographische Verbreitung der Geophagie. Nach Witthöft herrscht diese Sitte besonders an der südöstlichen Küste. Miklucho-Mackay beobachtete das Erdessen ebenfalls und erwähnt einen roten Ton, der bevorzugt verzehrt wurde. Von dieser Roterde berichtet auch Gagel, der bei Finschhafen und am Sattelberg diesen sehr aromatischen Ton als terra-rossa bezeichnet hat, der stellenweise jedoch auch orange- und ockerfarbig sei.[7])

Auch die KAY formen einen roten Lehm zu kleinen Kugeln, spießen diese auf dünne Stäbchen auf und genießen die über dem Feuer getrockneten Portionen als eine Art Leckerbissen.[8])

Am Golf von Papua fand ich das Erdessen ebenfalls verbreitet. Hier wurde vorwiegend eine feuchterdige, rotbraune, mitunter auch graue Masse in kleinen Scheibchen verkonsumiert. Selbst meine Träger schleppten in ihren Taschen, mit frischen grünen Blättern sorgsam umwickelte Erdklümpchen von grauer oder ziegelroter Farbe mit sich herum, von denen sie mir auf mein Befragen Kostproben anboten und die offenbar als Delikatesse verspeist wurden.

Nach Meigen[9]) schreiben die Eingeborenen der Ostseite Neu-Mecklenburgs gewissen Erden Heilkräfte zu und verzehren sie bei Magen- und Darmbeschwerden. Demnach ist es nicht immer leicht festzustellen, ob Wohlgeschmack oder Aberglaube die meist eisenhaltigen Tonerden zum Munde führt.

Interessant ist, daß wir das Essen salziger Erden auch dort finden, wo Salz (bzw. Salzwasser) in reichlichen Mengen vorkommt. So bildet bei Dallmannhafen und am Venus-Huck ein bräunlich-grauer Meereston sogar einen ertragreichen Handelsartikel.

Eßbare Erden werden also in erster Linie als Genußmittel, im geringerem Umfang jedoch auch als Medizin verwendet.

c. Salz

Salz ist im allgemeinen durch die dauernde Feuchtigkeit bedingt rar und ein begehrter Handelsartikel. Angaben über mineralische Salzquellen liegen nach Witthöft[10]) nicht vor. Nur aus den Gebieten des Bismarck- und Finisterre-Gebirges wird von einigen solcher Quellen berichtet. So entdeckte Lauterbach im Inneren der Astrolabebai, bei seinem Durchmarsch zum Ramu, eine Salzquelle, die einen starken Salzgehalt aufwies und die Stämme der Umgebung mit Kochsalz versorgte.

Im Golf von Papua gewinnen die Eingeborenen Salz aus den Gezeitenflüssen. In den regenarmen Monaten scheidet sich an den Flußufern Salz ab, das von ihnen gesammelt wird. Viele Bewohner des Hinterlandes müssen jedoch Salzwasser teuer einhandeln.[11]) Bei den Bewohnern der Astrolabebai ist die Sitte verbreitet, morgens zum Strand zu gehen und Meerwasser zu trinken.[12])

So unterziehen sich die Bewohner nur vereinzelt der Mühe, Salz durch Verdunsten von Seewasser in kristallisierter Form zu gewinnen und im allgemeinen werden Nahrungsmittel nur im Salzwasser gedünstet.[13])

Durch die heute in erster Linie für den Bedarf der Europäer eingeführten Mengen an Kochsalz ist auch für weite Teile der einheimischen Bevölkerung Salz in ausreichender Menge vorhanden.

Bemerkenswert ist auch die Behandlung von Wunden mit Seewasser.

---

7 Witthöft (631) 33, v. Miklucho-Mackay (384) 36, Gagel (191) 19, ferner: (447) 127, (523) 64.
8 Keyser (276) 578, 577, (400) 17, (323) 216, (545) 47.
9 Meigen (375) 557.
10 Witthöft (631) 73 ff.
11 Krieger (304) 261. MacGregor (353) 10, Keyser (276) 578.
12 Witthöft (631) 74.
13 Gilliard (198) 453.

2. Jagd und Fischfang

Die Nahrungssuche zwang den Eingeborenen, ein guter und geschickter Jäger zu werden, da die Einzeljagd wenig ergiebig und schwierig ist. Der Hund wird hierbei viel gebraucht und leistet vorzügliche Dienste; denn ohne ihn ist die Verfolgungsjagd auf Schwein und Kasuar kaum denkbar, und der Mut und die Ausdauer dieser kleinen Köter ist wirklich erstaunlich.[14])

Hollerung[15]) behauptet zwar, daß die Jagd aus Sport betrieben wird, dieses trifft jedoch nicht zu; vielmehr beweist der Eingeborene, der fast den ganzen Tag mit der Jagd zubringt, durch dieses Verhalten eindeutig, daß es sich hier nicht um einen Sport, sondern nur um eine dringende Notwendigkeit handeln kann; sowie auch die landläufige Ansicht, daß der Eingeborene faul und interesselos sei, sich nicht halten läßt. (Vergl. hierzu Seite 48)

Wallaby, Schwein und Kasuar werden vorwiegend mit dem Speer gejagt, kleinere Tiere und Vögel meist mit dem Pfeil. Auch die Jagd mit Schlingen und Fallen wird vielfach ausgeübt.[16])

Reiche Beute machen die Eingeborenen jedoch vor allem bei den periodisch stattfindenden Treibjagden. Zu diesem Zwecke wird die Steppe angezündet, und Frauen und Kinder nehmen an dem sich anschließenden Kesseltreiben teil. Durch diese Brände werden jedoch große Tierbestände vernichtet, da dem Feuer ja in erster Linie Jungwild und Brut zum Opfer fallen.[17])

Auch die sehr zahlreichen Fledermäuse sind zwar schwer jagdbar, doch wird ihnen, da die Bälge sehr begehrt sind, eifrig nachgestellt. Auch dem Leguan stellt man in erster Linie wegen der für die Trommeln erforderlichen Haut nach.

Die gefährlichste und schwierigste Jagd ist jedoch die auf das Krokodil. Sie beansprucht besonderen Mut und hohe Geschicklichkeit, und selbst für den mit der Schußwaffe ausgerüsteten Europäer kann das auch auf dem Lande erstaunlich schnelle Krokodil eine Gefahr bedeuten. Nach Behrmann ist Krokodilfleisch am Sepik sehr begehrt, und auch am Fly wird es verzehrt.[18]) Meine Träger verschmähten es jedoch, zwei von mir geschossene Krokodile zu essen, und auch die Bewohner des Dorfes TONDA verspürten keine Lust, sich der Beute zu bemächtigen, obwohl sie aus dem unweit gelegenen Dorf herbeieilten, um das erlegte Tier zu betrachten. Auch die von mir zur Strecke gebrachten Schlangen, darunter 3 fast armdicke Pythons, ließen meine Träger, nach dem üblichen anerkennenden Freudengeheul, unbeachtet zurück. Offensichtlich scheuen die Eingeborenen diese Tiere, und man schreibt ihnen Zauberkraft zu.[19])

Auch das Wildschwein ist ein gefährliches Tier. Es wird mit Speer, durch Fallen und Gruben gejagt; Frischlinge werden auch lebend gefangen und für Feste aufbewahrt. Das Wallaby ist recht häufig in der Alangsteppe vertreten.

Diese verhältnismäßig geringe fleischliche Nahrung ist nach Behrmann der Grund des ursprünglichen Kannibalismus, von dem er noch Anzeichen vorgefunden hat.[20])

In den Fluß- und Küstengebieten wird Fischfang durch Reuse, Netz, Speer, Harpune und Angel vorgenommen. Fische bilden hier eine wichtige Ergänzung der eiweißhaltigen Nahrung. Im seichten Wasser ist neben dem Speer auch der Pfeil sehr gebräuchlich. Netze und Reusen werden kunstfertig hergestellt, und die Eingeborenen weisen schon von Kindheit auf gute Kenntnisse im Flechten von grob-

14 v. d. Sande (483) 153, Moszkowski (394) 330.
15 Hollerung (256) 311, siehe aber Schmidt (511) 900. Im westlichen Papua beobachtete ich, daß die Männer erst bei Dunkelheit von der Jagd in ihre Dörfer zurückkehrten.
16 Aufenanger (13) 47—50, Saville (493) 179, Wiese (614) 176.
17 Behrmann (26) 8, Guise (224) 217, (620) 45 u. 47.
18 Behrmann (26) 9, MacGregor (353) 69.
19 Auf meine Fragen antworteten sie: Tau, gai-gai gageva, ani-a lasi = Herr, die Schlange ist schlecht, ich esse sie nicht (MOTU) Freilich mag die Ablehnung auf die regelmäßige Fleischnahrung zurückzuführen sein. Die australischen „Aboriginals" verzehren mit Vorliebe Schlangen.
20 Behrmann (26) 9, Girard (202) 413.

maschigen Netzen aus Kokosfasern und Rotang vor. Die Angelhaken bestehen meist aus Knochen, Dornen oder Holz. Selbst Haifische werden mit ca. 30 cm langem Haken gefangen. Die Harpune wird besonders für größere Fische und für die Jagd auf Dugong und Schildkröte in Südpapua benutzt. Besonders geschickt zeigen sich hierin die KIWAI.[21])

Beim Fischen mit Reusen und Wehren werden Hoch- und Niedrigwasser und die weiten Überschwemmungen meisterlich ausgenutzt.[22]) So fangen sich die Fische beim Zurückströmen der Fluten in den kilometerlangen Flußwehren, die aus quer und schräg in den Boden gesteckten Palmblättern gefertigt werden.

Auch die Frauen erweisen sich im Fischfang als gut geschult. In gemeinschaftlicher Arbeit fischen sie vorwiegend mit großen, runden Netzen. Die gefangenen Fische werden auf einen Rotangfaden gezogen und in der Sonne getrocknet oder über dem Feuer geräuchert. Fast alle Herdstellen haben eine Vorrichtung dafür.

Behrmann[23]) berichtet von Fischerdörfern im Sumpfgebiet des Sepik mit prächtigen Versammlungshäusern und einer großen Einbaumflotte, die einen reichen Eindruck machten.

Durch übermäßiges Fischen ist der Fischreichtum schon zurückgegangen. Besonders in den Lagunen, wo man Trochus, Austern und Bèche-de-Mer einfängt, hat sich die Ausbeute beträchtlich verringert.[24])

3. Pflanzungen

a. Anbauformen

Die Feldbestellung liegt in den Händen der Frauen, wie auch die Pflanzennahrung ausschließlich von ihnen zubereitet wird. Nur die schwere Arbeit des Rodens ist Sache der Männer, die außerdem die Pflanzungen umzäunen, um sie vor Wildschaden zu schützen.[25]) Aus den Berichten von Sapper geht allerdings hervor, daß auch die Männer das gerodete Land mit dem Grabstock umbrechen und die Frauen lediglich mit ca. 40 cm langen Hartholzstöcken die Erdschollen zerschlagen und das restliche Gestrüpp samt den Wurzeln mit den Händen auslesen.[26]) Meist sind es nur kleine Plätzchen, nicht die ganze Fläche, die so mit dem Grabstock bearbeitet werden, so wie auch nur die kleineren Bäume vor dem Abbrennen des zu nutzenden Landes gefällt werden. Die mächtigen Urwaldriesen werden durch Ringkerben mit dem Steinbeil zum Absterben gebracht. Diese Urbarmachung von Neuland stellt für eine Bevölkerung, der das Eisen unbekannt ist, eine ungeheure Arbeit dar.

Der gerodete Urwaldboden erschöpft sich, da er nicht gedüngt wird, rasch, so daß die Felder wegen der zurückgehenden Erträge bereits nach 10—15 Jahren verlassen werden. (Besonders Taro verlangt einen nährstoffreichen Boden.) Die neugerodeten Felder entfernen sich so immermehr von den Siedlungen, bis auch diese verlassen werden und die Dorfgemeinschaft sich ein neues, den Feldern nähergelegenes Domizil aussucht.

D'Albertis[27]) berichtet von Wanderungsbewegungen in den Arfakbergen aus gleichen Gründen. So ist die Bevölkerung eigentlich nur bedingt seßhaft zu nennen.[28])

Bevorzugte Siedlungsgebiete sind die breiten Landschaftsgürtel, in denen der Urwald sich lichtet und der Steppe weicht. Hier finden sich viele Dörfer, und an alten Zaunresten, Kokoshainen und verfallenen Hütten erkennt man noch einige Zeit den Versuch des Menschen, die Natur zu meistern, doch läßt der heranwachsende Sekundärwald diese Merkmale rasch verschwinden.

21 Anell (10) 67, Haddon (227) 148 ff, (320) 12, (483) 165, (562) 331.
22 Behrmann (26) 7, (151) 130, (320) 142, (528) 71, (430) 34 ff.
23 Behrmann (26) 7.
24 Schützmeister (528) 73, Spate (537) 30.
25 Behrmann (29) 49. (409) 97, (440) 161, (428) 144 ff, (452) 15, (560) Bd. II. 134, (626) 277.
26 Sapper (484) 136, ferner Lütgens Bd. II (346) 30, Vicedom-Tischner (592) 37.
27 D'Albertis (4) 109, ferner (292) 211 ff, (350) 30.
28 Die Verwaltung ist bemüht, diese Wohnsitzverlegungen zu verhindern. Über die Maßnahmen siehe S. 61.

Unter diesen Umständen haben sich bei den Eingborenen keinerlei feste Beziehungen zum Boden herausgebildet. Wolff schreibt: „Wie die Meeresfläche und der Fluß das Kanu trägt, trägt ihm der Boden die Pflanzungen und Fruchtbäume. Diese bilden seine Wertgegenstände, zu denen er in festen Beziehungen steht. Der Boden ist ihm hingegen gleichgültig." [29]) So gehören auch die Fruchtbäume immer dem Pflanzenden, gleichgültig, ob das Land von einer anderen Sippe ist. Hierzu bemerkt Williams: „Palms and trees belong to those, who plant them. In a village a man may plant a coconut-tree wherever he feels inclined and it will be regarded as his own." [30])

b. Abhängigkeit der Kulturen von der Landschaft

In den Hochländern zwang die Kargheit des Bodens die Eingeborenen, immer wieder neue Felder anzulegen, doch führte dieser Umstand auch zu intensiverer Bodenbearbeitung. So kann man die Feldarbeit der Hochlandbewohner, die teilweise sogar primitive Bewässerungsgräben angelegt haben, geradezu als mustergültig bezeichnen, was umso erstaunlicher erscheint, als ja die Hacke nicht in Gebrauch ist, also kein Hackbau vorliegt.[31])

So ist die allgemein verbreitete Ansicht, daß die Hochtäler fruchtbaren Ackerboden besitzen, leider irrig, und es gereicht dem Steinzeitmenschen zum Verdienst, selbst mit primitiven Werkzeugen hier eine Kulturlandschaft geschaffen zu haben. So schreibt Champion anerkennend: „The methods of agriculture are different from the ordinary Papuan, and approach the European style. The natives have had to cultivate every acre, so that the grass-valleys are denuded of timber. Even the little pockets of earth, far up on the limestoneranges are cultivated and I have got the impression that hard work was necessary to get sufficent food for their needs." [32])

Die Küstenbewohner sind demgegenüber den Leuten des Inneren sehr im Vorteil, denn sie finden tatsächlich alles, was sie für ihren Lebensunterhalt brauchen. Der Strandwall eignet sich als trockener Platz für die Siedlungen, das Meer versorgt sie mit protein-reicher Nahrung und Salz, und die ausgedehnten Sagobestände sowie Pflanzungen und Kokoshaine bieten ihnen eine sichere Existenz.[33])

Auch die Menschen, die sich auf den langgedehnten Flußdämmen angesiedelt haben, werden durch die Landschaft begünstigt, da diese fast immer nur von Schilf und wildem Zuckerrohr geklärt zu werden brauchen, um eine landwirtschaftliche Nutzfläche zu gewinnen. Auch hier werden etwaige Baumriesen als Schattenbäume für die jungen Pflanzen stehengelassen. Aussaat und Ernte richten sich nach den Hochwasserzeiten. Gebietsweise werden die Felder durch Gräben entwässert, die ebenfalls nur mit Hilfe des Grabstockes angelegt werden. Diese Entwässerungsgräben erreichen nach Behrmann eine Länge bis zu 50 m, eine Breite von ca. 40 cm und eine Tiefe von ca. 60 cm.[34])

c. Regionale Gliederung der wichtigsten Anbaupflanzen

Auch der Anbau der Nutzpflanzen wechselt nach Lage und Regionen. Im Hochland herrscht die Süßkartoffel vor, in den Sumpfgebieten von Fly und Sepik der Sago und das Zuckerrohr. An den Küstenrändern mit gutverteilten Niederschlägen findet der Taro sein Optimum, während Yams die Hauptanbaupflanze in Gebieten mit ausgesprochen nassen und trockenen Zeiten ist.[35])

Die weiteste Verbreitung hat die Kokospalme, die wohl die wichtigste Nutzpflanze der Insel ist. Im Gegensatz zur Sagopalme, die im Bereich des Sumpfes wächst und deren Mark ebenfalls weite Teile der Bevölkerung ernährt, kennzeichnet sie schon von weitem den schmalen Kulturrand des Waldes, und ihre grünen

---

29 Wolff (632) 479.
30 Williams (616) 122; siehe aber Seite 39.
31 (120) 205, (225) 45, (156) 124, (486) 111, (45) 1 ff.
32 Champion (96) 256, ferner: (24) 87, (451) 8.
33 (29) 31, (120) 205 (628) 15
34 Behrmann (26) 5.
35 Sapper (492) 135, (360) 5.

Kronen weisen auf die Anwesenheit menschlicher Siedlungen.[36] Größere Dörfer haben meist eine stattliche Anzahl von Kokospalmen, die nicht nur am Rand der Siedlungen, sondern auch zwischen den einzelnen Häusern wachsen und diesen so Schatten spenden. Das frische, weiße Fleisch dient nicht nur den Eingeborenen als Nahrung sondern auch den Schweinen und Hunden als Futter.

Neben Sago und Kokosnuß spielen bei den Eingeborenen nur Taro, Yams, Süßkartoffeln (Bataten), Bananen und Zuckerrohr eine größere Rolle. Taro und Yams sind große Knollenfrüchte, die in verschiedenen Regionen die Hauptbestandteile der täglichen Mahlzeiten bilden. (Auf der Insel Kiriwina z. B. bildet Yams das ganze Jahr über fast die einzige Ernährung.) Die Yamsfelder, die unseren Hopfenfeldern gleichen, sind gut gepflegt und machen einen stets ordentlichen Eindruck. Wichtig für den Anbau ist eine genügende Trockenheit des Bodens, die auch die Süßkartoffel benötigt. Letztere erlangt dadurch große Bedeutung, daß sie noch in Höhen von 2000 m vorzüglich gedeiht und somit, nach Göpfert[37], neben Kokosnuß und Sago die wichtigste Nährpflanze ist, die die obere Siedlungsgrenze der Eingeborenen bestimmt.

Taro (colocasia esculenta) ist weit verbreitet, doch fehlt er in den zentralen Hochregionen ganz. Er ist wärme- und niederschlagsliebend und gedeiht besonders gut auf Kalkböden. Er wird in verschiedenen Sorten — meist während der Regenzeit — angepflanzt und findet seine weiteste Verbreitung in den Küstengebieten. Seine Knolle ist jedoch, wenn man sie aus der Erde gezogen hat, nur kurze Zeit (2—3 Tage) genießbar, und so gehen die Frauen täglich aufs Feld, um den jeweiligen Bedarf zu holen.[38] Daneben hat Taro auch eine längere Wachstumsperiode als die Yamsknollen, die schon nach 6 Monaten armlang sind und geerntet werden können.

Die Banane, die in vielen verschiedenen, z. T. auch ungenießbaren Arten vorkommt, erfreut sich als Nahrungsmittel großer Beliebtheit. Auch sie ist sehr weit verbreitet und gedeiht, wie die Süßkartoffel, selbst in Höhen von 2000 m noch.[39] Die sehr ertragreiche, mehlige Kartoffelbanane muß im Feuer geröstet werden; sie unterscheidet sich schon rein äußerlich durch ihre stark ausgebildete kantige Form. Die frische Banane erreicht wohl nicht die Größe der der kanarischen Inseln, steht ihr jedoch an Süße und Wohlgeschmack in nichts nach.

Zuckerrohr, das nur in Flußnähe gut gedeiht, wird gehegt und oft in den Gärten entlang den Zäunen, die die Pflanze stützen, angepflanzt. Als beliebte Zukost wird es oft von den Jägern und auf den Fahrten im Kanu mitgenommen.[40]

Der Brotfruchtbaum, der alsNährpflanze eine untergeordnete Rolle spielt, wird kaum angepflanzt, sondern nur gehegt. Dieser schnell aufsprießende Weichholzbaum stellt sich nach den Beobachtungen von Behrmann[41] mit Vorliebe auf den Gleitufern der Flüsse ein.

Neben diesen Nutzpflanzen werden auch noch Bohnen, Ananas, Melonen, Kürbis- und Gurkengewächse in den Gärten aufgezogen. Maniok und Papaya wurden durch die Europäer eingeführt, letztere von Miklucho-Maclay, nach dem sie Miklucho-Banane genannt wird.[42]

In den kleinen Dorfgärten finden wir auch die verschiedensten Zierpflanzen. Beachtlich ist die Vorliebe für Pflanzen mit großen feingeschlitzten und auffallenden Blättern. Rechinger[43] erwähnt auch eine Weinrebe (Cissus- oder Vitisart) mit blauschwarzen, reifen Früchten, die unseren Trauben ähneln und von angenehmem Geschmack sind.

---

36 (24) 88, (156) 149, (283) II. Bd. Tafel 283, (458) Tafel 7, (523) 10, (608) 37, (62) 143.
37 Göpfert (208) 79 Die Süßkartoffel ist offenbar erst später eingeführt worden. Schnee, Parkinson und Braun erwähnen sie nicht.
38 Krämer (300) 165.
39 Behrmann (26) 245.
40 Neuhauss (401) 10—12, Warburg (601) 67, (188) 208.
41 Behrmann (26) 247.
42 Friederici (178) 140, Warburg (601) 65, (202) 413.
43 Rechinger (457) 65, (601) 71, (366) 501, (508) 13.

Bei den Genußmitteln spielen Tabak und Betel die Hauptrolle. Besonders der Tabak, der äußerst sorgfältig gepflanzt wird, ist bei Männern, Frauen und Kindern gleich beliebt. Tabak war bereits vor Ankunft der Weißen in Neu-Guinea bekannt und wurde fast in allen Dörfern angebaut. Die Aussaat des gut getrockneten Samens erfolgt vielfach zunächst unter den Pfahlbauten, um die aufsprießenden Pflänzchen vor dem grellen Sonnenlicht zu schützen. Nach einiger Zeit werden diese liebevoll und sorgsam auf die Felder umgepflanzt und ebenfalls durch in die Erde gesteckte Palmblätter vor der Sonne geschützt. Nach der Ernte werden die reifen Blätter an langen Rotangschnüren aufgereiht und unter den Dächern zum Trocknen aufgehängt.[44])

Durch die Einführung des Stangentabaks ist in Papua der Tabakanbau sehr zurückgegangen und besonders im Raum von Port Moresby fast verschwunden. Diese flachen, schwarzen Stangen bilden nicht nur einen beliebten Tauschartikel, sondern gehören auch zu den Rationen der Vertragsarbeiter. (Oft wird der Europäer mit den vielsagenden Worten Kuku-lasi = „Kein Tabak" begrüßt.)

Der Tabak wird meist in Bambuspfeifen (Bau-Bau) geraucht oder zu Zigarren gedreht, deren Deckblatt aus einem Bananenblatt besteht. Erst seit Ankunft der Europäer hat sich das Drehen von ca. 20 cm langen Zigaretten mit Zeitungspapier eingebürgert.

Neben dem Rauchen ist das Kauen von Betel über die Insel hinaus in ganz Melanesien verbreitet. Zwar tritt die Betelpalme (Areca) viel seltener als die Kokospalme auf, doch ergeben die langen Fruchttrauben gute Ernten. Die in ein Blatt des Betelpfeffers gewickelte Nuß wird mit Kalk, der in buntbemalten und schöngeschnitzten Bambus- oder Kürbisbehältern aufbewahrt wird, gekaut. Das Betelkauen bietet einen unästhetischen Anblick, da es den Speichel blutigrot und die Zähne schwarz färbt. (Siehe auch Seite 35)

4. Tierhaltung und Tierzucht

Schweine, Hunde und Hühner sind die einzigen Haustiere, die vor Eintreffen der Europäer von den Eingeborenen gehalten wurden. Besonders das Schwein, das nach Zöller[45]) von den Malaien eingeführt wurde, ist für sie wertvoll und wird nur zu wichtigen Zeremonien und Festtagen gegessen. Oft werden den Ferkeln die oberen Eckzähne ausgebrochen, dadurch wachsen die unteren zu großen, kreisrunden Hauern, die als Schmuck sehr begehrt sind.

An der Anzahl der Schweine läßt sich der Wohlstand des Besitzers erkennen. Gleichzeitig sind sie wichtig für den Frauenkauf, da den Angehörigen der Frau ein oder mehrere Schweine als Brautgeschenk übergeben werden müssen. (Vgl. S. 40) Die Ferkel stellen darüber hinaus eine Art „Schoßhündchen" der Frauen dar, die sie häufig an der eigenen Brust nähren, was ebenfalls ein Zeichen ihrer Wertschätzung sein dürfte. Die Schweine hausen vielfach mit in den Häusern, und die Verwaltungsbeamten mußten scharf durchgreifen, um dieser Unsitte abzuhelfen. Die Eber bewegen sich oft in freier Wildbahn.

Zahlreich sind Hunde in jedem Dorf anzutreffen. Sie sind nach Finsch[46]) dem Dingo ähnlich, doch ist ihre Herkunft nicht geklärt. Sie werden vorzugsweise zur Jagd verwendet, doch wandern sie gelegentlich auch in die Fleischtöpfe der Eingeborenen. Bemerkenswert ist, daß sie nicht bellen, sondern nur jaulen. Besonders in mondhellen Nächten gibt die ganze Meute minutenlange, schauderhafte Konzerte, die wohl auf den dauernden Hunger zurückzuführen sind; denn die klapprigen Köter machen stets einen erbarmungswürdigen Eindruck.

Hühner spielen nur eine untergeordnete Rolle. Sie werden nicht der Eier, sondern der Federn wegen gehalten.

---

44 Braun (77) 72, (75) 276, (94) 120, (156) 58, (204) 18, (343) 49, (377) 102, (471) 80, (473) 513
45 Zöller (640) 249, (156) 52, (209) 31, (611) II Bd. 164, vergleiche auch Seite 54.
46 Finsch (156) 52—53.

5. Handwerkliche Tätigkeit, Handel und Verkehr

Zwar haben primitive Menschen nur ein Minimalbedürfnis, das durch Behausung und ausreichende Nahrung befriedigt wird, doch führten die geographischen Gegebenheiten auch zur Herausbildung einer handwerklichen und industriellen Tätigkeit, deren wichtigste wir wohl, neben dem Hausbau, in der Herstellung von Einbäumen und der Töpferei erblicken.

Die gebräuchlichsten Werkzeuge sind Äxte und Messer, die früher vorwiegend aus Stein, meist aus schwarzem Serpentin, sowie aus Epidot, Oligoklas oder Basalt hergestellt wurden.[47]) In Teilen von Papua werden jedoch auch Muscheläxte benutzt. Die scharfrandigen Muscheln ergeben vor allem ein ausgezeichnetes Material für Schneidewerkzeuge. Weiteres Handwerkzeug wird aus Knochen, Holz, Zähnen und Bambus hergestellt. An Stelle von Nägeln werden für Haus- und Kanubau Seile aus Rotang, Kokos- oder Hibiskusfasern als Befestigungsmittel verwendet.

Die Kunst des Kanubaues ist weitverbreitet, doch haben einige Dörfer es hier zu besonderer Kunstfertigkeit gebracht. Behrmann berichtet von Bootsbauern in MURIK, die Technik und kunstvolle Verzierungen so gut beherrschten, daß die Eingeborenen von weither kamen, um ihre Einbäume zu kaufen.[48]) Auch in KEAPARA, 75 km östlich von Port Moresby, werden Auslegerboote gebaut, die von den Küstenbewohnern im Umkreis bestellt werden. (Bei meinem Besuch waren nicht weniger als neun dieser Fahrzeuge im Bau.) Man ist versucht, hier von Bootswerften zu sprechen. Ausgezeichnete Bootsbauer sind auch die Kiwai[49]) Die gefertigten Fahrzeuge sind regional und nach ihrer Verwendung verschieden. Auf den Flüssen finden wir den einfachen Einbaum, in den Küstengebieten, besonders in Papua, dagegen vorwiegend größere Auslegerboote, die mit weiten Mattensegeln ausgestattet sind. (Sogen. LAKATOI[50])

Die Küstenbewohner sind kühne Seefahrer, die sich unter Ausnutzung der Winde und Gezeitenströmungen, die ihnen genau bekannt sind, selbst zur Nachtzeit zum Fischen weit auf das Meer hinaus wagen.[51]) Für diese Zwecke eignet sich das Auslegerboot, das drei wichtige Vorzüge in sich vereint, ganz ideal. Es ist seetüchtig, besitzt trotzdem aber nur einen geringen Tiefgang, der für die seichten Gewässer und Riffe unbedingt notwendig ist. Darüber hinaus hat das Boot eine beachtliche Tragfähigkeit.

Für den Bootsbau eignet sich das Holz des Brotfruchtbaumes besonders gut, doch werden auch andere Holzarten, vorwiegend jedoch Weichhölzer, benutzt.[52]) Der Mast besteht meist aus Bambus. Die Arbeit wird heute immer mehr mit dem Stahlbeil verrichtet; nur für die Innenseite verwendet der Eingeborene noch immer mit Vorliebe sein Steinbeil. Oft werden die Boote neben kunstvollen Schnitzereien auch mit Tonfarben bemalt. Schwere Steine, die als Anker dienen, liegen in der Innenseite des Hecks.

In einigen Distrikten ist die Kunst des Kanubaus nach Eintreffen des Europäers leider zurückgegangen, da die Bewohner auf den Plantagen bessere Arbeitsbedingungen vorfanden.[53]) Die meisten meiner „boys" waren im Bau von Booten, ja selbst in deren Benutzung, absolut unerfahren. Vier meiner KIWAI benötigten für den Bau eines Kanus hingegen kaum sechs Stunden.

Die Töpferei ist in Neu-Guinea, wie fast bei allen anderen Naturvölkern, ausschließlich eine Kunst, die von den Frauen entwickelt und ausgeübt wird. Das Hauptzentrum der Töpferei befindet sich in Port Moresby, doch wird sie auch an der Südost-Küste und fast an der ganzen Küste von Kaiser-Wilhelm-

47 Schultze—Jena (522) 9, Block (69) 53, Finsch (151) 120.
48 Behrmann (29) 29, Finsch (156) 180, Hambruch (243) 382.
49 D'Albertis (6) 190, Armstrong (12) 48, (353) 54.
50 Reche (453) 273, (12) 53. Nevermann (406) 6, (391) 35.
51 Auch Lütgens bezeichnet die Ozeanier als seetüchtige Völker. Vergl. (346) Bd. I, 125
52 Hambruch (243) 383.
53 Belshaw (49) 98.

Land betrieben, während dieses Handwerk westlich des Fly unbekannt geblieben ist.[54] Zwei Arten werden vorwiegend hergestellt, nämlich Wasserbehälter und Kochtöpfe. Die größten dieser Gefäße haben einen Durchmesser von 50 bis 60 cm.[55]

Wie oben erwähnt, besitzen die Frauen eine besondere Geschicklichkeit für dieses Handwerk, und sie bedienen sich bei der Verarbeitung des Tons keinerlei Hilfsmittel wie Drehscheibe etc., sondern formen lediglich mit der Hand. Die fertigen Gefäße werden im bedeckten Feuer gebrannt und oft mit Ornamenten geschmückt oder bemalt. Die dickeren und größeren Wasserbehälter werden länger gebrannt als die übrigen Töpfe und erfordern geschickteres Arbeiten.[56] Die Herstellerin drückt oft sogar ihr persönliches Zeichen in das vollendete Werk. Diese Eigenart, die wir übrigens auch bei den Bootsbauern feststellen können, stellt eine Art „Trademark" oder besser eine einfache „Firmenbezeichnung" dar.

Besonders interessant sind die prähistorischen Funde, die Pöch[57] durch Ausgrabungen in der Collingwood-Bai machte und bei denen er Töpfe fand, die nach seinen Angaben der heutigen Keramik auf Neu-Guinea in bezug auf Technik und Ornamentik überlegen waren.

Neben dem Kanubau und der Töpferei, die die wesentlichen Züge der materiellen Kultur Neu-Guineas darstellen, werden Matten, Körbe und Netztaschen aus gedrehten Bastschnüren, Rindenstoffe in bunten Mustern, Waffen sowie Schmuckgegenstände hergestellt. Die Herstellung von Stoffen durch Weben ist nach Finsch[58] nicht bekannt.

Papiermaulbeer- und Brotfruchtbaum liefern vorzugsweise das Material für die Rindenstoffe. Durch Wässern (mazerieren) wird der Bast von der Rinde gelöst und danach auf einem Brett mittels eines Holzklöppels dünn geklopft, bis er an Größe um ein Vielfaches zunimmt.[59]

Die lokale Überproduktion besonders im Töpfereigewerbe einerseits und das steigende Bedürfnis nach diesen Artikeln auf der anderen Seite führten zu gegenseitigem Güteraustausch und zu einer wirtschaftlichen Abhängigkeit. Moszkowski[60] sieht im Motiv des Handelns jedoch nicht das Bedürfnis, sondern die Begehrlichkeit. Der Eingeborene tauschte also nicht, weil er etwas brauchte, sondern weil ihm etwas gefiel.

„It should be realized" schreibt Fortune; „that the love of exchange is one of the great characteristics of Melanesian culture".[61] Demnach besitzt der Eingeborene eine Vorliebe für den Handel als solchen. Daraus hat sich erst später ein echtes Bedürfnis zum Objekt entwickelt.

Im wesentlichen hat der Handel die Form eines direkten Güteraustausches. Muschelgeld, das schwierig herzustellen ist und das schon die deutsche Verwaltung als Zahlungsmittel auszuschalten suchte, spielt jedenfalls heute kaum noch eine maßgebende Rolle.

Eine Urform des Tausches ist der stumme Handel (silent trade), der selbst zwischen gegnerischen Stämmen betrieben wurde. An eigens dafür bestimmten Stellen wurden die Tauschartikel bereitgestellt, so daß der Gegner, nach Hinterlassung seiner eigenen Handelsprodukte, ungehindert ihrer habhaft werden konnte.[62]

So herrschte während der Märkte überall Landfriede. Nach Beendigung des Handels werden von den von weither kommenden Inlandstämmen große Mengen

54 Blackwood (66) 269, Finsch (151) 268—270, Schafroth (495) 101, Pöch (433) 398, Schurig (526) 15, (512) 330.
55 Finsch (155) 330, (151) 270 ff, Schafroth (495) 101.
56 Finsch (151) 270, Chauvet (101).
57 Pöch (438) 491.
58 Finsch (151) 403, (126) 238, (241) 23, (337) 23 ff, Tischner (578), (621) 201.
59 Nach Block (69) 56, soll die Größe um das 8—10fache zunehmen.
60 Moszkowski (393) 15.
61 Fortune (171) 206.
62 Behrmann (26) 2, (30) 62, Brandes (75) 277, Hoyt (265) 134.

von Meerwasser in Töpfen und Bambusbehältern mitgenommen. Da dieses als Eigentum der Küstenbevölkerung angesehen wird, müssen sie selbst dafür Früchte etc. zurücklassen. — Die KAI-Leute wurden — nach Neuhauss[63]) — als Diebe bezeichnet, wenn sie ohne Erlaubnis Meerwasser an der Küste von Finschhafen schöpften.

Im Gebiete des Huon-Golfes werden Holzschalen gehandelt, die auf einigen der benachbarten Inseln geschnitzt werden. Weitere Handelsartikel bilden Flechtarbeiten, wie Taschen, Matten, selbst Musikinstrumente und Waffen. Sogar Ton wird den Töpfern in die Dörfer gebracht.[64])

So ergaben sich in verschiedenen Dörfern, in denen sich die Bevölkerung ganz auf die ihnen gebrachten Tauschmittel einstellte, allmählich Handels- und Fabrikationszentren.

Den blühendsten Handel finden wir jedoch bei den MOTU, und wenn Finsch[65]) die Dörfer der Töpfer als Handelszentren erkennt, dann geht er mit dieser Annahme nicht fehl. Bei Port Moresby, mit den beiden wichtigen Eingeborenenmärkten KOKI und KONEDOBU, befindet sich eine weitentwickelte Töpferindustrie, deren Erzeugnisse wertvolle Tauschobjekte liefern. Alljährlich zwischen August und Oktober bricht dann die Motu-Flotte mit ihren LAKATOIs[66]) auf, um, mit Hunderten von Töpfen beladen, zum ca. 200 km westlich gelegenen Küstendorf MOTU-MOTU an der Mündung des Tauri zu segeln. Mit Sago beladen, kommen sie im Dezember zurück.

Finsch[67]) berechnete, daß die ca. 600 Eingeborenen einer solchen Handelsflotte bis zu 30 000 Töpfe auf ihrer Fahrt mitnehmen, für die sie ca. 200 t Sago einhandeln könnten. (Ein Lakatoi ist in der Lage 20 bis 30 t Sago zu laden.) Wir sehen an diesen beachtlichen Zahlen, welch erstaunlichen Umfang selbst der Handel primitiver Naturmenschen einnehmen kann.

Über den ebenfalls recht umfangreichen Fischmarkt in KOKI, der sich jedoch erst nach dem Erscheinen der Europäer zur vollen Blüte entwickelt hat, wird im Kapitel C, Abschnitt 6 noch zu sprechen sein.

Auch bei den Eingeborenen Neu-Guineas ist es die Hauptaufgabe des Verkehrs, räumliche Entfernungen zwischen den Erzeugungs- und Verbrauchsgebieten zu überbrücken. Die Küstenschiffahrt mit den Auslegerbooten ermöglicht jedoch nicht nur den Güteraustausch mit den entfernten Siedlungen, sondern dient vor allem dem Fischfang.

Auch im Hinterland, wo der Landverkehr in seiner Bedeutung und seinem Umfang erheblich geringer ist als der Küstenverkehr, sind, bedingt durch die unwegigen Urwälder, die Flüsse die eigentlichen natürlichen Verkehrswege. In den Sumpfzonen vollzieht sich der Verkehr auf dem Wasser; so werden die Sagopalmen zur Regenzeit gefällt, und die großen Stämme dienen beim Abtransport ins Dorf zugleich als natürliches Floß.

Selbst Wassergräben wurden aus Verkehrsgründen angelegt, und der Einbaum ist auch hier das einzige und praktische Verkehrsmittel, dessen sich auch der Weiße bedient, wenn sein Motorboot versagt oder steckenbleibt.[68])

Der Verkehr beschränkt sich auf das Dorf und das sich anschließende Wirtschaftsgebiet. Die Wege, die von den Siedlungen zu den Feldern und zuweilen zu den Nachbardörfern führen, sind nur wenig ausgetretene, oftmals versteckt liegende Fußpfade (Dalas), die dem unerfahrenen Weißen in ihrer Dürftigkeit manchmal kaum als solche erkenntlich sind. Besonders in der Alang-Alangsteppe sind sie in vielen Fällen nur durch geknickte Grashalme zu erkennen. Für die Eingeborenen bedeutet das Gelände kaum ein Hindernis. Barfuß und

63 Neuhauss (401) 123 Friedel (175) 272, (631) 79.
64 Schellong (496) 606, Schmidt, J (510) 326.
65 Finsch (151) 268, Pöch (432) 608, (472) 338, (530) 96.
66 1 Lakatoi = 5—10 miteinander verbundene Einbäume.
67 Finsch (151) 271, Lewis (344) 6, (438) 491, (526) 43.
68 Behrmann (30) 54, Nevermann (406) 55, Reche (453) 286.

mit federnden Schritten schreiten sie, selbst mit schweren Lasten bepackt, sicher und schnell voran, so daß ich oft Mühe hatte, meinen Trägern zu folgen.

In der Nähe der Dörfer und besonders bei Engtälern bedient sich der Eingeborene zum Überqueren der Flüsse oftmals geschickt konstruierter Hängebrücken, die bis zu 70 m lang sein können. Die besten Brückenbauer sind die KIWAI, die allerdings eine Art Pfahlbrücke benutzen. Auch die Hängebrücken am VANAPA und ANGABUNGA zeugen vom hohen technischen Verständnis der Eingeborenen.[69]

6. Zusammenfassung.

Betrachten wir rückblickend das Gesamtwirtschaftsleben der Eingeborenen, so erkennen wir, daß sie sich in ihren Anstrengungen um die Nahrungsgewinnung aller primitiven Wirtschaftsformen wie Sammeln, Jagd und Fischfang, aber auch eines mitunter recht hochentwickelten Pflanzbaus bedienen.

Die landschaftlichen Gegensätze haben zwar eine verschiedenartige Entwicklung dieser Bevölkerung bedingt, doch verstanden es die Eingeborenen meisterhaft, sich diesen landschaftlichen Gegebenheiten anzupassen.

Deutlich wird dies erkennbar, wenn wir die Küstenbevölkerung betrachten, die auf Grund ihres landschaftlich bevorzugten Lebensraumes neben den genannten Wirtschaftsformen auch Handel und Handwerk entwickelte und sich als seetüchtig erwiesen hat.

Demgegenüber läßt sich weiterhin erkennen, wie besonders die Eingeborenen der Hochtäler ihren wirtschaftlichen Schwierigkeiten Rechnung tragen mußten, und daß gerade die Schwierigkeiten sie zu sorgfältigster Feldarbeit zwangen.

So behauptet sich selbst der primitive Eingeborene gegenüber der Natur, und wenn er auch in erster Linie Raubbau treibt, so können wir doch die ersten Ansätze einer Wirtschaftslandschaft feststellen, die durch seine Hand geschaffen wurde.

Die Entwicklung zur „Vollkultur" wurde ihm jedoch durch das Fehlen des Metalls noch nicht ermöglicht.

B. Die strukturellen Wandlungen im Leben der Eingeborenen in soziologischer und wirtschaftlicher Hinsicht, verursacht durch den Einfluß der Europäer

Bisher befaßten sich die Untersuchungen mit der Schilderung der ursprünglichen Eingeborenenlandschaft und -kultur. Bewußt wurden die europäischen Einflüsse auf diese nicht zugleich behandelt, um die durch sie verursachten Veränderungen besonders klar hervorzuheben und zu analysieren.

Träger dieser modernen Umgestaltung einer Bevölkerung, die nach dem Stand ihrer Kultur vor Eintreffen der Europäer dem Neolithikum angehörte, sind die moderne Wirtschaft, der Staat und die christliche Mission. Die Begegnung zwischen Steinzeit und Industriezeitalter zwingt den Eingeborenen in wenigen Jahrzehnten eine Entwicklung durchzumachen, für die wir selbst Jahrtausende benötigten.

Daß eine solche rapide und zwangsläufige Entwicklung für einen primitiven Menschen aber auch tödliche Gefahren in sich bergen kann, zeigen die Ausbrüche des Güterkultes, den Krug[70] die „Revolution der Halbzivilisierten" nennt. Auch Göpfert[71] erkannte folgerichtig, daß nicht die technisch-kulturelle Vormacht allein bestimmend für den Wandel der Eingeborenen-Gesellschaft ist, sondern daß vor allem ihre Geisteshaltung, die der unseren ja grundverschieden ist, durch diesen Kulturkontakt zerstört wird.

69 Cheesman (104) 169 ff, MacGregor (353) 87, (523) 69.
70 W. G. Krug (314) 8.
71 Göpfert (208) 108.

1. Die Einflüsse durch Verwaltung und Wirtschaft

Die Einflüsse, die Verwaltung und Wirtschaft durch den Kontakt mit den Eingeborenen auf diese ausüben, sind eng verknüpft und im wesentlichen materieller Art. Sie erstrecken sich nicht allein auf die relativ kleinen Gebiete, in denen wir Plantagen und industrielle Unternehmen finden, sondern dehnen sich in ihren Auswirkungen bis ins ferne Innenland aus. Die Eingeborenen sehen sich einer neuen Gesellschaft gegenüber, die im Besitze neuer, ihnen unbekannter Güter ist, die ihre Verwunderung und ihr Verlangen erwecken, und ihr Trachten geht dahin, diese zu erwerben. Der erste nähere Kontakt entwickelte sich so aus dem Tauschhandel, dem bald die freiwillige Arbeitsleistung beim Aufbau von Regierungsstationen und Plantagen folgte, für die die Eingeborenen mit Äxten, Messern, Tabak und anderen Dingen entlohnt wurden. So war es für diese einfachen Menschen, denen ein Arbeitsentgelt bisher unbekannt war — jede Dienstleistung im Dorf wurde lediglich durch einen Gegendienst abgegolten —, lohnender, für einen Tag auf einer Plantage zu arbeiten, um eine Axt zu verdienen, als mit dem Steinbeil in mühseliger Arbeit ein Feld zu roden.

a) Einflüsse, verursacht durch Kontraktarbeit

Viele junge Männer gingen, beseelt von dem Wunsche, mehr von diesen begehrten Dingen zu bekommen, teilweise aber auch aus Neugier und Abenteuerlust, einen Arbeitskontrakt ein, der sie auf Jahre von ihren Dörfern wegführte und sie von ihren Familien trennte. So wurden sie in eine neue, ihnen unverständliche Welt hineingezogen, die sie aus ihren alten Bindungen löste. Die sich entfaltende Wirtschaft suchte jedoch in zunehmendem Maße Arbeitskräfte, mit dem Ergebnis, daß bald Weiße ausschließlich mit dem einträglichen Geschäft der „Anwerbung" beschäftigt waren, bei dem oftmals üble Methoden angewandt wurden, die Speiser als „Slavery in the worst shape" bezeichnete.[72]) Die Sterblichkeit der Kontraktarbeiter lag anfangs bei 44 % im Jahr. Noch 1939 konnte Heim[73]) im australischen Mandatsgebiet erleben, was der Beruf des „Rekruters"[74]) bedeutete. Damals wurden Eingeborene für die Goldfelder bei BULOLO angeworben, und die Rekruter erhielten für jeden angeworbenen Mann 10 £ Provision.

So wurden einige Gebiete beinahe völlig ihrer arbeitsfähigen Männer beraubt, da naturgemäß die leichter zugänglichen Gebiete von der Anwerbung am stärksten betroffen wurden. Wenn auch die Kontraktarbeiter meist eine gute Erwerbsquelle fanden, die sich auch für das heimatliche Dorf wirtschaftlich günstig auswirken konnte, so waren die Schädigungen und funktionalen Störungen innerhalb der Dorfgemeinschaft durch den Entzug dieser Arbeitskräfte erheblich und wirkten sich recht nachteilig aus. Die Häuser konnten nicht ordnungsgemäß in Stand gehalten werden und verfielen, neue Felder wurden nicht gerodet und so verkleinerten sich die Pflanzungen. Auch die Zäune, die Schweine und Hunde von den Feldern abhielten, wurden nicht repariert. Diese Erscheinungen führten stellenweise zu einer allgemeinen Verelendung. So dürfen, wenn das Leben im Dorfe seinen normalen Verlauf nehmen soll, höchstens 10 % der männlichen Bewohner angeworben werden.[75])

Obwohl die Mandatsregierung „Blackbirding" (Sklavenhandel) durch gesetzliche Verordnungen unterbindet, sind gerade während des letzten Krieges im Zuge militärischer Maßnahmen Methoden in der Arbeiteranwerbung und -behandlung üblich gewesen, die der Zwangsarbeit gleichkamen. 50 000 Arbeiter waren zu dieser Zeit auf Plantagen oder bei Truppeneinheiten unter Kontrakt. Laut Verfügung durften sie selbst nach Ablauf ihrer Dienstzeit nicht entlassen werden, bis Ersatz für sie geschaffen worden war. 1944 wurden viele dieser

72 Belshaw (49) 34—36, (144) 79, (539), (602) 19.
73 Heim (251) 15, Belshaw (49) 100, (460) 98 ff.
74 Rekruters = Anwerber (Pidgin engl.).
75 Heim (251) 15 ff, Stanner (549) 80 ff.

„signed-off boys", die sich weigerten, weiter zu arbeiten, zu Prügelstrafen verurteilt.[76]) Durch diese Dienstverpflichtungen zog sich die Verwaltung den Haß und die Feindschaft vieler Eingeborener zu, und viele dieser gegen ihren Willen Eingezogenen desertierten.[77]) Aus den Armeeberichten von 1944 geht weiterhin hervor, daß viele Truppenteile ungeeignet waren, Eingeborene zu beschäftigen.

Krankheits- und Todesrate waren besonders hoch. So hatten die aus dem Hochland angeworbenen Männer stark unter der Malaria zu leiden, und die durch die alliierten Truppen eingeschleppte Dysenterie grassierte besonders schlimm unter den Eingeborenen. Über 10 000 Fälle wurden behandelt.

Ein Umstand, der die Eingeborenen besonders stark beeindruckte, war das Auftreten von farbigen Truppen in der US-Armee. Die Soldaten waren schwarz wie sie und hatten doch den gleichen Lebensstandard wie die Europäer. Daß zwischen diesen und den Kontraktarbeitern ein gutes und herzliches Einvernehmen bestand, ist begreiflich. Doch waren auch die übrigen Amerikaner gleichermaßen beliebt, die reichlicher verpflegt wurden und großzügiger im Verteilen ihrer Rationen waren als die Australier. Diese Kontraste zwischen Truppeneinheiten und Verwaltung wurden von den Eingeborenen deutlich vermerkt.

Seit der amerikanischen Besatzungszeit hat auch der Wert des Geldes an Bedeutung gewonnen. Die Eingeborenen erkannten, daß man mit Geld alles kaufen konnte, und begannen, als Lohn für ihre Arbeitsleistung neben den Gebrauchsartikeln ihres täglichen Bedarfs, dem Geld erhöhte Bedeutung beizumessen.

Als nach dem Krieg die Amerikaner abzogen, versiegten für viele die reichlichen Nahrungs- und Erwerbsquellen, und die Eingeborenen, die sich auf Hilfeleistungen bei den Truppen eingestellt und ihre Felder vernachlässigt hatten, begannen Hunger zu leiden, da die Felder kaum Erträge abwarfen. Die Schuld suchten die Eingeborenen nicht bei sich, sondern bei den Weißen, die ihnen diese Güter plötzlich vorenthielten. Es verbreiteten sich Gerüchte, daß die Amerikaner bald zurückkämen und ein neues, schöneres Leben beginnen würde. So hatte der Krieg mit seinen Begleiterscheinungen den erneuten Ausbruch des Cargo-Cults zur Folge.

b) Der Cargo- oder Güter-Kult.

Als erste Reaktion auf den Kontakt mit den Europäern kam es schon in den Jahren 1919 bis 1925 im Golf-Distrikt unweit des Vailala-Flusses zu Vorgängen, die als die „Vailala madness" bekannt geworden sind. Nach Guiart [78]) stellen sie das Aufflackern eines melanesischen Nationalismus dar.

Diese Vorgänge, die unter dem Sammelbegriff „Cargo Cult" oder Güter-Kult bekannt wurden, stellen eine unwillkürliche Reaktion auf die weiße Herrschaft dar. Sie können zusammengefaßt werden, in dem Wunsch, nach europäischen Gebrauchs- und Konsumgütern und mehr noch nach den technischen Gegenständen einerseits, sowie in der Beibehaltung der herkömmlichen Riten und Bräuche, die durch Verwaltung und Missionen verboten wurden andererseits; weiterhin durch die Forderung, die Europäer zu entfernen und ihre Verwaltungsinstitutionen selbst zu übernehmen.[79])

Alle diese Bewegungen, die oftmals von religiösen Hysterien und Mythen begleitet sind, entspringen einem keimenden Nationalismus und haben gewisse Übereinstimmungen. Besonders aber herrscht der beharrliche Glaube immer wieder vor, der annimmt, daß die begehrten Güter der Europäer, die diese ihnen vorenthalten, von den mit Schiffen und Flugzeugen zurückkehrenden

76 Mair (360) 188, vergl. auch Stanner (549) 80.
77 Stanner (549) 81.
78 Guiart (222) 81, Williams (617) 2, Berndt, R. (61) 49.
79 Belshaw (49) 83, ferner Maahs (350) 29

Ahnen und den Geistern der Verstorbenen ihnen nun im Überfluß gebracht werden.

Dieser Glaube drückt einerseits die bestehende Unzufriedenheit mit den vorherrschenden Verhältnissen aus, sowie andererseits die Bemühungen, einen „gerechten Ausgleich" herbeizuführen. Die Eingeborenen werden mit den Gütern, die die Europäer besitzen, nur unzureichend bedacht und suchen Befriedigung in imaginären Vorstellungen.

Teilweise entsprang diese Bewegung auch aus dem Bedürfnis, den Europäer zu imitieren, da der Eingeborene durch die gesetzliche Unterdrückung seiner eigenen Bräuche wie Kopfjagd, Zauberei und Männerbünde nach neuen Formen suchte. Er erkennt seine Minderwertigkeit dem europäischen Eindringling gegenüber, und dieses Minderwertigkeitsgefühl entwickelt den Haß gegen den Weißen, der ihm überlegen ist und ein schöneres und bequemeres Leben führt, und er erhofft sich Hilfe von den Ahnen. Gerade hier wird das Vordringen der Zivilisation dem primitiven Steinzeitmenschen zur Bestätigung seines Aberglaubens. [80])

So flackerte der Cargo Cult, getragen von den in ihrem Dasein unzufriedenen Kontraktarbeitern und Hilfswilligen der Truppeneinheiten, hervorgerufen durch die Kriegshandlungen und unterstützt von den Japanern[81]), die sich als die langersehnten Ahnen zu erkennen gaben, in den verschiedensten Regionen erneut auf und nahm beachtliche Formen an. Pflanzer und Missionare wurden vertrieben oder sogar getötet und ihre Häuser in Brand gesteckt, Landungsstege für die erwarteten Schiffe gebaut und Rollbahnen für die Flugzeuge angelegt, um die Ankunft der Ahnen vorzubereiten.[82])

Erst als die Ahnen und mit ihnen die ersehnten Güter immer länger auf sich warten ließen und ausblieben, und die Einwohner, die ihre Felder vernachlässigt hatten, Hunger litten, verlor diese Bewegung mehr und mehr an Stärke. Die verantwortungslosen Demagogen, die diesen Irrglauben gepredigt hatten, verstrickten sich immer mehr im Lügennetz ihrer unerfüllbaren Versprechungen, verloren an Anhängern und wurden zuletzt mit Schimpf und Schande aus den Dörfern vertrieben oder den Bezirksbeamten übergeben. Heute hat der Cargo Cult keine Bedeutung mehr.

c) Einflüsse auf die Dorfgemeinschaft.

Aber nicht nur der der Dorfgemeinschaft entfremdete Kontraktarbeiter erlebt diesen Wandel, dieser vollzieht sich vielmehr auch innerhalb des Dorfes selbst.[83]) Hier ist es die Patrouille, der regelmäßige Inspektionsgang des Verwaltungsbeamten (Patrol Officer) von Dorf zu Dorf, durch die der Kontakt zu der Bevölkerung gesucht wird, und in friedlicher Durchdringung wird allmählich das Gesamtgebiet erschlossen. Der Distrikt Officer setzt in den Ortschaften, die bereits unter Verwaltungseinfluß stehen, einen Dorfältesten ein, den sogenannten LULUAI, sowie einen Dolmetscher TUL-TUL. Auf diese ist der Patrol Officer angewiesen, und so ernennt er für diese Posten meist die sogenannten „Finish-time-boys", ehemalige Kontraktarbeiter und Soldaten. Diese beiden Dorfältesten, die übrigens von den Deutschen im ehemaligen Schutzgebiet eingeführt wurden, sind für die Sauberkeit, den Frieden und die Entrichtung der Steuern verantwortlich. Der Patrol Officer spricht, sorgt für hygienische Verbesserungen, den Abtransport von Kranken und legt die zu zahlende Steuer fest.[84])

Das Unvermögen der Eingeborenen, sich zu effektiven politischen Einheiten zu vereinigen, erleichterte das Problem der Kontrolle. Durch die Unterdrückung der Geheimbünde wurden auch Kriegszüge, Kannibalismus und Zauberei in den kontrollierten Gebieten beseitigt.

80 Williams (617), Papuan Annual Report 1919—20, S. 116, Berndt, C. (60) 128.
81 Krug (314) 7.
82 Mair (360) 65—66, vergl. auch Berndt, R. (49) 61.
83 Blackwood (68) 15.
84 Reed (460) 179. Die Steuer beträgt 10 Shilling für Männer zwischen 15 und 40 Jahren. Steuerfreiheit genießen die Kontraktarbeiter. Dorfälteste, Missionsschüler und Familienväter von mehr als 4 Kindern.

Während gerade die alten Männer die neue Ordnung, die ihre ohnehin recht geringe Autorität mehr und mehr untergräbt, kaum gutheißen, vollzieht sich der soziologische Wandel naturgemäß bei der Jugend. Die jungen Männer, die nach Jahren der Abwesenheit in ihre Dörfer zurückkehren, sind oftmals sogar unzufrieden mit der alten Lebensweise und finden es schwierig, sich in die ihnen fremdgewordene, alte Gesellschaftsordnung zurückzufinden. Einige von ihnen übernehmen zwar die verantwortlichen Stellen im Dorf, doch ein Teil der Heimkehrer nimmt auch eine asoziale Stellung ein. Sie glauben sich nicht mehr der Sippe unterwerfen zu müssen, lassen die Alten links liegen, leben vom Tausch ihrer Habseligkeiten und verweigern die Arbeit im Dorf, weil sie ja nichts dafür bezahlt bekommen. Aber sie sind dem Aberglauben und den alten Sitten gegenüber freier und nach einer gewissen Übergangszeit richten sie sich meist neue Häuser im europäischen Bungalow-Stil ein, zimmern sich Tische und Stühle, sowie andere praktische Gebrauchsgegenstände und erteilen so ihren Dorfgenossen auch manche nützliche Lehre.[85]) Schließlich sei auch noch auf eine kleinere Gruppe von Vertragsarbeitern hingewiesen, die nach Ablauf ihres Arbeitskontraktes nicht wieder ins alte Dorf mit seinen primitiven Verhältnissen zurückkehren und sich am Rande der Europäersiedlungen niederlassen.

Eine wesentliche Änderung im Leben der Eingeborenen brachte aber vor allem die Einführung der Metallwerkzeuge mit sich.[86]) Diese revolutionäre Neuerung hat zwar anfangs noch nicht zu einer Steigerung der landwirtschaftlichen Erzeugung geführt — die Eingeborenen, denen eine wirkliche Vorratswirtschaft bisher unbekannt gewesen war, begnügten sich damit, die gleiche Menge wie bisher bei entsprechend geringerem Zeitaufwand anzubauen — doch ist es den gemeinsamen Bemühungen von Missionen und Verwaltung gelungen, sie zum Anbau weiterer, meist europäischer Nutzpflanzen zu bewegen. [87]) Auch hierbei war die Triebfeder der Wunsch nach europäischen Gütern. Die Basis der Aktivität veränderte sich jedoch nur wenig. Sie beruht weiterhin auf Jagd und Fischfang, sowie auf dem teilweise intensivierten Ackerbau und Handel. Neu ist lediglich die Arbeitsleistung zum Zwecke des Güter- (bzw. Geld-) erwerbes. Noch vor wenigen Jahren wurde Geld fast ausschließlich zum Steuerzahlen verwendet. Es lassen sich also nunmehr die ersten Anfänge einer Erwerbswirtschaft erkennen.

Diese Ansätze der Erwerbswirtschaft sind äußerst bemerkenswert. Sie lassen, da ja das Geldverdienen außerhalb des Dorfes Sache der Männer ist, darauf schließen, daß diese weit mehr am Wirtschaftsleben teilnehmen als in früheren Zeiten. Damals fesselten die dauernden Kämpfe, die mit den feindlichen Nachbarn zu bestehen waren, den größten Teil ihrer Kräfte. Obwohl Geld als Zahlungsmittel immer weiter bekannt wurde, ist es in den abgelegenen Ortschaften noch nicht sonderlich begehrt. Die Eingeborenen können es nur schwer erwerben und bewahren es auf, um mit den Weißen handeln zu können, die natürlich auch lieber Naturprodukte haben wollen. Deshalb ist der Tausch noch immer sehr beliebt und spielt nach wie vor eine große Rolle. Aus dieser Situation ergaben sich einige dringende verwaltungstechnische Erfordernisse, die eine glückliche Lösung durch die Errichtung der Eingeborenen-Genossenschaften (Native Cooperative Societies) gefunden haben.

d) Native Cooperative Societies.

Die Einführung der Eingeborenen-Genossenschaften im Jahre 1948 stellt einen wichtigen Schritt in der Verbesserung des Lebensstandards der Bevölkerung dar; gleichzeitig aber auch einen Versuch der Verwaltung, die Eingeborenen im verstärktem Maße in den Wirtschaftsprozeß einzugliedern. Die Genossen-

85 Belshaw (49) 71, Girard (202) 411 ff, Niles (410) 6.
86 Hagen (231) 278, ferner (373) 233.
87 Saatgut wurde von der Verwaltung kostenlos bereitgestellt.

schaften, die unter Aufsicht der Verwaltung stehen, unterhalten kleine Geschäfte, in denen europäische Gebrauchsgüter an die Eingeborenen verabfolgt werden, daneben dienen sie dem gemeinschaftlichen Verkauf landwirtschaftlicher Erzeugnisse auf gemeinsame Rechnung. Im September 1952 bestanden schon 145 dieser Gesellschaften, deren Jahresumsatz 1954 bereits auf über 600 000 £ angestiegen war.[88]) Daran läßt sich eine beachtliche wirtschaftliche Entwicklung innerhalb der Dorfgemeinschaften feststellen. Außerdem beginnt der bisher übliche Gütertausch durch diese Einrichtungen langsam in den Hintergrund zu treten, und das Geld als anerkanntes Zahlungsmittel gewinnt mehr und mehr an Bedeutung. Eingeborene, die über ein eigenes Bankkonto verfügen, sind heute keine Seltenheit mehr.

Daneben wurden 19 Rural Progress Societies (Gesellschaften zur Förderung der Landwirtschaft) vom Department of Agriculture gegründet, um unter Anleitung von Fachleuten, den Dorfgemeinschaften die Vorteile moderner Anbaumethoden begreiflich zu machen.

e) Lehrpflanzungen, errichtet durch die Native Plantations Ordinance (Eingeborenen-Plantagen-Ordnung.)

Neben den Rural Progress Societies wurden auf Grund der Eingeborenen-Plantagen-Ordnung zwei Plantagen errichtet, die eine Art Kolchosbetriebe darstellen. Beide Pflanzungen sind reine Eingeborenenbetriebe, die gemeinsam bewirtschaftet werden und deren Erträge ausschließlich den Eingeborenen zufließen. Die erste ist die SANGARA-Kaffee-Pflanzung bei BUNA, die 1940 bereits 80 000 kg Kaffee erzeugte. Die im Kriege zerstörte Anlage befindet sich im Wiederaufbau. Das andere Projekt ist eine gleichartige Reispflanzung, die im Mekeo-Distrikt angelegt wurde. Wenn auch die Überschüsse aus diesem Projekt niemals groß waren, so hat sich doch in dieser Gegend der Reisanbau durchgesetzt. Zwar machte es anfangs große Schwierigkeiten, die Eingeborenen von der Notwendigkeit des Anbaus zu überzeugen, und die verzehrten die Reisrationen und das Saatgut, doch ließen sich letztlich auch hier Erfolge verzeichnen, und der Reis ergänzt nunmehr die Diät der dort lebenden Eingeborenen als zusätzliches Nahrungsmittel. Auch bei KEREMA wurde inzwischen Reis angepflanzt.

Daneben werden heute in vielen Dörfern Obstbäume und verschiedene Gemüsesorten angebaut. Orangen, Zitronen und Grapefruit wurden von Queensland eingeführt, und die Ananas ist ein besonders geschätztes Gartenprodukt. Tomaten, Rüben und Karotten ergänzen den Speisezettel der Eingeborenen. Weiterhin sind die landwirtschaftlichen Stationen bemüht, die Eingeborenen zum Anbau von Nutzpflanzen zu bewegen, die für den Export bestimmt sind. Hierzu eignet sich im Kleinanbau neben der Kokospalme in erster Linie der Kakao. Wenn auch die Qualität der Erzeugnisse aus diesen Eingeborenen-Kleinpflanzungen hinter denen der Plantagen zurückbleibt, so hat nach Kolb[89]) der Eingeborenenbetrieb andererseits den Vorteil, „daß er die betriebliche Struktur der altüberkommenen Wirtschaft kaum ändert und die Menschen bodenverbunden läßt, während die Lohnarbeiterplantage den Typ des landwirtschaftlichen Tagelöhners — mit all den bereits beschriebenen Folgen — schafft."

Seine besondere Aufmerksamkeit richtet das Landwirtschafts-Department auf die Verbesserung des Bodens. Der Eingeborene lernt, daß er seinem Feld neue Nährstoffe in Form von Düngemitteln zuführen muß, wenn es sich nicht erschöpfen soll. Durch die intensivierte Bodenpflege wurden nicht nur die Erträge der Felder gesteigert, sondern es gelang der Verwaltung auch, die Eingeborenen seßhaft zu machen und den Übelstand der früher häufigen durch die

---

88 Handbook of Papua (646) S. 75
89 Kolb (290) 527.

Anlage neuer Felder und Siedlungen bedingten Wanderungsbewegungen (shifting cultivation) weitgehend zu beseitigen.[90])

Da die Eingeborenen außer Schweinen und Hühnern nicht über genügende Viehbestände verfügen und jagdbares Großwild fehlt, erachtete die Verwaltung es für notwendig, die minimalen Bestände durch Einfuhr von Rindern, Schafen und Ziegen zu ergänzen. Das Experiment von E. J. Hallstrom verdient besonders erwähnt zu werden. Trotz hoher Unkosten ließ er 1000 Schafe mit Flugzeugen ins Wahgi-Tal transportieren und errichtete unweit der Missions-Station KEROWAGI, bei NONDUGL, eine Schafstation, um die Eingeborenen mit der Schafhaltung vertraut zu machen. Auch Pferde, Rinder, Schweine und Geflügel werden seit einigen Jahren dort gezüchtet. Die Station ist Eigentum der Einheimischen und wird ihnen, wenn sie in der Viehzucht genügend erfahren sind, vollständig übergeben.[91])

Durch den Einfluß der Weißen werden demnach die ursprünglich einfachen und selbstgenügsamen Wirtschaftsformen vervollkommnet und erweitert. Zwar bleibt die wichtigste Aufgabe der primitiven Eigenwirtschaft die Befriedigung des eigenen Nahrungsbedürfnisses, doch gehen die Eingeborenen, denen bisher selbst eine Vorratswirtschaft kaum bekannt war, nun sogar dazu über, Produkte, die für den Export bestimmt sind, zu erzeugen.

2. Einflüsse durch die Missionen.

Unter den ersten Pionieren, die sich in Neu-Guinea niederließen, waren auch die Missionare, die mit ihrer Arbeit begannen, ehe noch der spekulative Sinn des Kaufmanns daran dachte, die abseits vom Weltgeschehen liegenden Südseeinseln in den Kreis seiner Betrachtungen einzubeziehen. Schon 1872 nahm unter George Brown die London Missionary Society in Papua ihren Einzug, und bald, nachdem in Kaiser-Wilhelm-Land die deutsche Flagge gehißt worden war, kamen die Neuendettelsauer Missionsgesellschaft, die ihre erste Niederlassung bei Finschhafen errichtete, und ein Jahr später die katholische Rheinische Missionsgesellschaft ins Land.[92])

Während im niederländischen Gebiet der Insel neben der Utrechter Missionsgesellschaft auch der Islam Eingang fand,[93]) haben sich auf australischem Gebiet nur christliche Missionen niedergelassen. Anglikaner, Methodisten, Katholiken, Lutheraner und „Seventh Day" Adventisten gründeten die wichtigsten Missionsniederlassungen, doch haben sich, da Artikel 5 des „Trusteeship Agreement" freie Religionsausübung zusichert, noch eine Zahl von Sekten in Neu-Guinea etabliert, und das Missionsfeld hat sich ständig erweitert. (Vergl. Tabelle IX.)

Fast in allen Teilen der Insel, in denen die Missionare als erste die Verbindung mit den Eingeborenen herstellten, haben diese Kulturkontakte die besten Erfolge gezeitigt. Diese Erfolge lassen sich in erster Linie auf die ständige persönliche Beeinflussung der Eingeborenen durch einzelne Missionare zurückführen, die im Gegensatz zu den Beamten, die nach Beendigung ihrer nur einige Jahre währenden Dienstzeit wieder außer Landes gehen, zum Teil ihr ganzes Leben im Missionsgebiet verbringen. Besonders die deutschen Missionare, die nach den Australiern zahlenmäßig an der Spitze stehen, haben vorbildliche Arbeit geleistet, die jedoch während des Krieges, in dessen Folge viele von ihnen interniert oder ausgewiesen wurden, zeitweilig eine unliebsame Unterbrechung fand.

Dort, wo die koloniale Erschließung ganz von den Missionaren durchgeführt wurde, hat sich auch das Bild der Landschaft geändert. Da die Stationen sich weitgehend selbst versorgen mußten, entstanden sauber angelegte Plantagen, die Eingeborenensiedlungen vergrößerten sich, Wirtschaftsgebäude und Schulen

90 Ich begegnete zuweilen solchen verlassenen Dörfern, die auf der Karte eingezeichnet, von den Bewohnern aber verlassen waren. Unser Hauptlager Wassi-Kussa war in einer solchen verlassenen Siedlung aufgeschlagen.
91 Whyte (609), Blood (70) 836, LeGuay (338) 13.
92 Molyneux (391) 34, (161) 108, (278) 11, (310) 4 ff, (386) 59, (610) Bd. II. 421.
93 Blum (647) 64.

wurden errichtet und in den größeren Ortschaften wurden Kirchen erbaut. So können wir mit Göpfert [94]) geradezu von Missionslandschaften sprechen.

Tabelle IX.

Die wichtigsten Missionsgesellschaften in Papua und Neu-Guinea. Stand 1955 *)

Mission:	Gebiet:	Anzahl der Missionare	Anhänger
Kath. Miss. „Herz-Jesu"	**Kokopo,** New-Britannien New-Ireland Manus	210	69 746
Kath. Miss. „Herz-Jesu"	**Samarai,** Central District Papua. Milne Bay.	175	33 000
Kath. Miss. vom „Göttl. Wort"	Sepik	78	38 500
Kath. Miss. vom „hl. Geist"	**Madang,** E. u. W. Highlands	114	101 714
Ev. Luth. Miss. Neuendettelsau	**Lae,** Morobe, Madang, E. u. W. Highlands	126	143 719
Ev. Luth. Miss. (USA)	**Wabag,** Westl. Highlands	54	13 000
Methodisten	**Rabaul,** New-Britannien	23	44 396
Methodisten	**East-Cape,** Milne Bay	51	45 500
Anglikaner	**Samarai,** Pt. Moresby, Lae	68	—
7th Day Advent.	**Port Moresby, Rabaul**	62	17 000
Austr. Luth. Mission	**Morobe,** Rooke Island	9	6 000
Ost u. Westindien Bibel Miss.	**Mt. Hagen**	8	8 500
Franziskaner Mission	**Aitape,** Sepik	37	ca. 20 000
7th Day Advent.	**Goroka**	13	8 000

*) (466) 242, (415) 1956, S. 331, 362

Nationalität der Missionare in Papua und Neu-Guinea 1955

Australier	245	Holländer	32	Irländer	13
Deutsche	174	Neu-Seeländer	30	Italiener	12
Amerikaner	174			Kanadier	5
Engländer	85	Österreicher	13	Übrige	83

Die auf diesen Stationen tätigen Missionare befassen sich demnach nicht nur mit der Verbreitung der christlichen Lehre, sondern vorwiegend auch mit der ärztlichen Betreuung, der Jugendunterrichtung und der Unterweisung in praktischen Fächern, wie landwirtschaftliche Ertüchtigung, handwerkliche Ausbildung etc. So ist die religiöse Unterweisung mit der praktischen Erziehung auf das engste verbunden. Die erfolgreiche Arbeit der Missionen auf dem Gebiete des Schulwesens, die sich nicht nur auf die Jugenderziehung erstreckt, sondern die ganze Dorfgemeinschaft erfaßt, hilft den Eingeborenen in erster Linie, sich an die neuen Verhältnisse anzupassen und sie an eine friedliche Koexistenz, nicht nur mit ihren ehemals feindlichen Nachbarn, sondern auch mit der ihnen noch fremden Gesellschaft der Weißen zu gewöhnen.

Somit nimmt die Mission als Mittlerin abendländischer Kultur eine hervorragende Stellung ein, und ihre Bemühungen, darüber hinaus den Eingeborenen auch die Segnungen der Zivilisation zugänglich zu machen, finden die volle Unterstützung der Verwaltung.

94 Göpfert (208) 2 Stanner (549) 421.

Im Verlaufe dieser langjährigen Erziehungsarbeit ergab sich die interessante Tatsache, daß die weitverbreitete Annahme, die den Eingeborenen als faul und unintelligent hinstellte, keinesfalls zutrifft. Ebenso irrig ist die Meinung, in ihm ein großes Kind zu sehen, da sein Denken und Handeln etwas Fertiges, seinem Leben Form und Inhalt Gebendes darstellt und demnach mit dem eines Kindes nicht zu vergleichen ist. So handeln die Eingeborenen ihrer Erkenntnis gemäß und zeigen, daß sie nach gründlicher Ausbildung vorzügliche Hilfskräfte sein können. Sie arbeiten, nachdem sie die Missionsschulen verlassen haben, vielfach als tüchtige Handwerker, Heilgehilfen und Taxifahrer. Selbst in Büros leisten einige von ihnen gute Dienste und verstehen, sogar mit Schreib- und Rechenmaschinen umzugehen.[95]) Für ihre handwerklichen und sonstigen Arbeitsleistungen erhalten viele Eingeborene heute bereits monatliche Einkommen von über 15 £.

Die Schwierigkeit im Unterricht besteht neben der enormen Sprachzersplitterung insbesondere in dem Umstand, daß der Schulbesuch durch Feld- und Erntearbeiten, Viehhüten und andere wichtige Tätigkeiten oft unterbrochen wird, und daß Jungen und Mädchen, wenn sie ermüden, einfach weglaufen und dem Unterricht fernbleiben. Andererseits regte die Einführung der Bibel und Gesangbücher in verschiedenen Dialekten z. B., in MOTU, den Wunsch zum Lesen an. Lesen leitete zum Schreiben und dieses Können wird ehrgeizig gehandhabt.[96])

Ein anderes Gebiet der Missionstätigkeit ist die Ausübung der Heilkunde, die nunmehr unter Regierungsaufsicht steht. Die Einführung von Missionsärzten war besonders deshalb wichtig, weil dieser Schritt, ähnlich wie das Unterrichtswesen, ein äußerst starkes Motiv bildete, der Kirche beizutreten. Die Presbyterian Mission war nach Ansicht Belshaws Pionier in der Heilkunst.[97]) 1901 befanden sich unter ihren Missionaren bereits vier ausgebildete Ärzte. Auch die katholischen Missionen haben viel Nützliches in der Heilmedizin geleistet. Sie verfügen jedoch nicht über Ärzte, sondern nur über einen gutgeschulten Stab von Schwestern. Die Katholiken waren die ersten, die der sicherlich von den Chinesen eingeschleppten Lepra den Kampf ansagten. Aufopfernd pflegten sie die infizierten Kranken auf besonders dafür eingerichteten Isolierstationen. Heute, da Tuberkulose und Malaria mehr verbreitet sind, helfen die Missionare mit, diese Volksseuchen einzudämmen. Aus diesem Grunde unterhalten alle Missionen Krankenhäuser und tragen so das Gesundheitswesen Hand in Hand mit dem Evangelium vorwärts.

Da die Missionsstationen gewöhnlich ihren Bedarf an Nahrungsmitteln aus eigener Erzeugung decken müssen, werden Ziegen, Rinder und Schweine gehalten und größere Felder mit Kartoffeln, Mais, Gemüse, Kaffee etc bestellt. Beim Anbau helfen Eingeborene, die in eigenen Hütten auf den Stationen wohnen. Die Schulkinder hegen die Gärten, jäten Unkraut und werden zu den Erntearbeiten mit herangezogen. Auf diesem Wege lernen die Eingeborenen, ihre eigenen Felder besser zu pflegen und auch europäische Pflanzen anzubauen. Beachtenswert sind ferner die Versuche, die von den katholischen Missionen schon 1914 mit dem Anbau von Reis gemacht wurden; diese ergaben, daß Reis, bedingt durch die klimatischen Verhältnisse des Landes, alle Vorbedingungen für ein gutes Gedeihen findet.[98])

Der wesentliche Erfolg der Missionen und ihrer Tätigkeit beruht in der Erkenntnis, daß das Dorf und seine Lebensgemeinschaft die Welt des Papua

95 Pater Hockenbeck von der kath. Mission VUNAPOPE (N.-Pom.) berichtete mir in einem Briefe sogar von der Priesterweihe, die zwei Eingeborene Ende 1955 erhielten. Nach seinen Berichten arbeiten in der Missionsdruckerei in Kokopo (Gazelle Halbinsel) Einheimische als Setzer. Auch diese Tatsachen sprechen für die Intelligenz und den Fleiß der Eingeborenen. Auch der Führer meiner Trägerschar, Amed, war alsbald in der Lage, meinen Theodoliten gewissenhaft aufzustellen und die Libellen einzuspielen, so daß ich die gewonnene Zeit zum Kartieren nutzen konnte.

96 Einige meiner Träger standen im Briefwechsel mit ihren Freunden an den Missionsschulen.

97 Belshaw (49) 56, Laufer (327) 313, Krämer (297) 30.

98 Spate (536) 161, Weyhmann (608) 45.

bedeutet und diesem erhalten werden muß. Daher bemühen sich die Missionare, mit ihrem Erziehungsprogramm, die ganze Gemeinschaft anzusprechen und zu formen. Sie gehen in die Dörfer, der Geschäftssinn der Wirtschaft dagegen holt die Männer aus der Dorfgemeinschaft heraus. Es gelang dem Einfluß der Mission, die soziale Stellung der Frau zu heben. Zwar scheint es, daß durch die von der Kirche vorgeschriebene Monogamie die Arbeit der Frau, die diese früher mit den übrigen Gefährtinnen ihres Mannes gemeinsam verrichtete, vermehrt wurde;[99]) doch hat gerade die Bekämpfung des Geheimbundunwesens, die die Missionen schärfstens durchführen, der Frau zu einer gewissen Gleichberechtigung verholfen. Das zeigt sich im häuslichen Zusammenleben von Mann und Frau und damit der Familie, das durch die christliche Lehre herbeigeführt wurde.[100]) Die Mission hat somit ein wichtiges Ziel erreicht; denn diese neue Familie, die auf der Einehe basiert, bildet die Keimzelle zu einer modernen Gesellschaftsordnung.

Im Prozeß der Akkulturation spielt die weiße Frau eine immer größere Rolle. Besonders die Ordensschwestern erfüllen ihre zahlreichen Pflichten umsichtig und hingebungsvoll.[101]) Auch die Frauen der evangelischen Geistlichen und die der Lehrer, die in engem Kontakt mit den weiblichen Dorfbewohnern stehen, haben wichtige Aufgaben zu lösen. Neben der Kranken- und Säuglingspflege, der sie sich aufopfernd widmen, machen sie die einheimischen Frauen und Mädchen mit einer elementaren Hygiene vertraut, lehren sie Kochen, Backen, Bügeln und Nähen und vermitteln ihnen viele praktische Hinweise. Durch ihre eigene Haltung gibt die europäische Frau darüber hinaus manches nachahmenswerte Beispiel. Mit Verständnis und Takt vermag sie die Brücke von Mensch zu Mensch zu schlagen, die die Dorfbewohnerin zu einer neuen Geisteshaltung führt. Daß dieser Wandel sich wiederum der ganzen Familie mitteilt, braucht wohl nicht besonders hervorgehoben werden.

Den Eingeborenen, denen ein „Sonntag" unbekannt war und die, wie geschildert, nur zu besonderen Gelegenheiten feierten, ist nunmehr der sonntägliche Gottesdienst ein festliches Ereignis geworden. Von weither eilen die Mitglieder der Religionsgemeinschaften in die Stationen, um den Gottesdienst zu besuchen. Heirats-Zeremonien, Taufe, Ernte, und besonders das Weihnachtsfest bilden die festlichen Höhepunkte des Missionslebens. An diesen Tagen findet gewöhnlich auch ein reger Handel statt. Dadurch ist die Missionsstation in den Vordergrund des allgemeinen Interesses gerückt.

So werden neue und alte Errungenschaften in kluger Weise adjustiert und modifiziert und bilden den Erfolg der Missionen schlechthin.

Diese umfassende Arbeit zwang die Missionen bald, zuverlässige Schüler zu Gehilfen auszubilden; besonders die Lutheraner verwenden eine beträchtliche Anzahl von „Eingeborenen-Evangelisten", aber auch bei anderen Konfessionen haben sich diese „Katecheten" als wichtig erwiesen. Als Hilfsmissionare leisten vor allem die Polynesier oft wertvolle Dienste.[102]) Natürlich bedürfen diese Hilfskräfte bei allem Nutzen, den sie für die Mission bilden, einer ständigen Beaufsichtigung.

Wie sehr auch die Missionstätigkeit zu loben ist, die zeitweilige Rivalität einzelner Konfessionen ist doch zu tadeln. Besonders die Adventisten gehen in ihrem Glaubensstreit oft seltsame Wege. Belshaw bemerkt: „Die Seventh-Day-Adventists brannten den Methodisten die Kirchen nieder und umgekehrt."[103])

99 Die Einführung der Metallwerkzeuge erleicherte vorwiegend die Arbeit des Mannes. So verursacht z. B. das Roden eines Feldes mit der Stahlaxt weit weniger Anstrengung als mit dem primitiven Steinbeil. Die Arbeit der Frau Pflanzen, Jäten, Ernten ist gleich geblieben.

100 Laufer (326) 224.

101 Französische Schwestern der kath. Mission in Pt. Moresby berichteten mir, daß sie ihrem Orden geloben mußten, ihr ganzes Leben im Missionsgebiet zu verbringen, ohne jemals wieder in die Heimat zurückzukehren.

102 Berndt C. (60) 121, Hüskes (269) 165, (334) 376.

103 Belshaw (49) 79—80.

Auch Gardi, der als Mitglied der Expedition des Schweizer Ethnologen Bühler erst vor wenigen Monaten aus dem Sepikgebiet zurückkehrte, berichtete, daß die verschiedenen Konfessionen sich bekämpfen.[104])

Die Adventisten verbieten weiterhin den Genuß von Schweinefleisch und von schuppenlosen Fischen. Im Namen der Glaubensfreiheit, die die Charta der Vereinten Nationen den Völkern garantiert, nehmen sie sich das Recht, Gesetze zu predigen, die hier zum Unsinn werden müssen; denn proteinreiche Fleischnahrung ist, wie wir gesehen haben, sowieso rar. Sie werden von den Eingeborenen aus diesem Grunde auch „Kai-Kai Grass", also Grasfresser genannt. (Pidgin Englisch Kai-Kai = Mahlzeit.[105])

Die Glaubensfreiheit läßt bei diesen steinzeitlichen Menschen eher Zweifel und Ratlosigkeit entstehen, als daß sie ihnen zum Segen gereichen würden. Gardi berichtet weiter:[106]) „So können Analphabeten, die mit Vergnügen Heuschrecken und Ameisenlarven verzehren, die kaum bekleidet im Busch herumlaufen, nun selbst entscheiden, ob sie protestantisch oder katholisch werden wollen, und Adventisten und Katholiken kommen sich am Sepik im Namen der mißbrauchten Freiheit weiterhin gegenseitig munter in die Quere." Auch Prof. Elkin hat sich über die ca. zwanzig verschiedenen Missionen entrüstet, die in manchen Gebieten „sectarian bitterness in an alarming degree" gezeigt hätten.[107]) Lord Moyne gibt freimütig zu, daß die Eingeborenen zur Zeit der deutschen Verwaltung vor dem Durcheinander und der Rivalität der Konfessionen geschützt waren, da den Missionen durch die Regierung bestimmte Einfluß-Sphären zugewiesen wurden.[108])

Diese Übergriffe, die dem Ansehen der Missionen schweren Schaden zufügen können, werden jedoch vorwiegend von farbigen Katecheten verursacht, die nach längerer Ausbildung nun hinaus auf die einzelnen Stationen gehen, um das Wort Gottes zu predigen, das sie natürlich im eigenen Sinne auslegen. So überträgt sich die ehemalige Feindschaft mit dem Nachbardorf nun gewissermaßen auf die andere Konfession. Zweifellos handelt es sich hier um Übergangserscheinungen, die aber, wie wir beschämt feststellen müssen, hätten vermieden werden können. Ein gutes Beispiel für die reibungslose Zusammenarbeit gaben die Neuendettelsauer Missionsgesellschaft und die „American Lutheran Church", die sich 1939 zusammenschlossen.[109])

3. Zusammenfassung und Ergebnis.

Man sagt der Verwaltung, den Pflanzern und Missionaren oftmals nach, daß sie für den Niedergang der Eingeborenenkultur verantwortlich seien, und daß sie wenig getan hätten, alte Werte durch neue zu ersetzen. Tatsache ist, daß viele alte Werte und Gewohnheiten verschwunden sind. Dennoch kann man die vorangegangene Behauptung nicht aufrechterhalten, da sie, wie wir gesehen haben, nur begrenzt gültig ist. Die neuen Errungenschaften der Zivilisation zeigen im Gegenteil doch ein ganz beträchtliches Übergewicht.

Gewiß darf man nicht im Aberglauben befangene Menschen mit Polizeigesetzen, die das äußere Leben wohl in Schranken halten, ändern, geschweige denn durch Anwendung von Gewaltmitteln. Erst wenn es gelingt, das Geistesleben der Eingeborenen besser zu verstehen, können die ihnen eigenen Naturgesetze entsprechend reformiert werden und alles Unbrauchbare in ruhiger, verständnisvoller und belehrender Weise ihrem Einfluß nach und nach entzogen werden, damit ihr Denken umgewandelt und ihr Leben neu und befriedigend geregelt wird.

104 Gardi (192) Nr. 9, (460) 236.
105 Berndt, C. (60) 121, Krug (314) 34.
106 Gardi (192) Nr. 9.
107 Elkin (146), Belshaw (49) 80.
108 Lord Moyne (395) 101.
109 Göpfert (208) 3, (314) 30.

Die Dorfgemeinschaft soll dahingehend beeinflußt werden, an der Erwerbswirtschaft teilzunehmen. Die Einwohner beginnen, auf ihren Feldern neben Früchten für die Eigenernährung der Familie als Bargeldbringer auch die sogen. „Cash crops" wie Kaffee, Kakao etc. anzubauen, die notwendig sind, um außer den Steuern noch Mittel für Erziehung, Gesundheit, Straßenbau und für die allgemeine Erhöhung des Lebensstandards bereitzustellen.[110]) Dem jungen Menschen wird die Möglichkeit gegeben, durch Arbeit außerhalb der Dorfgemeinschaft auf Plantagen und Schulen ein Handwerk zu erlernen, das ihm nach Rückkehr in das heimatliche Dorf die Möglichkeit bietet, Ansehen und Wohlstand zu erwerben. Die Beschäftigung der Eingeborenen auf Vertragsbasis unterliegt heute einer sorgfältigen Überwachung, die ihnen einen Mindestlohn, ausreichende Ernährung und eine zumutbare Unterkunft sichern. Die Arbeitsdauer wurde auf zwei Jahre begrenzt. Diese zeitweilige Abwesenheit männlicher Arbeitskräfte vom Dorf wurde durch die Einführung der Metallwerkzeuge, die die Feldarbeiten erleichtern, teilweise ausgeglichen.

In keiner Hinsicht jedoch war der Wandel größer als in der Einstellung der Eingeborenen zur Menschlichkeit. Die dauernden Fehden, die Kopfjagd und Menschenopfer und ebenso der Kannibalismus sind verschwunden, und in der modernen Generation ist selbst ein Verlangen nach diesen veralteten Sitten nicht mehr vorhanden. Hier ist es der Einfluß der christlichen Mission, der aus den ehedem primitiven Eingeborenen tüchtige, arbeitsame und friedfertige Menschen formt. Dieser Einfluß k a n n nicht überschätzt werden. Der Erfolg der Mission beruht also nicht nur auf dem engeren Kontakt und dem besseren Einfühlungsvermögen in die Psyche des Naturmenschen, sondern in erster Linie in dem Hinlenken des Papua zu einer neuen religiösen Ordnung, die nicht mehr der Fehde, sondern der friedlichen Entwicklung dient. Damit verbindet sich die Unterweisung in vielen neuen Techniken und die Gesundheitsfürsorge mit einer Hebung des allgemeinen Gesundheitskoeffizienten.

Neu-Guinea bietet dem Soziologen die seltene Möglichkeit, die anfänglichen Etappen einer stufenweisen Entwicklung dieses Kulturkontaktes zu beobachten. In dieser zusammengesetzten Gesellschaft stehen sich Europäer und Eingeborene in einem über- und untergeordneten Abhängigkeitsverhältnis gegenüber. Die Verbindung und Zusammenarbeit dieser beiden Welten schafft jedoch allmählich eine neue dritte Gesellschaftsgruppe. Die ersten Anzeichen dafür lassen sich bereits erkennen. (Vergl. Seite 59 und 64.) Die verschiedenen Eingeborenenkulturen schmelzen, beeinflußt durch die europäische Zivilisation, zu einer neuen, gebietsweiten „Kanaka"-Kultur zusammen.[111])

C. Das Land als Wirtschaftsgebiet des Europäers.

Der wirtschaftliche Nutzen, den der Eingeborene aus seinem Lande ziehen konnte, ist, verglichen mit dem Wert den der Europäer aus ihm schöpft, gering. Während der Eingeborene fast ausschließlich für den Eigenbedarf anbaut, ist die Produktion des Weißen auf den Export von Rohstoffen, Genuß- und Lebensmitteln in ständig wachsendem Umfange abgestimmt. Somit ist die wirtschaftliche Bedeutung Neu-Guineas eine doppelte.

Aber auch für den Europäer ist die Insel nach ihren geographischen Bedingungen und ihrer Wirtschaftsstruktur ein ausgesprochenes Agrarland. Zwar hat die Natur das Gebiet nicht mit froher Geberlaune überschüttet, doch erlaubt das humid-äquatoriale Klima den Anbau nahezu aller Tropenprodukte. Die weiten Hochflächen ermöglichen darüber hinaus tropischen und europäischen Höhenpflanzen noch vortreffliche Wachtstumsbedingungen.

Wie bei allen Kolonialländern ist auch in Neu-Guinea der Intensitätsabfall

110 Stanner (549) 146.
111 KANAKA = bedeutet im polynesischen Sprachgebrauch soviel wie Mann. „Kanaka"-Kultur = Begriff, den Reed (460) 128 für die unter europäischem Einfluß stehenden Hilfskräfte mit Kontraktarbeiter geprägt hat. Vergl. auch: Belshaw (49) 65, (158) 192.

der Wirtschaft von der Küste zum Innenland charakteristisch.[112] Diese Tatsache erklärt sich in erster Linie durch den Stand der Erschließungen, besonders aber auch durch die ungünstigen Verkehrsverhältnisse. Mit dem Küstenhandel von Schiff zu Land begann die wirtschaftliche Betätigung. Kopra, Muscheln und Schildpatt, Trepang und Ethnologica wurden von den Eingeborenen gegen Messer, Glasperlen, billigen Schmuck und Tabak etc. eingehandelt.[113] Dieser Tauschhandel dauerte an, bis die ersten Kokosplantagen, die durch deutsche Handelsfirmen 1883 in Neu-Pommern und wenige Jahre später auch in Kaiser-Wilhelm-Land errichtet wurden, die ersten Erträge lieferten.[114] Heute erzeugt die moderne Plantage den überwiegenden Anteil der landwirtschaftlichen Produktion.

1. Plantagenwirtschaft

a) Kopra

Die Südsee ist das klassische Land der Kokospalme (Cocos nucifera), die auch auf Neu-Guinea das Bild der Agrarlandschaft bestimmt, und Kopra nimmt hier unter den landwirtschaftlichen Erzeugnissen die erste Stelle ein. Auf dem verwitterten Korallenkalkboden findet die Palme vorzügliche Wachstumsbedingungen, die durch die Meeresnähe noch begünstigt werden.[115]

So hat sich innerhalb von wenigen Jahrzehnten, beginnend mit den primitiven Anfängen des Sammelns der Kokosnüsse durch die Eingeborenen, die Kopraindustrie zu einem hochspezialisierten Unternehmen entwickelt. Selbst die Missionen haben ausgedehnte Kokoskulturen angelegt, um sich eine finanzielle Grundlage für ihr Wirken zu schaffen.[116] Da die Kokospalmen jedoch frühestens nach 7 Jahren Früchte zu tragen beginnen und erst nach ca. 13 Jahren gute Erträge bringen, ist die Anlage von Pflanzungen mit erheblichen Unkosten verbunden.

Nach Beseitigung der Kriegsschäden, die viele von den 650 Plantagen verwüsteten, ist die Produktion 1954 wieder auf über 90 000 t Kopra gestiegen, die einen Wert von über 7 Millionen £A darstellen und den Bedarf Australiens, der bei 30 000 t liegt, decken. (20 % der Gesamterzeugung, also ca. 18 000 t wurden von den Pflanzungen der Eingeborenen gewonnen.) Durch einen Vertrag mit dem britischen Ernährungsministerium ist die Abnahme des Überschusses bis Ende 1957 gesichert.[117] 1953 wurde in Rabaul (Neu-Pommern) eine Fabrik zur Produktion von Kopraöl errichtet.[118] Die außerordentlichen Preisschwankungen, die 1932 bis 1935 zu einer Krise des Kopramarktes führten, sind durch die Errichtung des „Copra Marketing Board of Papua and New Guinea" im Jahre 1952 ausgeglichen worden. Dieser Ausschuß regelt auf genossenschaftlicher Basis den Ein- und Verkauf sowie den Preis der gesamten Erzeugung.[119]

b) Kautschuk

Para-Gummi (hevea brasiliensis) wird fast ausschließlich in Papua erzeugt und bildet für dieses Territorium den Hauptanteil der landwirtschaftlichen Produktion. Der Anbau begann um die Jahrhundertwende und wurde auch im ehemals deutschen Gebiet betrieben, doch wurde hier meist ficus elastica gepflanzt, eine Art, die dem Para-Gummi an Qualität unterlegen ist, so daß man nach Übernahme der Verwaltung die Kulturen vernachlässigte.[120]

Die Pflanze ist relativ leicht anzubauen, beansprucht keinen fruchtbaren Boden und nur geringe Pflege. Mit dem Anzapfen und der Gewinnung des

---

112 Otremba (411) 46
113 Hahl (235) 87 ff, (281) 2 ff, (393) 31.
114 Auch die Neu-Guinea Kompagnie hatte ihre besonderen Interessen auf die landwirtschaftliche Entwicklung ausgerichtet.
115 Riedel (470) 628 ff, Preuss (444) 18.
116 Birk (64) 89, Reed (460) 197.
117 Handbook of Papua (646) 55, Lambert (317) 98.
118 Handbook of Papua (646) 55.
119 Der Preis für Kopra belief sich 1955 auf 81/5 £ FOB t.
120 (468) 87. Womersley (635) 35.

Milchsaftes (Latex) wird bei den 5 bis 6 Jahre alten Bäumen begonnen, die nach 12 Jahren volle Produktionsergiebigkeit aufweisen, die ca. 25 Jahre anhält.

In Papua grenzen sich vier Anbaugebiete deutlich voneinander ab,[121]) und zwar:

1. Die Küstengebiete einschließlich der Flußtäler mit dem Hauptvorkommen in Galley Reach bei KANOSIA ca. 60 km von Port Moresby entfernt. (3700 ha.)
2. Im Plateau von SOGERI, ca. 40 km nordöstlich von Port Moresby. (ca. 2800 ha.)
3. Im KOKODA — YODDA Gebiet. (ca. 828 ha.)
4. Im POPONDETTA — AWALA — SANGARA Gebiet. (ca. 1420 ha.)

Im Gegensatz zu Malaia und Indonesien blieb der Anbau in Papua fast ausschließlich in den Händen der Europäer und nur ca. 100 ha werden von Eingeborenen in Kleinbetrieben bebaut. Tabelle X zeigt den Anteil von Plantagen und Kleinbetrieben von 1952.

Tabelle X [122])

Kautschukanbau auf Plantagen und Kleinbetrieben in ha.

Land:	Plantagen	Kleinbetriebe	Total.
Malaia	853 000	557 000	1 410 000
Indonesien	637 000	1 290 000	1 927 000
Ceylon	145 000	113 000	258 000
Papua und Neu-Guiena	10 350	315	10 665

Von den rund 11 000 ha wurden, wie die folgende Tabelle zeigt, nur 7300 ha angezapft.

Tabelle XI

Flächenhafte Ausdehnung und Produktion von Gummi in Papua 1951 bis 1952.

Jahr	Zahl der Plantagen	Pflanzungen in ha.	Anzapfung in ha.	Ernte in lbs.	Jährliche ha. Erträge
1951	49	10 000	7 100	4 180 263	597 lbs.
1952	49	10 665	7 550	5 603 117	770 lbs.
Malaia 1951-1952					
1951	2 252	800 000	650 000	327 956 t	1 140 lbs.
1952	2 252	800 000	650 000	338 323 t	1 195 lbs.

Diese Zahlen lassen einige interessante Vergleiche zu. Zwar liegen die durchschnittlichen Jahreserträge heute bei 1000 lbs pro ha, doch sind sie im Vergleich zu Malaia, wo Spitzenerträge bis zu 4900 lbs pro ha erzeugt werden, relativ gering. Darüber hinaus erweisen sich die Transportkosten hoch, wenn auch die meisten Plantagen unweit Port Moresby liegen, die zur Zeit 70 % der Gesamterzeugung liefern. [123]) C. E. T. Mann, [124]) der die Gummianbaugebiete Papuas untersuchte, ist überzeugt, daß bei intensiver Bebauung Papua in der Lage wäre, gleiche Hektarerträge zu erzielen wie Malaia. Aus seinem Gutachten geht weiterhin hervor, daß weite Gebiete Neu-Guineas ebenfalls einen ertragreichen Anbau lohnen und somit das Land zu einem billigen Gummierzeuger werden könne.

121 Holmes (257) 15, Mann (363) 6, Mair (360) 83.
122 Tabellen nach Mann (257) 1—7.
123 Grogan (219) 72, Holmes (257) 15.
124 C. E. T. Mann (363) 36 (Dir. of the Rubber Research Institute of Malaya).

Die Kautschukexporte, die also vorwiegend aus Papua kommen, haben in den letzten Jahren 3000 t p. a. erreicht. Sie gingen ausschließlich nach Australien und deckten dort ungefähr 12 % des Bedarfs.

Wenn auch Klima und Bodenverhältnisse für eine wesentliche Erweiterung der Produktion geeignet erscheinen, machen indessen die auf dem Weltmarkt gefallenen Preise, die Konkurrenz des synthetischen Kautschuks, sowie die umfangreichen Mittel, die zur Urbarmachung des Urwaldes erforderlich wären, eine schnelle Erweiterung der Kautschukproduktion in Papua unwahrscheinlich. Andererseits besteht kein Zweifel darüber, daß die Kautschukerzeugung für Australien von lebenswichtigem Interesse ist. So hat der strategische Wert des Kautschuks die Regierung des Commonwealth veranlaßt, die Entwicklung und Förderung dieser Industrie in Papua und Neu-Guinea als Teilaufgabe des aufgestellten Entwicklungprogramms nach Kräften zu unterstützen. Das erste Ziel ist eine jährliche Steigerung der Produktion, die 1957/58 schon 7000 t erreichen soll.[125])

Die neuerrichtete staatliche Versuchsstation BISIANUMU im Hauptanbaugebiet von Papua erprobt neue Zapfmethoden, die an einer Auswahl bester Bäume vorgenommen werden. In der modernen Trockenanlage dieser Station wird der Latexsaft zu hellbraunen, durchsichtigen Rohgummiplatten verarbeitet, die in Ballen zu 100 lbs verschnürt den Weg nach Australien gehen.[126])

c) Kakao, Kaffee, Tee und andere durch den Europäer eingeführte Anbaupflanzen.

Um die Basis der Agrarwirtschaft zu erweitern, ist in der Nachkriegszeit der Anbau von Kakao, Kaffee, Tee und anderen Nutzpflanzen verstärkt worden, der auf den Plantagen sowohl der Eingeborenen als auch der weißen Siedler rasche Fortschritte macht.

Kakao. Schon vor dem zweiten Weltkrieg begannen einige Kokosplantagenbesitzer mit dem zusätzlichen Kakaoanbau, unterstützt durch Subventionen der australischen Verwaltung, so daß die Produktion 1942 bereits 334 t im Werte von 12 000 £ betrug.[127])

Nach dem Kriege wurden diese meist zerstörten Plantagen mit neuen Kräften aufgebaut. Der ständig steigende Weltbedarf begünstigte den vermehrten Anbau in Neu-Guinea. Es werden vorzügliche Qualitäten erzeugt, die den afrikanischen Sorten nicht nachstehen. Die Aussichten für den Anbau von Kakao sind besonders deshalb als ausgesprochen günstig anzusehen, weil er sich als Kleinkultur eignet, indem frühe und hohe Erträge erzielt werden können.[128]) 11 000 ha sind bereits angepflanzt, vorzugsweise auf Kautschuk- und Kokosplantagen. Auch für den Kaffee eignet sich diese Anbauweise vorzüglich, da auch diese Kulturen nur im Schutze von Schattenbäumen gedeihen können.

Kaffee und Tee. Auch Kaffee wurde bereits vor dem Kriege angebaut. Er besitzt nach Mackay eine ausgezeichnete Qualität.[129]) Der Anbau von Tee ist bisher nur versuchsweise im Waria-Tal betrieben worden und hat ebenfalls zufriedenstellende Resultate gezeitigt. Eine Untersuchung durch die „Regional Planning Division" ergab, daß in erster Linie Kakao und Tee durch den stetigen Bedarf in Australien gute Absatzmöglichkeiten finden würden, während Kaffee, besonders der im Flachland angepflanzte Kaffee robusta, als Exportwert nach Australien unsicher ist. Kaffee arabica, der in den Hochlandgebieten angebaut wird, würde einen sicheren Markt bis ca. 3000 t haben, und die Eingeborenen

125 Holmes (257) 15, Mair (360) 84.
126 Holmes (257) 16.
127 Handbook of Papua and New Guinea (646) 57.
128 Urquhart (584) 394, (585), Preuss (443) 550, Kolbe (291) 24, Lambert (317) 98. Die Kakaoerzeugung aus Eingeborenenpflanzungen betrug 1955 280 t, also 25 % der Gesamtproduktion.
129 Mackay (356) 158

werden ermuntert, diesen anzubauen, um wenigstens den Eigenbedarf Neu-Guineas zu decken.[130])

Die folgende Tabelle zeigt die tatsächlichen und erforderlichen Anbaumengen und -flächen der Kakao-, Tee- und Kaffeekulturen, die für eine ausreichende Versorgung des australischen Marktes notwendig wären.[131])

Tabelle XII

Produkt:	Tatsächliche Anbaufläche	Menge in t	Erforderliche Anbaufläche	Menge in t
Kakao	11 200 ha	1 106	18 000 ha	15 000
Tee	100 ha	300 kg	32 000 ha	25 000
Kaffee	730 ha	107	6 000 ha	4 000
Total-Fläche	12 030 ha	—	56 000 ha	—

Zuckerrohr ist in Neu-Guinea heimisch. Die Pflanze braucht während der ganzen Wachstumszeit gleichmäßige und hohe Wärme sowie große Regenmengen, findet also vorwiegend in den Tieflandzonen günstige Anbaubedingungen. Kreuzungen mit Wildzucker (Saccarum robustum) haben sehr gute, widerstandsfähige Qualitäten ergeben.[132]) Die weltweite Überproduktion von Zucker hat jedoch einen Plantagenanbau und die Errichtung einer eigenständigen Zuckerindustrie bisher verhindert.

Brotgetreide wurde bisher in Neu-Guinea nicht angebaut. Dagegen versucht die Verwaltung in zunehmendem Maße, der einheimischen Bevölkerung ausreichende Mengen von Reis, der als Grundnahrungsmittel eine immer größere Bedeutung einnimmt, durch Erschließung neuer Anbaugebiete zur Verfügung zu stellen.

Zur Zeit führt Neu-Guinea jährlich noch etwa 15 000 t Reis zu hohen Kosten aus New South Wales ein. Es besteht jedoch kaum ein Zweifel, daß das Territorium sich selbt versorgen könnte, da der Reis als Naßkulturprodukt sich in den weiten, versumpften Tiefebenen vorzüglich zum Anbau eignet. Daneben bewiesen die Japaner, die während ihrer Besatzungszeit Berg- oder Trockenreis in den Hochtälern des Zentralgebirges anpflanzten, daß auch diese Kulturen schnell gedeihen und gute Ernten ergeben. Der Anbau von Trockenreis wird auf den Versuchsstationen des Landwirtschafts-Department weiterhin, vorerst jedoch nur experimentell, durchgeführt.

Obwohl sich der Reisanbau im Mekeo-Distrikt durch die Einführung von Traktoren vervierfacht hat, sind insgesamt nur etwa 600 ha bepflanzt. Die Verzögerung des Projektes ist wohl auf den Einspruch australischer Reisanbauer zurückzuführen, die Schwierigkeiten für den eigenen Absatz befürchten.[133])

In der Zukunft kann die Reiskultur ein Stabilitätsfaktor für die Wirtschaft Neu-Guineas werden, da Reis sowohl für den Inlandverbrauch als auch für den Export in Frage kommt und darüber hinaus leicht zu transportieren ist.

Über den Erdnußanbau ist noch wenig zu berichten. Ursprünglich wurde er betrieben, um den Eingeborenen ein neues zusätzliches Nahrungsmittel zu geben. Heute hat die Erdnuß in der Landwirtschaft der Eingeborenen bereits weitgehende Verbreitung gefunden. Die Erzeugung von Erdnüssen auf kommerzieller Basis begann in bescheidenem Rahmen schon vor dem letzten Kriege. 1938 konnten erstmalig 7 t nach Australien exportiert werden. Seit neuester Zeit

130 The Resources of Papua (468) 89.
131 The Resources of Papua (468) 89.
132 Brandes (75) 276.
133 Aus diesem Grunde bezieht Neu-Guinea, obwohl die Tonne Reis bis zu 30 £ teurer ist als in Asien, seinen gesamten Bedarf von Australien. Die Einfuhr von 15 000 t Reis aus Ostasien würde jährlich rund 400 000 £ einsparen.

befindet sich eine Erdnuß-Plantage bei RIGO am Kemp-Welch River, die fast ausschließlich für den Export produziert. So konnten 1955 235 t Erdnüsse ausgeführt werden.

Kartoffeln und Mais beginnen als eingeführte Nahrungsmittel bei den Eingeborenen eine immer größere Rolle zu spielen, da ihr Anbau auch in den höheren Regionen, wo die tropischen Früchte an ihre Kältegrenze heranrücken, noch möglich ist.

Neu-Guinea kann ferner auch Jute, Manila-Hanf, Sisal und in begrenztem Maße auch Baumwolle produzieren. Die jüngsten Untersuchungen haben ergeben, daß auch Kenaf gut gedeiht (Vergl. Seite 77.)

Auch aus der Ernte der Passionsfrucht hat sich ein neuer Erwerbszweig für die Eingeborenen ergeben. In der neuerrichteten Konservenfabrik von GOROKA werden die Früchte gepreßt und zu Mark und Saft für den Export verarbeitet. 1955 betrug die Erzeugung 97 t und erbrachte einen Erlös von 15 705 £. Zur Förderung des Anbaus wurden von der Regierung einige hunderttausend Setzlinge kostenlos an die Eingeborenen verteilt.

Es ist bisher noch kein Versuch gemacht worden, die übrigen Tropenfrüchte wie Ananas, Bananen, Paw-Paw und Mango auf den auswärtigen Markt zu bringen, doch dürfte hier ein fruchtbares Feld für die Wirtschaft der Eingeborenen liegen. Die Güte der Früchte ist nicht zu bezweifeln. Besonders Ananas und Bananen gedeihen auf den Feldern der Eingeborenen prächtig, doch werden sie, um den Pflanzern in Queensland nicht zu schaden, nicht exportiert.[134])

d) Förderung der Landwirtschaft durch die Verwaltung.

Neben der Erschließung durch Privatinitiative ist auch die Verwaltung an einer Ausweitung der Landwirtschaft stark interessiert.

Schon die deutsche Verwaltung unterhielt Versuchsfarmen, auf denen Kaffee, Mais, Baumwolle, Kapok, Sisal und Tabak angepflanzt wurden. Der Baumwollanbau wurde zwar bald wieder aufgegeben, doch versprachen die übrigen Kulturen viel Erfolg. Im Jahre 1906 wurde der Botanische Garten in Rabaul angelegt, der neben einheimischen Gewächsen auch fremde Nutz- und Zierpflanzen heranzüchtete und Eingeborene sowie Europäer mit dem gewonnenen Saatgut belieferte. Weiterhin stand den Pflanzern ein landwirtschaftlicher Sachverständiger mit seinen Beobachtungen und Erfahrungen zur Verfügung. Auch während des Weltkrieges wurde der Anbau nicht eingestellt. 1914 betrug die durch deutsche Pflanzer kultivierte Anbaufläche rund 35 000 ha, die sich wie folgt verteilten: [135])

Tabelle XIII

Anbaufläche in Kaiser-Wilhelm-Land 1914

Kokospalmen	31 000 ha
Kautschuk	2 254 ha
Kakao	384 ha
Kaffee	73 ha
Sisalhanf	65 ha
Übrige Nutzpflanzen	1 200 ha

So erfuhren die Gebiete in den wenigen Jahren der deutschen Verwaltung eine gedeihliche Entwicklung und ihr wirtschaftlicher Wert steigerte sich erheblich. Die Enteignung der deutschen Pflanzer durch die australischen Mandatsverwaltung bewirkte indessen eine starke Vernachlässigung der Plantagen und die empfindlichen Kaffee-, Sisal- und Kautschukkulturen gingen zugrunde.[136])

134 Krug (314) Manuskript.
135 Behrmann (46) 550, Braun (76) 75, Deutsche Kolonialzeitung 1901, S. 243.
136 Mair (360) 97—99, Schnee (515) 89 ff, ferner Spicer (542) 39.

Der 2. Weltkrieg wirkte sich in seinen Folgen ebenfalls destruktiv auf die Landwirtschaft aus, da ein großer Teil der Plantagen zerstört und die Arbeit des Landwirtschafts-Department unterbrochen wurden. Seit 1946 ist die australische Verwaltung besonders um die Entfaltung der Landwirtschaft bemüht. In wenigen Jahren wurden die zerstörten Plantagen und Betriebe wieder aufgebaut, und neue Unternehmungen wurden nach Kräften gefördert.

Das Department of Agriculture, Stock and Fisheries richtete neben der Förderung der Anbaumethoden der Eingeborenen, mit denen wir uns bereits beschäftigten, seine besondere Aufmerksamkeit auf die Produktionssteigerung landwirtschaftlicher Erzeugnisse. Dem Department unterstehen weiterhin 16 Versuchsstationen, die sich mit dem Anbau wichtiger Nährpflanzen befassen. Weiterhin fallen diesen Stationen die Aufgaben zu, Saatgut für den Anbau zu ziehen, Bodenuntersuchungen vorzunehmen und Pflanzenschädlinge zu bekämpfen. Darüber hinaus stehen die Leiter dieser Stationen den Plantagenbesitzern und Eingeborenen beim Anbau neuer Kulturen mit ihren Erfahrungen beratend zur Seite.

So konnten in gemeinsamer Arbeit von Wirtschaft und Verwaltung auf dem Agrarsektor zufriedenstellende Erfolge erzielt werden, und die Statistiken verzeichnen einen Produktionsanstieg der wichtigsten Anbaupflanzen.[137])

Tabelle XIV

Produktionsanstieg der wichtigsten Anbaupflanzen

	1954—55	1953—54	1952—53	1938—39
Kopra:	92 220 t	98 000 t	72 061 t	73 700 t
Gummi:	3 670 t	3 120 t	2 905 t	1 243 t
Kakao:	1 106 t	730 t	639 t	334 t*
Kaffee:	107 t	84 t	47 t	55 t
Reis:	567 t	450 t	300 t	—
Erdnüsse:	235 t	110 t	6 t	7 t

* Kakaoproduktion 1939—40

Trotz des erfreulichen Anstiegs der landwirtschaftlichen Produktion ist die durch den weißen Siedler genutzte Anbaufläche im Vergleich zu der vorhandenen Landfläche von 475 000 qkm nur verschwindend gering. Sie betrug 1951 ca. 108 000 ha und vergrößerte sich bis 1955 wie folgt:[138])

Tabelle XV

Anbaufläche 1955 in ha

Gesamt-Anbaufläche	127 000 ha
Übrige Anbaufläche:	2 600 ha
Tee:	95 ha
Erdnüsse:	330 ha
Reis:	545 ha
Kaffee:	730 ha
Kakao:	11 200 ha
Kautschuk:	11 500 ha
Kokospalmen:	100 000 ha

Das bebaute Ackerland nimmt also lediglich 0,25 % der Gesamtfläche ein. Wenn auch die Annahme St. W. Reeds,[139]) der 60 % der Gesamtfläche als „kultivierbar" bezeichnet, als zu optimistisch bezeichnet werden kann, so stehen dennoch große Landgebiete für die Erweiterung der Anbaufläche zur Verfügung. Nach vorsichtigen Schätzungen eignen sich von den 475 000 qkm des Territo-

137 (468) 85, (465) 124 ff, (466) 162 ff, (638) 1955, S. 244 ff.
138 (465) 124 ff, (466) 162 ff.
139 Reed (460) 193.

riums mindestens 15 % für eine Urbarmachung. Dies entspräche einer Fläche von rund 72 000 qkm.[140])

Die Frage der Landerwerbung durch den weißen Siedler rührt an ein schwieriges Problem, das die Regierung bisher nur unvollständig lösen konnte. Einerseits müssen die Interessen der Eingeborenen, denen das Land gehört, geschützt werden.[141]) Auf der anderen Seite bildet die Möglichkeit, Grundbesitz zu erwerben, den einzig wirksamen Weg, weiße Siedler ins Land zu holen und den Privatunternehmer zu Investitionen zu ermuntern. Obwohl die Regierung über rund 10 000 qkm Land verfügt, das als Verwaltungsbesitz deklariert wurde, befindet sie sich in einer gewissen Zwangslage. Sie stellt dem Europäer, der laut Gesetz Grund und Boden nicht mehr als Eigentum erwerben kann, Pachtland zu günstigen Bedingungen zur Verfügung. Auf Grund dieses Pachtsystems, das zeitlich begrenzt ist und eine Pachtdauer von höchstens 99 Jahren zuläßt, soll vermieden werden, daß weiterer Grund und Boden der Eingeborenen zweckentfremdet wird. Nur die Regierung darf weiterhin Land von den Eingeborenen ankaufen. Die „Native-Land-Commission" befaßt sich mit der Registrierung des Grundbesitzes der einheimischen Bevölkerung und nimmt herrenloses Land, das von den Eingeborenen nicht beansprucht wird, für die Verwaltung in Besitz.

Die Gesamtfläche des Landes können wir nach folgenden Kategorien untergliedern:

a. Eingeborenenland b. Herrenloses Land	462 800 qkm
c. Verwaltungsland	10 000 qkm
d. Privater Grundbesitz	2 200 qkm

Demnach sind lediglich 2,5 % der Gesamtfläche den Eingeborenen entfremdet und befinden sich im Besitz der Weißen. Die Verwaltung verfügt, abgesehen von der bereits verpachteten Fläche von 216 000 ha und dem privaten Grundbesitz, vorläufig also noch über eine Landfläche von 784 000 ha, die für Siedlungszwecke bereitgestellt werden kann.[142])

e) Viehwirtschaft.

Da die Bevölkerung unter einem Mangel an Fleischnahrung leidet, ist die Viehzucht eine wichtige Zukunftsfrage für Neu-Guinea. Schon vor dem Kriege wurden auf einigen Plantagen für die Eigenversorgung Rinder und Schafe nebst Pferden und Ziegen gehalten. Der Viehbestand erreichte 1940 bereits 26 000 Rinder, 1000 Pferde, 1500 Ziegen und einige hundert Schafe sowie ca. 350 000 Schweine, die aber bis auf ca. 45 000, die aus europäischer Zucht stammten, im Besitz der Eingeborenen waren. Auch hier hat der Krieg die zwar geringen aber an sich beachtlichen Bestände erheblich dezimiert, so daß 1946 ein neuer Anfang in der Aufzucht gemacht werden mußte.

Da auf den Hochflächen die Viehhaltungsbedingungen fast den europäischen entsprechen, werden durch die staatlichen Versuchsstationen besonders in diesen Höhenlagen Zuchtversuche durch Kreuzungen von Zebus mit englischen, australischen und aus den USA importierten Rassen unternommen. Die aus diesen Kreuzungen herangezüchteten Tiere haben sich als widerstandsfähiger und hitzebeständiger erwiesen als reinrassige Arten.[143]) Mit Hilfe des COLOMBO-Plans, der auch für Neu-Guinea umfangreiche Mittel bereitstellte, wurden weitere Zebuarten aus Pakistan eingeführt. (Vergl. Seite 61.) Diese eignen sich im Gegensatz zu britischen Rindern, die nur im Hochland gut gedeihen, auch für die Haltung in den Küstengebieten. Ähnliche Kreuzungsversuche wurden mit aus Australien eingeführten Schafen und asiatischen Arten durchgeführt.

140 Handbook of Papua and New Guinea (646) 257.
141 Die „Native Land Ordinance" regelt die Fragen des Eingeborenen-Grundbesitzes, insbesondere das Verbot des Landerwerbs durch Europäer. Vergl. (466) 45. Vergl. ferner: Hogbin (255) 113 ff.
142 (466) 45 ff.
143 Zebus wurden bereits durch die deutsche Verwaltung zu Zuchtzwecken nach Kaiser-Wilhelm-Land eingeführt, da diese weniger anfällig, besonders gegen Zecken waren.

Sie ergaben größere Widerstandsfähigkeit und eine Verbesserung der Woll- und Fleischproduktion. Auch in der Schweinezucht wurden gute Ergebnisse erzielt. Hier ergaben Kreuzungen einheimischer Tiere mit Berkshire-Rassen Verbesserungen von Fleisch und Größe.[144])

Die Einfuhr von lebenden Tieren aller Art unterliegt seit frühester Zeit behördlicher Genehmigung.[145]) Aus diesem Grunde und auch um die hohen Transportkosten zu vermeiden, wird Vieh generell durch die Verwaltung eingekauft und in ganzen Schiffsladungen aus dem Mutterland importiert. In den Quarantäne-Stationen[146]) werden die Tiere untersucht und nach einigen Wochen der Beobachtung zum Verkauf freigegeben. Das „Department of Agriculture, Stock and Fisheries", sieht neben den schon geschilderten Aufgaben eine wichtige Notwendigkeit nicht nur in der Aufzucht und vorbeugenden Schutzimpfung, sondern auch in der Pflege und Isolierung erkrankter Tiere, deren Gesundheitszustand von einigen staatlich angestellten Tierärzten und einem Parasitologen dauernd überwacht wird.

Die folgende Tabelle zeigt den Viehbestand des Territoriums 1954 bis 1955.[147])

Tabelle XVI

Viehbestand Papua-Neu-Guinea

	Neu-Guinea	Papua	Gesamt-Bestand
Rinder:	6059	3293	9352
Schafe:	1229	237	1466
Pferde:	571	466	1037
Esel:	88	22	110
Maulesel:	9	30	39
Schweine:	4684	626	5310*)
Ziegen:	2131	2014	4145

*) Ohne Bestände der Eingeborenen

Weiterhin werden ca. 10 000 Hühner auf den Plantagen gehalten. Diese Zahlen entsprechen ungefähr denen des Jahres 1940. Sie lassen erkennen, daß die Viehbestände der Vorkriegszeit mit Ausnahme von Rindern und Schweinen wieder erreicht worden sind. Neu-Guinea ist jedoch weiterhin gezwungen, Schlachtvieh aus Australien einzuführen. Diese Einfuhr bezifferte sich 1954 bis 1955 wie folgt.[148])

Tabelle XVII

Rindfleisch:	151 000 £
Kalbfleisch:	15 000 £
Schaffleisch:	48 000 £
Schweinefleisch:	29 000 £
Hammelfleisch:	25 000 £
Gesamt-Import:	268 000 £

Die Viehzucht Neu-Guineas befindet sich, obwohl sie durch die Regierung weitgehend gefördert wird, noch in ihren Anfangsstadien. Das Land bietet jedoch, da Grasland genügend vorhanden ist, ausreichende Weideplätze für eine weit größere Anzahl von Rindern und Schafen. Futterpflanzen wie Süßkartoffeln, Sorghum, Mais und Luzerne gedeihen gut. Hiervon eignen sich Süßkartoffeln und Mais ausgezeichnet für die Schweinemast.

Sowohl für den Europäer als auch für den Eingeborenen würde die Erweiterung der Viehbestände zweifellos einen bedeutsamen wirtschaftlichen Fortschritt darstellen. (Vergl. Seite 61.)

144 Niles (410) 4.
145 Deutsche Kolonialzeitung 1912, S. 569.
146 Die größte Quarantäne-Station befindet sich in KILA bei Port Moresby.
147 Zahlen entnommen: Report of Papua and New Guinea (465) (466).
148 Overseas-Trade-Bulletin Nr. 52 1954—55.

2. Fischfang und Meeresprodukte.

Der Reichtum des Meeres ist noch zum größten Teil ungenutzt. Zwar besitzen die Erzeugnisse der Seefischerei gegenüber den Werten und Mengen der Landwirtschaft kaum eine größere Bedeutung, doch wurden schon 1912 320 t Perlmutterschalen im Werte von rund 125 000 Mark aus Kaiser-Wilhelm-Land ausgeführt, und die Ausfuhr von Trepang und Seetieren nach China erbrachte im gleichen Jahre weitere 200 000 Mark.

Die wichtigsten Meeresprodukte sind Trepang, Schildkröten, Thunfisch und Markrelen, ferner Schildpatt, Perlmutter, Korallen, Perlen und Schwämme. Einige dieser Produkte könnten in Australien und in den USA einen Markt finden, und die Erfolge der japanischen Fischerei in den nahegelegenen Gewässern veranschaulichen günstige Möglichkeiten für den Ausbau dieser Industrie. Auch dem chinesischen und japanischen Markt bieten sich erwünschte Produkte. (Japan bezog allein 1954/55 für über 85 000 £ Trochus und andere Muschelarten.)

Gewisse Entwicklungsmöglichkeiten ergeben sich auch für die Binnenfischerei, die in erster Linie eine wirtschaftliche Bedeutung für die Eingeborenen besitzt. Schuster[149]) hat in seinem leider unveröffentlicht gebliebenen Bericht auf den Fischreichtum der Flüsse, besonders des Sepik und Fly hingewiesen. Hier ist, wie schon berichtet, Fischen die wichtigste Eingeborenenindustrie. (Vergl. Seite 47.) Krabben und Fische werden geräuchert und gehandelt. Schusters Untersuchungen bestätigen die Möglichkeit, weitere bisher unbekannte Fischarten, vor allem Cyprinus carpio auszusetzen, um besonders in den höheren Regionen, in denen die Fischerei nicht entwickelt ist, der Bevölkerung einen Anreiz für den Fang zu geben.

3. Holzwirtschaft und verwandte Industriezweige.

Mit der Landung der ersten Europäer und deren Ansiedlung setzt auch der Bedarf an Nutzhölzern ein, der sich anfangs freilich in bescheidenem Umfang hielt. Zwar haben sich die Eingeborenen der Nutzhölzer, die im Bereich ihrer Wohngebiete lagen, von jeher bedient, doch war der Bedarf für Haus- und Kanubau gering. Die Anlage ihrer Felder und Gärten jedoch, die nach erfolgter Brandrodung entstanden, haben die Waldbestände erheblich gelichtet.[150]) Auf die Entstehung von Sekundärwald und ausgedehnter Grasflächen durch diese „shifting cultivation" ist an anderer Stelle bereits hingewiesen worden.

Bisher hat man den Hölzern des Regenwaldes nur wenig Wert beigemessen, doch der weltweite Papierhunger nach den letzten Kriegen macht nunmehr auch die Nutzung dieser unzugänglichen Wälder notwendig, so daß heute bereits beachtliche Mengen von Holz aus Neu-Guinea exportiert werden.

In einem unerschlossenen Gebiet wie Neu-Guinea stellen sich der Einführung einer geregelten Forstwirtschaft gewaltige Schwierigkeiten entgegen. Doch gerade die Forstwirtschaft ist geeignet, nicht nur einen materiellen Nutzen aus diesem Lande zu ziehen, sondern auch die Bevölkerung an eine geregelte Arbeit zu gewöhnen, die ihnen gewisse Einnahmen sichert. Ziel der forstlichen Erschließung muß es sein, die bereits bekannten Nutzholzgebiete planmäßig zu bewirtschaften, neue Nutzungsmöglichkeiten durch planmäßige Aufforstung zu schaffen und endlich unbekannte Urwaldgebiete auf brauchbare Holzarten zu untersuchen.[151])

Das heißt, neben der Nutzung des Naturwaldes muß dieser durch eine intensive Forstwirtschaft allmählich zum Wirtschaftswald umgeformt werden.[152])

---

149 Schuster, W. H. Report on a survey of the inland fisheries of the Terr. of New Guinea and Papua. Unveröffentlichter Bericht des Dept. of Agriculture 1950. Ferner: The resources of the Terretorium of Papua (468) 94 ff.
150 Wolff (632) 479, (468) 57, (537) 29.
151 Kern (274) 19.
152 Baseler (20) 25, Trendelenburg (580) 19.

Dieses Ziel hat das „Department of Forests" in allerjüngster Zeit in Angriff genommen, indem bei BULOLO große Wälder einfach abgebrannt und systematisch mit Fichten und Zedern aufgeforstet wurden.[153]) Diese Versuche scheinen doch etwas bedenklich, wenn man berücksichtigt, daß allein durch die Holzentnahme im Urwald der natürliche Kreislauf gestört werden kann und bei einer Aufforstung von nur wenigen Arten Monokulturschäden auftreten könnten.[154])

Aufforstungen kleinerer Art wurden auch durch die landwirtschaftlichen Versuchsstationen ausgeführt. Diese Anpflanzungen wurden von Eingeborenen unter Anleitung des „Department of Agriculture, Stock and Fisheries" unternommen und zeitigten besonders bei GOROKA, ferner bei KERAVAT[155]) auf New Britain gute Erfolge. Auch die Forststation LAE hat neben ihren Lieferungen an die Botanischen Gärten, umfangreiche Anpflanzungen im dortigen Küstengebiet von Klinkii-Kiefern und anderen Arten vorgenommen, die ausgezeichnet gediehen und nach BULOLO, WAU und anderen Gebieten geliefert wurden.[156])

Diese recht kostspieligen Bemühungen lassen erkennen, daß der Reichtum an wirklich guten Holzarten, wenigstens in den bekannten Regionen des Naturwaldes, gering ist.[157]) Bedauerlich ist besonders der Mangel an wetterbeständigen Harthölzern, die gerade für den örtlichen Bedarf (Hausbau und Brückenbau) eine nicht unwesentliche Rolle spielen. Erschwerend für den Einschlag ist vor allem auch die große Artenzahl, doch gibt es vereinzelt auch fast reine Bestände an Kiefern und Eukalyptus.

Das gesuchteste Bauholz der ganzen Insel liefert der Stamm der Intsia ambonensis (Eisenholz = Kwila), das sich auch für den Brückenbau vorzüglich eignet, da es sehr widerstandsfähig ist und sich auch im Seewaser verwenden läßt. Die bereits erwähnte Araucaria cunninghamii (Konifere) eignet sich vorwiegend für die Sperrholzindustrie. Pometia pinnata (Taun) ist der am meisten verbreitete Baum der Küstenwälder. Sein Holz eignet sich für alle Schreinerarbeiten. Einige Zedernarten werden von den Eingeborenen zum Kanubau verwendet und liefern ein ausgezeichnetes Material für die Möbelfabrikation. Die alten deutschen Pflanzungen bei K e r a v a t lieferten Samen für die 1949 einsetzende Aufzucht von Teak-Holz und Kamarere, einer Eukalyptusart, um nur die wichtigsten Nutzhölzer zu nennen.[158])

Die Holzindustrie selbst befindet sich noch im Stadium der Entwicklung, wenn sie auch einen rapiden Aufschwung verspricht. Im ehemals deutschen Gebiet waren zwar schon 1909 5 Sägewerke mit Dampfbetrieb vorhanden,[159]) doch war von einem Holzexport in den Statistiken bis 1934 keine Rede. In diesem Jahre wurden erstmals einige Festmeter Holz im Werte von 180 £ exportiert. 1954 waren bereits 41 Sägewerke in Betrieb, davon 18 im ehemaligen Kaiser-Wilhelm-Land, 15 in Papua und 8 in Neu-Britannien, die zusammen eine Jahresproduktion von 140 000 Festmetern ergaben.[160])

Als Zentrum der Holzwirtschaft kann für das gesamte Gebiet BULOLO angesehen werden. Jährlich werden hier über 50 000 cbm Holz eingeschlagen. Hier erfolgte 1953 die Errichtung einer Sperrholzfabrik, die von der „Gold Dredging Comp." ins Leben gerufen wurde, um die in den Goldfeldern durch den Rückgang der Produktion freiwerdenden Arbeitskräfte weiter zu beschäftigen.[161]) Der australische Staat, der mit 51 % die Aktienmajorität dieser Gesellschaft besitzt, arbeitet hier mit dem Privatunternehmer eng zusammen, um in moderner Wirtschaftsplanung ein unterentwickeltes Gebiet zu erschließen. Nach dem

153 Krug (314) Manuskript 48, (466) 56 ff.
154 Trendelenburg (580) 20.
155 Handbook of Papua (646) 260.
156 (466) 57.
157 (274) 20, (468) 103, Kolonialblatt 1907—8 p. 13, (304) 37.
158 Kern (274) 12, (468) 103, (638) 367, (366) 3 ff.
159 Kolonialblatt 1907—8 p 16.
160 (466) 175.
161 (314) Kap. Neu-Guinea S. 48, (466) 56.

zu erwartenden Rückgang der Goldausfuhr sollen jetzt die Nutzhölzer und die damit verbundene Holzindustrie diesen Exportrückgang ausgleichen.

Diese Sperrholzfabrik, die vollautomatisch und mit den neuesten Maschinen aus USA und der Bundesrepublik ausgerüstet ist, kostete ca. 1,61 Mill. £. Ein weiteres Projekt sieht die Errichtung einer Zellwoll- und Zellulosefabrik im gleichen Raum vor, in denen in wenigen Jahren ebenfalls über 1000 Arbeiter beschäftigt werden sollen.[162])

Der Holzexport geht hinüber ins australische Mutterland, doch wird Sperrholz, das von erster Qualität ist, vorwiegend nach den USA ausgeführt. Der Exporterlös, den die Ausfuhr von Holz, einschließlich Sperrholz, erbrachte, betrug 1952 76 009 £ und erhöhte sich 1955 auf 902 047 £.

Tabelle XVIII [163])

Die Holzerzeugung von Papua und Neu-Guinea

	Jahr:	Weichholz	Hartholz	Gesamt-Erzeugung
Papua				
	1950—51	— cbm	4 240 cbm	4 240 cbm
	1951—52	30 cbm	6 416 cbm	6 444 cbm
	1952—53	111 cbm	5 498 cbm	5 609 cbm
	1953—54	146 cbm	8 360 cbm	8 506 cbm
	1954—55	244 cbm	10 920 cbm	11 164 cbm
Neu-Guinea				
	1950—51	— cbm	34 735 cbm	34 735 cbm
	1951—52	32 631 cbm	41 148 cbm	73 839 cbm
	1952—53	43 350 cbm	40 455 cbm	83 805 cbm
	1953—54	66 460 cbm	56 630 cbm	123 090 cbm
	1954—55	114 760 cbm	79 496 cbm	194 256 cbm

Auch der Bedarf der Eingeborenen an Holz ist gestiegen, doch ist er im Vergleich zu dem der ansässigen Europäer gering. Ein großzügiges Bauprogramm im Territorium hat diesen Bedarf an Bauholz vervielfacht.[164])

Die übrigen Produkte des tropischen Regenwaldes sind bisher noch wenig genutzt. Nach vorausgegangenen Untersuchungen der Mangrovenrinde auf ihren Gerbstoffgehalt durch die „C.S.I.R.O." [165]) und die „Australian Leather" Research Association" hat nunmehr eine britische Firma bei Aird Hills am Golf von Papua mit der Produktion dieses Gerbstoffes begonnen.[166])

Kleinere Mengen von Steinkernen werden für die Knopfindustrie aus Neu-Guinea ausgeführt. Viele Pflanzen des Territoriums liefern gute Fasern, von denen Kenaf ähnlich der Jute die vielversprechendste ist. Versuche mit Kenaf haben gezeigt, daß die Faser dauerhafter als Jute ist und im Gegensatz zu dieser gefärbt und maschinell verarbeitet werden kann.[167])

Die Nüsse des „Galeptree" (Canarium sp) sind von delikatem Geschmack, und es ist sehr wahrscheinlich, daß sie auf weiten Märkten bekannt werden und einen guten Absatz finden.

Die Herstellung und Gewinnung von Harzen und pflanzlichen Ölen ist jüngeren Datums, doch wird diese Produktion stets einen guten Absatz in Australien finden.

162 Krug (314) Kapitel Neu-Guinea, S. 48.
163 Zahlen entnommen: Report of Papua and New Guinea 1954—55, (465) 127, (466) 166, (646) 39.
164 Report of New Guinea (466) 58.
165 C. S. I. R. O. = Commonwealth Scientific and Industrial Research Organization.
166 (466) 58, (468) 105 (646) 63.
167 Handbook of Papua (646) 61, (443) 505.

4. Bergbau und Bodenschätze.

a) Gold.

Von den verschiedenen Mineralien, die in Neu-Guinea vorkommen, hat bisher nur das Gold größere wirtschaftliche Bedeutung erzielt. Das erste Gold wurde 1877 in der Nähe von Port Moresby gefunden. Bereits ein Jahr später entdeckte man es auch auf den Louisiaden (Misima) und 1897 auf der Woodlark-Insel. Auch im ehemals deutschen Gebiet war das Vorkommen reicher Goldlager im Hinterland von Salamaua und Morobe bekannt, und nur der Weltkrieg verhinderte den Abbau, der 1914 am Unterlauf des Waria im größeren Stil beginnen sollte. [168])

Diese Goldfelder im Morobe-Distrikt sind die bedeutendsten der Insel. Sie befinden sich im Gebiet des Waria und Watut und deren Nebenflüßchen Bulolo Snake-River, Surprise-Creek, Ono-, Little-Wau und Edie-Creek. Weitere Goldfunde wurden am Bitoi und seinem Nebenlauf, dem Black Cat-Creek im Hidden Valley (am oberen Watut), im Quellgebiet des Purari, am Hagenberg, sowie im Stromgebiet des oberen Ramu gemacht. Kleinere Vorkommen, die allerdings unbedeutend sind, finden sich auch im Sepik-Distrikt. Weiterhin führen die älteren Flußterrassen, die meist 25 bis 30 m über dem Wasserspiegel der jetzigen Talböden liegen, Gold, das meist alluvialer Herkunft ist. [169]) Eingehende geologische Untersuchungen werden zweifellos zu weiteren Entdeckungen führen.

Die wichtigsten Goldvorkommen finden wir in den anstehenden alteruptiven Diabas-, Diorit-, Granit- und Porphyrintrusionen, die die metamorphen Schiefer der Höhenzüge durchbrochen haben. [170]) Anfänglich wurden in diesen Gebieten, vorwiegend im Edie-Creek und Bulolo nur Goldseifen gewaschen. Am Oberlauf des Edie-Creek entdeckte man jedoch bald darauf die primären Gangvorkommen im festen Gestein (sogen. Rhizoden), bei denen es sich um echte Gänge mit Kalkspat, Quarz und Sulfiden handelt, die einen Goldgehalt von 10 bis 30 g per t und einen Silbergehalt bis zu 3000 g per t haben. 1938 lieferten diese Gänge bereits $^1/_4$ der Gesamtgoldförderung.

Die größten Schwierigkeiten des Goldbergbaus ergaben sich aus der unzulänglichen Verkehrslage des Reviers, das in 1000 bis 2000 m Höhe liegt und von den nächsten Häfen nur unter Überwindung eines fast bis 3000 m ansteigenden Gebirges erreicht werden kann. Erst der Einsatz von Flugzeugen (Deutsche Junkers-Maschinen Typ JU 52) förderte die Entwicklung des Goldbergbaus. Sämtliche Maschinen, Bagger, Baumaterialien etc. wurden ins Morobe-Goldfeld eingeflogen, und seit 1933 begann der Abbau durch diese Mechanisierung einen starken Anstieg zu nehmen. Die Erträge beliefen sich im gleichen Jahr auf über 3000 kg im Werte von 983 829 £. Die Produktion erreichte ihren höchsten Wert 1940 mit 8720 kg = 3 233 729 £, davon wurden in den Morobe-Goldfeldern allein 7680 kg im Werte von 2 878 352 £ gewonnen. [171])

Während des letzten Krieges kam der Goldbergbau fast völlig zum Erliegen, und die Ausbeute erreichte erst 1948 bis 1949 wieder annähernd 1 Mill. £. Die folgende Tabelle zeigt die Förderungsmenge des gesamten Gebietes von 1932 an. (Vergl. auch Diagramm No. 2.)

168 Friedensburg (177) 152. am oberen Waria und am Unu (Ono) wurde an mehreren Stellen Gold gefunden. Dem Versuch, den Kern des Gebirges vom Markhamtal zu erreichen, fiel der Leiter der Expedition, Dammköhler, 1909 zum Opfer (Siehe Karte Nr. 8.)

169 Eckert (142) 465 ff, Friedensburg (177) 152, Klautzsch (282) 435.

170 Chinnery (108) 399.

171 Göpfert (208) 111, (468) 109.

Diagramm 2. Die Goldproduktion in Papua und Neu-Guinea 1933-1955.[1])

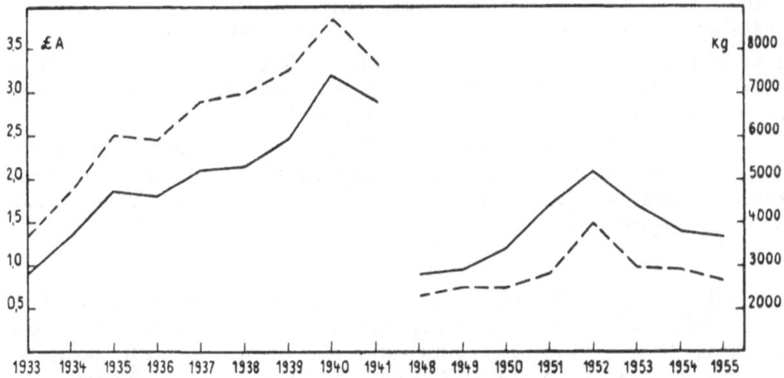

1) Die unterbrochene Linie stellt die Menge in kg dar, die ausgezogene den Wert in Mill. £ A.

Tabelle XIX

Goldförderung von 1932—1955 [172])

1931—32	2 020 kg	483.927 £
1932—33	3 700 kg	983.829 £
1933—34	4 675 kg	1.343.624 £
1934—35	6 000 kg	1.859.673 £
1935—36	5 920 kg	1.824.117 £
1936—37	6 845 kg	2.126.669 £
1937—38	7 030 kg	2.159.110 £
1938—39	7 505 kg	2.478.134 £
1939—40	8 720 kg	3.233.729 £
1940—41	7 721 kg	2.919.336 £
1946—47	531 kg	202.742 £
1947—48	2 347 kg	901.738 £
1948—49	2 569 kg	982.846 £
1949—50	2 541 kg	1.219.876 £
1950—51	2 986 kg	1.709.586 £
1951—52	3 970 kg	2.149.817 £
1952—53	2 992 kg	1.710.000 £
1953—54	2 925 kg	1.414.265 £
1954—55	2 700 kg	1.356.021 £

In den letzten Jahren entsprechen diese Förderungsmengen etwa 0,6 % der Weltproduktion. [173])

Die Tabelle zeigt, daß die Goldproduktion in den letzten Jahren immer mehr abgenommen hat, da die Hauptvorkommen bei Bulolo und Wau nahezu erschöpft sind. So werden, wenn nicht neue Goldadern weitere Abbaumöglichkeiten schaffen, die Gruben in absehbarer Zeit ihren Betrieb einstellen müssen. Zur Zeit arbeiten in den Hauptgoldfeldern noch die:

New Guinea Goldfield Ltd.,
Koranga Gold Sluicing Ltd.,
Bulolo Gold Dredging Ltd.,
Gold and Power Ltd.,
Enterprise and New-Guinea-Gold and Petroleum Development Co.
Sandy Creek Gold Sluicing Ltd.

Die Bulolo Gold Dredging Ltd., die früher in manchen Jahren Gold im Werte von über 2 Mill. £ produzierte, hat von den acht Baggern heute nur noch vier in

172 Friedensburg (176) 306—307, (466) 166.
173 Friedensburg (176) 306 ff.

Betrieb. Diese Gesellschaft hat sich daher bereits der Verwertung der Waldbestände in ihren Konzessionsgebieten zugewendet, um die freiwerdenden Arbeitskräfte anderweitig unterzubringen. (Vergl. Seite 76.)

Wenn auch die Goldgewinnung im steten Rückgang begriffen ist, so bildet dieses Mineral neben Copra bisher noch das wichtigste Exportgut, und die Förderung dürfte noch mehrere Jahre anhalten.[174])

Die Goldindustrie hat die Zahl der Europäer im Morobe-Distrikt vervielfacht. 7000 bis 8000 Weiße, Goldgräber, Ingenieure, Piloten etc. fanden durch sie Einkommen und Arbeit, und es entstanden Überseeguthaben, die weitere Investitionen ermöglichten.

b) Erdöl

Erdgas und kleinere Ölvorkommen lenkten die Aufmerksamkeit der Deutschen schon 1911 auf sich, kurz nachdem man im holländischen Gebiet bei SORONG nach längeren Bohrversuchungen endlich fündig geworden war. Daneben ergaben sich auch am VAILALA-Fluß in Papua Anzeichen, die auf das Vorkommen von Öl schließen ließen. 1922 wurde die erste Bohrung bei Popo am LAKEKAMU geteuft, die aber neben zwei weiteren Bohrungen am gleichen Ort ergebnislos verliefen. 1926 wurden diese Bohrversuche, die von der Anglo-Persian Oil Comp. durchgeführt wurden, eingestellt.

Nach 1945 setzte die Ölsuche in verstärktem Umfange wieder ein, und verschiedene Gesellschaften, an der Spitze die Australasian-Petroleum-Company (APC), haben Kosten und Material nicht gescheut, das „flüssige Gold", daß für die Wirtschaft Australiens so ungeheuer wichtig ist, zu finden; jedoch konnten bisher keinerlei Ergebnisse erzielt werden. Die APC hat bis 1953 10 Millionen £ A für geophysikalische und geologische Untersuchungen im Gebiete des Golfes von Papua und für Bohrungen am Omati und Aramea aufgewandt. Seit einem Jahr werden auch Bohrungen am Morehead-Fluß geteuft, und die jährlichen Ausgaben dieser Gesellschaft belaufen sich auf 2 Millionen £ A.[175])

Der hohe Kostenaufwand und die gezeitigten Teilergebnisse lassen auf baldige Förderung schließen, und auch das australische Büro of Mineral Resources ist äußerst optimistisch in bezug auf die erste Ausbeute.

c) Übrige Mineralien.

Bei den übrigen Bodenschätzen fehlt es noch an einigermaßen zuverlässigen Anhaltspunkten. Platin wird als Beiprodukt von Gold am Sepik gefunden, doch war die Erzeugung, die 1954 200 £ ergab, minimal. Auch die Silbervorkommen im Morobe-Distrikt erbrachten nur einen Gewinn von 18 000 £ (1954). Die reichen Kupfervorkommen nahe Port Moresby, aus denen noch 1940 Kupfer im Werte von 37 510 £ abgebaut wurde, sind z. Zt. ungenutzt.[176]) Um 1920 wurde mit dem Kupferbergbau auch nahe der Astrolabe-Bay begonnen; das Fallen der Kupferpreise führte jedoch zur Einstellung der Produktion, die auch nach dem Kriege nicht wieder aufgenommen wurde. Die Reserven werden auf über 300 000 t Erz mit einem Kupfergehalt von etwa 4 % und einem geringen Goldgehalt von $^2/_{20}$ bis $^3/_{20}$ Troy-Unzen je Tonne geschätzt. Schwefel steht im Vulkangebiet von JAMALELE nahe der Seymour-Bucht in großen Lagern an.[177]) Nahe der Astrolabebucht und in südlichen Teilen Neu-Irlands finden wir darüber hinaus auch Braunkohle.[178])

Einige Mineralien, von deren Vorkommen in Neu-Guinea man Kenntnis hat, müssen nach Australien eingeführt werden. Der Abbau von Zinn auf kommerzieller Basis würde zum Beispiel für die australische Wirtschaft von Bedeutung sein.

174 Friedensburg (176) 307.
175 Handbook of Papua and New Guinea (646) 58, Pratt (441) 306.
176 Report of Papua (465) 12. Jahrgang 1956.
177 Friedensburg (176) 336, Smith (533) 331.
178 Wyhte (609) 204.

Neben den schon genannten Bodenschätzen ist das Vorkommen von Blei, Kohle, Glimmer, Eisen und Phosphat bekannt, doch werden auch sie bisher nicht abgebaut. Die Schwierigkeiten liegen in der Beschaffung von Arbeitskräften, der Bereitstellung der erforderlichen Gelder und nicht zuletzt der schlechten Verkehrslage; somit wird die Ausbeute der zum Teil reichen Lager ein Projekt der Zukunft bleiben.

d) Energiewirtschaft.

Die Entwicklung der verschiedenen Industriezweige ist erst durch eine ausreichende Energieversorgung gewährleistet. Hier bildet die bisher noch ungenutzte Wasserkraft einen natürlichen Reichtum für die Zukunft.

Die Elektrifizierung beschränkt sich noch immer auf die größeren Ansiedlungen. In diesen unterhält das „Department of Works", in dessen Händen die Stromversorgung liegt, Diesel-Generatoren. Die größte Dieselstation befindet sich in Port Moresby mit einer Kapazität von 2564 kWh, die im Jahre 1954 bis 1955 8,97 Millionen kW-Stunden Strom für Industrie- und Haushaltszwecke erzeugte. 1350 Verbraucher sind an dieses Stromnetz angeschlossen.[179]) Die übrigen Orte haben nur kleinere Dieselanlagen mit nur begrenzter Kapazität.

Im Jahre 1949 wurden einleitende Untersuchungen durchgeführt, um Gebiete zu erkunden, die sich für die Errichtung von Kraftwerken eignen und die darüber hinaus eine wirtschaftliche Entwicklung versprechen, die den Bau solcher Anlagen rechtfertigen. Seitdem sind fünf Projekte in Angriff genommen worden, und als erstes Kraftwerk Neu-Guineas wurde 1955 die Station Goroka in Betrieb genommen. Auch die BULOLO Dredging Comp. und die New Guinea Goldfields Ltd. unterhalten kleine Wasserkraftwerke, die Strom für die Goldfelder und im geringen Umfang auch für den privaten Verbrauch erzeugen.[180])

In Papua, wo 25 km nördlich von Port Moresby der LALOKI in reißendem Fall zu Tal braust, entsteht das ROUNA-Kraftwerk, das diese Wassermassen bändigen und ausnutzen soll. Die Anlage, die eine Kapazität von 3000 kWh haben wird, soll in den nächsten Jahren fertiggestellt werden.[181])

Im Bau sind weiterhin die Wasserkraftwerke Aiyura, Lae und Rabaul. Sie werden die auf Hochtouren laufenden Dieselanlagen entlasten und Industrie und Haushalt mit billigerem Strom versorgen.

5. Arbeitsmarkt.

In einem Lande, das nur von einer „Handvoll" Europäer besiedelt wird, bestimmt der Eingeborene mit seiner Arbeitskraft das Tempo der wirtschaftlichen Entwicklung. Bedingt durch den geringen Bevölkerungszuwachs und vor allem durch die Tatsache, daß die Eingeborenen noch in der uralten Form der Dorfgemeinschaften als Produktionseinheiten leben, ergibt sich ein Mangel an Arbeitskräften. Nur eine relativ geringe Anzahl von jungen Leute tritt in den Dienst der Plantagenbesitzer und Unternehmer, und die Beschaffung von ausreichenden Arbeitskräften erweist sich vielfach als ein ernstes Problem.

Diesem Arbeitermangel durch Mechanisierung zu begegnen, hat sich ebenfalls als schwierig erwiesen, da sich Kokosnuß-, Kaffee- und Teekulturen schwer mechanisieren lassen. Überdies ist die Arbeitsleistung der Eingeborenen verhältnismäßig gering.

Schätzungsweise beträgt das zur Verfügung stehende Arbeitspotential, ungerechnet der Kleinbetriebe innerhalb der Dorfgemeinschaft, ca 150 000 Mann, von denen etwa 35 % in den Gebieten unter Verwaltungskontrolle ansässig sind. Um die Dorfschaften nicht zu zerstören, sowie das Familienleben und den Nachwuchs nicht zu gefährden, sollen nach den Erfahrungen der deutschen und

179 Report of New Guinea 1955 (466) 63.
180 Report of New Guinea 1955 (466) 63.
181 Brandes (75) 263. Report of Papua (465) 44.

australischen Verwaltung grundsätzlich nicht mehr als 5 bis 10 % der Männer im Kontraktverhältnis, das diese für längere Zeit den heimatlichen Dörfern fernhält, beschäftigt werden.

Die Regierung hat in Gesetzesform Richtlinien für die Arbeitsanwerbung erlassen, die einer Aufsplitterung dieser Dorfgemeinschaften entgegenarbeiten und somit den Bestand und das Wachstum der Bevölkerung schützen sollen.[182]) Die Erlaubnis, Eingeborene zu beschäftigen, unterliegt der Genehmigung durch den Distrikt-Beamten. Ganz allgemein können Vertragsarbeiter bis zu zwei Jahren beschäftigt werden. Nach Ablauf dieser Zeit ist eine einmalige Verlängerung des Kontraktes um 12 Monate möglich. Der Mindestlohn beträgt 15 Schilling (6,75 DM) im Monat zuzüglich Verpflegung und Unterkunft.[183]) Die Arbeitswoche ist auf 44 Stunden festgesetzt.

Die jährlichen Kosten für einen ungelernten Arbeiter betragen rund 60 bis 70 £. Diese Kosten senken sich, wenn der Eingeborene nahe der Arbeitsstelle in seinem Dorfe wohnen kann oder der Plantagenbesitzer Rationen aus eigener Erzeugung verwerten kann.

Von den ca. 1,68 Millionen Einwohnern waren Ende 1955 71 075 als Vertrags- oder Gelegenheitsarbeiter für den Europäer tätig.[184]) Wie die folgende Tabelle zeigt, waren rund 50 % dieser Arbeiter in ihren Heimatbezirken beschäftigt.[185])

Tabelle XX

Beschäftigungszahl der Arbeiter nach Bezirken

Territorium Papua:		Heimat Bezirk	Fremd. Bezirk	aus Neu-Guinea
	Vertragsarbeiter:	3 961	3 276	2 683
	Gelegenheitsarbeiter:	6 338	2 721	309
	Verwaltungsarbeiter:	2 964	1 519	834
	Zahl der Beschäftigten:	13 263	7 516	3 826
Territorium Neu-Guinea:				aus Papua
	Vertragsarbeiter:	4 655	14 726	89
	Gelegenheitsarbeiter:	11 835	4 195	425
	Verwaltungsarbeiter:	5 260	2 498	248
	Zahl der Beschäftigten:	21 750	21 419	762

Insgesamt arbeiten demnach 33 523 Eingeborene außerhalb ihres Wohnbezirkes, von denen wiederum 4588 im angrenzenden Territorium Beschäftigung gefunden haben.

An Hand der Tabelle XXI läßt sich feststellen, daß rund die Hälfte der im Arbeitsverhältnis stehenden Eingeborenen auf den Plantagen beschäftigt sind.

182 Handbook of Papua and New Guinea (646) 77.
183 Handbook of Papua and New Guinea (646) 79. Die Verwaltung zahlt jedoch einen Mindestlohn von 1 £A (9,30 DM).
184 Diese Zahl schließt 2539 Polizeiangehörige und 450 Frauen mit ein.
185 Report of Papua (465) 436, Report of New Guinea (466) 179.

Tabelle XXI

Anzahl der Beschäftigten innerhalb der einzelnen Industriezweige. [186]

	Verwaltungs-Arbeiter	Kontrakt-Arbeiter	Gelegenheits-Arbeiter	Total:
Plantagenwirtschaft:				
Kopra und Kakao:	323	17 000	6 743	24 066
Kautschuk:	198	3 853	1 176	5 227
Kaffee:	33	254	2 798	3 085
Übrige:	1 493	275	975	2 743
Bergbau:				
Gold:	—	2 281	733	3 014
Erdöl:	—	2 868	2 527	5 395
Übrige:	—	114	29	143
Anderweitig Beschäftigte:				
Bau und Transport:	3 260	2 581	6 840	12 681
Hausangestellte:	930	—	2 700	3 630
Gesundheitsdienst:	2 864	45	—	2 909
Schuldienst:	222	—	—	222
Religionsdienst:	—	119	1 302	1 421
Verwaltungs-Angestellte:	4 000	—	—	4 000
Polizeiangehörige	2 539	—	—	2 539
Anzahl der Beschäftigten	15 862	29 390	25 823	71 075

Tabelle XXII

Prozentual aufgeschlüsselt ergibt sich somit folgende Aufstellung:

Landwirtschaft	35 121	Arbeiter	=	50 %
Bergbau	8 552	Arbeiter	=	12 %
Bau und Transport	12 681	Arbeiter	=	18 %
Hausangestellte	3 630	Arbeiter	=	5 %
Gesundheitsdienst und Schulwesen	4 552	Arbeiter	=	6 %
Verwaltungs-Angestellte*)	6 539	Arbeiter	=	9 %
Zusammen:	71 075	Arbeiter	=	100 %

*) einschl. Polizei (2539).

Mit Hilfe dieser wenigen Zahlen können wir eine weitere interessante Feststellung machen. Es ist die Tatsache, daß sich allmählich ein Wandel in der Art der Beschäftigung bemerken läßt. Zwar arbeitet der Großteil der Eingeborenen noch auf den Plantagen, doch bevorzugen die durch Missions- und Verwaltungsschulen Ausgebildeten immermehr die sogenannten „white collar jobs" und sie suchen sich als Polizisten, Schreiber, Taxifahrer sowie als Hausdiener, Gärtner usw. zu verdingen. Besonders der Zulauf zum „Pacific Island Regiment" ist so stark, daß der größte Teil der Freiwilligen abgewiesen werden muß.

So bildet der Mangel an Arbeitskräften auch heute noch ein ernstes Problem und wirkt sich besonders für die Entwicklung der Agrarwirtschaft hemmend aus, da gerade durch die technische Schulung der Eingeborene bessere Verdienst- und Arbeitsmöglichkeiten in anderen Industriezweigen findet und ihm hier nicht nur untergeordnete Arbeit zugemutet wird. [187]

186 Report of Papua (465) S. 134, Report of New Guinea (466) S. 181.

187 Der Lohn eines ausgebildeten Handwerkers beträgt mitunter das Zehnfache von dem eines Plantagenarbeiters.

6. Handel und Finanzen.

Die Wirtschaft des australischen Kontinents und des unter australischer Verwaltung stehenden Kolonialgebietes sind in hohem Maße komplementär. Der laufende Bedarf Australiens an Petroleum, Kautschuk, Kopra, Tee und Kakao sowie anderen wichtigen Kolonialprodukten ist groß und alle diese Erzeugnisse sind in Neu-Guinea vorhanden. Dadurch ist ein reger Warenaustausch Neu-Guineas mit dem australischen Mutterland bedingt.

a) Außenhandel.

Die Handelsbilanz Neu-Guineas, das in seiner Außenhandelsstruktur die Charakteristiken eines jungen Koloniallandes mit Rohstoffexport und Fertigwarenimport aufweist, tendiert seit einigen Jahren zu einem allmählichen Ausgleich. Dies gilt in erster Linie für das Territorium Neu-Guinea, das fast die gesamten Kosten der Einfuhr durch die stetig ansteigende Ausfuhr deckt.[188]

Diagramm 3. Wertmäßige Ein- und Ausfuhr von Papua und Neu-Guinea von 1940 bis 1955 in Mill. £A

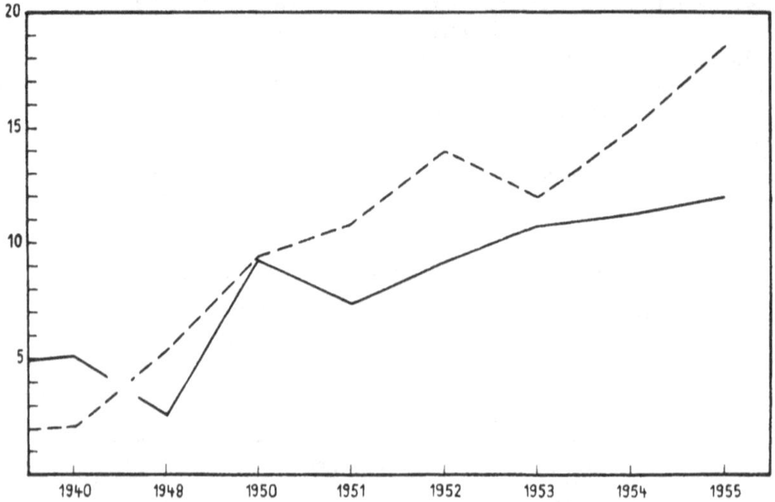

- - - Einfuhr — Ausfuhr

Tabelle XXIII

Der Außenhandel Neu-Guineas [189]

Territorium Neu-Guinea			
Jahr:	Einfuhr	Ausfuhr	Gesamt-Außenhandel
1900	1 666 000 Mk.	1 009 000 Mk.	2 675 000 Mk.
1913	8 500 000 Mk.	8 010 000 Mk.	16 510 000 Mk.
1940	1 268 097 £	3 681 120 £	4 949 214 £
1950	4 791 799 £A	4 234 978 £A	9 026 777 £A
1952	8 154 102 £A	6 517 881 £A	14 671 983 £A
1953	7 175 612 £A	8 491 396 £A	15 667 008 £A
1954	9 444 628 £A	9 192 110 £A	18 636 738 £A
1955	10 534 758 £A	9 383 950 £A	19 918 708 £A

188 Hall (240) 62.
189 Handbook of Papua and New Guinea (646) 306, (465) 120 ff, (466) 151 ff.

Territorium Papua			
Jahr:	Einfuhr	Ausfuhr	Gesamt-Außenhandel
1937	631 497 £	435 593 £	1 067 090 £
1940	826 412 £	510 672 £	1 337 084 £
1950	4 684 028 £A	1 202 694 £A	5 886 722 £A
1952	5 858 223 £A	2 789 157 £A	8 647 380 £A
1953	4 895 869 £A	2 322 905 £A	7 218 774 £A
1954	5 722 166 £A	1 921 162 £A	7 643 328 £A
1955	8 218 343 £A	2 652 641 £A	10 870 984 £A

Während der Außenhandel Papuas in seinem Gesamtumfange ebenfalls eine wesentliche Steigerung verzeichnen konnte, hielt doch die Ausfuhr dem Anstieg der Einfuhr nicht stand, und so bildet dieses Territorium auch heute noch ein größeres Zuschußgebiet, dessen ständig passive Handelsbilanz durch australische Subventionen ausgeglichen werden muß.

Der Gesamtaußenhandel stellte sich im letzten statistisch erfaßten Jahr 1954/55 auf insgesamt 30,7 Millionen £ A. Davon entfielen 12 Millionen £ A auf die Ausfuhr und 18,7 Millionen £ A auf die Einfuhr. Somit hat sich der Außenhandel seit 1950 wertmäßig verdoppelt. Rund 70 % der Einfuhr und über 50 % der Ausfuhr wurden von Australien bestritten. Als nächster Handelspartner folgte in weitem Abstand Großbritannien. Die USA versorgten Neu-Guinea vor allem mit Investitionsgütern und importierte dafür in erster Linie Sperrholz. Nur 0,7 % des Exportes ging nach Japan, das für 85 862 £ A Trochus und andere Meeresprodukte bezog. An fünfter Stelle folgte die Bundesrepublik mit lediglich 0,4 % des Exportes (Meeresprodukte), die anderseits Kraftfahrzeuge im Werte von 28 500 £ A nach Neu-Guinea lieferte. Demnach gliederten sich die Hauptabnehmerländer wie folgt:[190])

Tabelle XXIV

Neu-Guineas Hauptexportländer

Land	Wert in £A	Wert in %	Produkte
Australien	6 290 784 £A	52.1 %	alle Produkte
USA	480 025 £A	42 %	vorwiegend Kopra 3,5 Mill. £
England	5 046 355 £A	4 %	Sperrholz: 396 000 £
Japan	85 862 £A	0.7 %	Trochus
Bundesrepublik Deutschland	49 011 £A	0.5 %	alle Produkte
Übrige Länder	84 554 £A	0.7 %	Meeresprodukte

Die vier Hauptexportgüter bilden Kopra, Gold, Rohgummi und Holz, die zusammen mit Kakao, Kaffee und verschiedenen Meeresprodukten eine günstige Aufwärtsentwicklung erfahren haben. Nur die Gold- und Kopraproduktion erbrachte 1954 bis 1955 gegenüber dem Vorjahr einen leichten Rückgang. Besonders der Produktionsanstieg des Kakaos, der 1955 bereits einen Exportwert von über ½ Million £ A erzielte, veranschaulicht erfreuliche Zukunftsaussichten.

190 (648) 254, (466) 43 ff, 155 ff.

Tabelle XXV

Warenausfuhr von Papua und Neu-Guinea 1954—55 [191])

Territorium Papua

Art:	Menge:	Wert:	Vergleich zu 1953—54
Bier:	1 993 Gal.	750 £	— 5 662 £
Gold:	33 kg	16 548 £	+ 11 763 £
Kaffee:	4 t	2 279 £	+ 435 £
Kakao:	26 t	13 314 £	+ 9 676 £
Kopra:	16 846 t	1 208 317 £	+ 324 503 £
Mangroven Krokodilleder:	— t	22 136 £	— 902 £
Mangoren Gerbstoff:	10 t	800 £	+ 800 £
Muscheln:	15 t	3 784 £	+ 2 003 £
Rohgummi:	3 670 t	953 623 £	+ 340 835 £
Trochus:	320 t	107 868 £	+ 70 846 £
Wolle:	9 600 lbs	1 600 £	+ 1 600 £
Sonstiges:	—	321 622 £	— 24 418 £
Gesamt-Export	—	2 652 641 £	+ 731 479 £

Territorium Neu-Guinea

Art:	Menge:	Wert:	Vergleich zu 1953—54
Erdnüsse:	184 t	27 628 £	— 1 181 £
Gold:	2 667 kg	1 339 473 £	— 70 007 £
Holz:	2 700 cbm	187 980 £	+ 60 503 £
Sperrholz:	2 000 000 qm	644 929 £	+ 578 698 £
Kaffee:	103 t	72 575 £	+ 14 208 £
Kakao:	1 080 t	512 204 £	+ 266 254 £
Kopra:	62 736 t	4 467 661 £	— 564 015 £
Kokos Öl:	8 690 t	1 215 662 £	— 184 107 £
Kokos Mehl:	3 538 t	81 523 £	— 20 525 £
Kokosnüsse:	410 t	7 605 £	+ 5 540 £
Passionsfrucht:	109 t	15 705 £	+ 8 842 £
Silber:	1 460 kg	17 590 £	— 812 £
Trochus:	521 t	172 908 £	+ 41 897 £
übrige Meeresprodukte:	117 t	46 048 £	+ 6 772 £
Sonstiges:	—	619 378 £	+ 49 773 £
Gesamt-Export Neu-Guinea:		9 383 950 £	+ 191 840 £
Gesamt-Export 1954—1955			
	Papua:	2 652 641 £	+ 731 479 £
	Neu-Guinea:	9 383 950 £	+ 191 840 £
	insgesamt:	12 036 591 £	+ 923 319 £

191 Zahlen entnommen: Report of Papua 1954—55 (465) 120 ff, Report of New Guinea 1954—55 (466) 151 ff.

Tabelle XXVI **Die wichtigsten Exportgüter von Papua und Neu-Guinea**[192]

	1948—49	1953—54	1954—55
	(46 383 t)	(98 000 t)	(92 220 t)
Kopra und Beiprodukte	2 964 494 £	7 419 372 £	6 980 768 £
	(2 569 kg)	(2 975 kg)	(2 700 kg)
Gold	982 846 £	1 414 265 £	1 356 021 £
	(1 198 t)	(3 120 t)	(3 670 t)
Rohgummi	145 973 £	612 788 £	953 623 £
Holz	23 207 £	181 849 £	902 047 £
Trochus und andere Meeresprodukte	29 900 £	209 090 £	330 608 £
	(200 t)	(730 t)	(1 106 t)
Kakao	23 413 £	249 588 £	525 518 £
	(16 t)	(84 t)	(107 t)
Kaffee	3 584 £	60 211 £	74 854 £

1954 bis 1955 wurden Waren von insgesamt 18753101 £ A nach Neu-Guinea eingeführt. Der Güterimport steigerte sich gegenüber dem Vorjahr wertmäßig um 3 586 307 £ A und setzte sich vorwiegend aus Konsum- und Investitionsgütern zusammen. Die Einfuhr von Lebensmitteln belief sich allein auf über 6 Millionen £ A. Für 5,8 Millionen wurden Maschinen und Maschinenteile und für 1,5 Millionen £ A Textilien eingeführt.

Die Regierungsausgaben für das Territorium Papua und Neu-Guinea beliefen sich 1954 bis 1955 auf 7,1 Millionen £ A. An der Spitze der Aufwendungen standen die Eingeborenen-Wohlfahrt, das Gesundheitswesen, der Schuldienst und die Landwirtschaft. Die öffentlichen Einnahmen erbrachten an Steuern und Zöllen über 2 Millionen £ A. Seit dem Finanzjahr 1948/49 wurden für das Gebiet insgesamt 61,7 Millionen £ A aufgewendet, von denen rund 43 Millionen durch das australische Mutterland beigesteuert wurden.

b) Binnenhandel.

Im Mittelpunkt des Binnenhandels stehen wie schon seit Beginn der Kolonisierung einflußreiche, finanzkräftige und vielseitige Großgesellschaften, die jede Spezialisierung vermeiden mußten und auf allen Gebieten kaufmännischer Betätigung, Import, Export, Landwirtschaft und Industrie sowie Einzelhandel, Transport- und Versicherungswesen, arbeiten. Sie unterhalten Niederlassungen, besitzen Pflanzungen, nutzen die Bodenschätze und verfügen sogar über eigene Schiffslinien, wie zum Beispiel Burns Philip Ltd.[193] New Guinea Comp. Ltd.[194] und Steamship Trading Comp.

So liegt nahezu das gesamte Wirtschaftsleben des Territorum Papua und Neu-Guinea in den Händen dieser großen Gesellschaften. Daneben eröffneten noch eine Zahl kleinerer Handelsfirmen Lager und Geschäfte in Port Moresby, Lae, Rabaul etc., die von Europäern und Chinesen betrieben werden. (Vergl. Seite 43.)

Neben der traditionellen Form des „allround Handels" ist als neuere Erscheinung eine schrittweise Spezialisierung des Handels festzustellen. In den größeren Städten sind seit einigen Jahren Fachgeschäfte für Photoartikel, Bücher und Zeitschriften, Uhren und Schmuckwaren sowie einige Modesalons eröffnet worden.

Aber auch die Eingeborenen nehmen in steigendem Maße an der wirtschaftlichen Entwicklung teil. Die Bemühungen der Verwaltung um die Erhöhung ihres Lebenstandards haben das Bedürfnis nach europäischen Gütern stark vermehrt. Die Betriebsamkeit der Eingeborenen auf wirtschaftlichem Sektor wurde

192 (465) 120 ff, (466) 43 ff. Der Export von Vogelbälgen ist durch das Jagdverbot von 1914 eingestellt worden. Früher wurde aus diesem Wirtschaftszweig großer Gewinn gezogen. Der Balg des blauen Paradiesvogels erbrachte 25 £, wurde also buchstäblich mit Gold aufgewogen.

193 Griffin (215) 94, berichtet von seinem Schiff: "She was owned — like most other things in this part of the world by Burns Philip Ltd " Burns Philip — auch kurz "BP" oder "Big Pirates" genannt. Vergl. ferner: Elkington (147) 16.

194 Rechtsnachfolgerin der alten deutschen Neuguinea-Kompagnie.

außerdem durch die „Native cooperative societies" sowie die „Rural progress societies" weitgehend angeregt. (Vergleiche Seite 59.) Demgegenüber ist der Handel der Eingeborenen untereinander etwas zurückgegangen. So hatten die Europäersiedlungen meist auch eine Anhäufung von Eingeborenensiedlungen in unmittelbarer Nähe zur Folge, da sich hier bessere Handels- und Arbeitsmöglichkeiten ergaben. Belshaw erwähnt, daß aus diesem Grunde ganze Dörfer zur Küste wanderten.[195]) Ein Beispiel für den aufblühenden Handel der Eingeborenen mit den Europäern bildet der Fischmarkt in KOKI. Hier decken auch die Hausfrauen von Port Moresby ihren Bedarf an Frischfisch und in kleinerem Umfange auch an Kolonialfrüchten.

7. Verkehr.

Die wirtschaftliche Entwicklung Neu-Guineas hängt im hohen Maße von den Verkehrsverhältnissen ab, die wiederum durch die ausgedehnten Regenwälder, Sumpfgebiete und die steilen, zerklüfteten Gebirgszüge begrenzt werden, so daß wir das Innere der Insel als außerordentlich verkehrsfeindlich bezeichnen können. Es gibt somit eigentlich nur zwei Möglichkeiten sich ins Innere des Landes zu begeben: Entweder man geht zu Fuß oder man fliegt.

Etwas anders liegen die Dinge, wenn wir den Überseeverkehr betrachten. Zwar wirkten sich früher die gewaltigen Entfernungen mit Europa erschwerend und zeitraubend aus, da jedoch fast der gesamte Handel des Territoriums sich heute mit dem australischen Mutterland abwickelt, mit dem es durch ein engmaschiges, regelmäßiges Flug- und Schiffahrtsnetz verbunden ist, ergeben sich gewisse Erleichterungen für den Personen- und Warentransport.

a) Anschluß zum Weltverkehr: Flug- und Seelinien.

Jeder, der heute nach Neu-Guinea reist, wird erstaunt sein über die modernen und bequemen Fluglinien, die ihn nach Port Moresby bringen. Schwere Fracht wird natürlich noch vorwiegend auf dem Seewege befördert. QANTAS,[196]) die australische Überseefluglinie, verbindet das Mutterland mit Port Moresby. Von hier aus zieht sich ein weitverzweigtes Flugnetz über die Insel und den Bismarck-Archipel. (Vergl. Karte 7.) Viermal wöchentlich fliegt eine viermotorige Maschine die sogenannte Paradiesvogel-Route von Mascot (Sydney) nach Port Moresby via Brisbane mit Anschluß nach LAE. Einmal in der Woche legt ein Flugboot die gleiche Strecke zurück. Dieses hat in Port Moresby direkten Anschluß nach Rabaul. Im Durchschnitt befördern die Maschinen monatlich 2600 Passagiere, 78 000 Briefe und 110 t Fracht.[197])

24 größere Flugplätze verteilen sich über das australisch verwaltete Inselgebiet, von denen als die größte zu nennen sind: [198]) (Vergl. Karte 7.)

Tabelle XXVII

Name:	Distrikt:	Typen:	Landungen im Monat:
Pt. Moresby	Central	Alle Typen	304
Lae	Morobe	Alle Typen	700
Wewak/Boram*)	Sepik	Alle Typen	580
Finschhafen	Morobe	Alle Typen	65
Rabaul	New Britain	DC 3	98
Madang	Madang	DC 3	560
Wau	Morobe	DC 3	118
Bulolo	Morobe	DC 3	75
Goroka	Eastern Highland	DC 3	470
Kavieng	New Ireland	DC 3 (u. leichtere)	55
Buka	Bougainville	DC 3 (u. leichtere)	14
Minj	Western Highland	DC 3 (u. leichtere)	85

Anmerkung: *) Internationale Verbindung nach Hollandia (Niederländisch-Neu-Guinea).

195 Belshaw (49) 96 vergl. ferner Geisler (194) 145.
196 QANTAS = Queensland-Northern-Territory-Airways, auch Australian-Overseas-Airline genannt.
197 Handbook of Papua and New Guinea (646) 94
198 Handbook of Papua (646) 91.

Neben diesen regelmäßig angeflogenen Plätzen befinden sich noch 2 Stützpunkte für Flugboote in Port Moresby und Rabaul. Weiterhin wurden von der Verwaltung 37 Behelfsflugplätze (airstrips) angelegt; diese und ca. 40 Privatlandeplätze verteilen sich über das Territorium und ermöglichen einen zügigen Binnenverkehr. Die Australasian Petroleum Co. besitzt außerdem 6 Heliports (Landeplätze für Hubschrauber). (Vergl. Seite 91.)

Auch auf dem Seewege ist Neu-Guinea mit Australien engverbunden. Regelmäßig werden die Häfen von Port Moresby, Lae, Madang, Samarai und Rabaul angelaufen. Einen fahrplanmäßigen Dienst nimmt jedoch nur die Hauptschiffahrtslinie der Fa. Burns Philip Ltd. wahr, unter deren Flagge die drei Frachter BULOLO (6300 t), Malaita (3300 t) und Malekula (3800 t) laufen.[199] Seit jüngster Zeit hat auch die New Guinea-Australian Line den Verkehr auf gleicher Route aufgenommen. Die Australian Oriental Line, die China Navigation Co., die Indo-China Steam Navigation Co. und die Steamship-Trading Co. laufen auf ihren Reisen von Australien nach Japan und Hongkong MANDANG als Umschlaghafen an. Schiffe europäischer Herkunft gehen nur selten in den Häfen Neu-Guineas vor Anker, doch transportieren Frachter der britischen Bank Line etwa $^2/_3$ der gesamten Kopraernte nach England. (Vergl. Seite 67.)

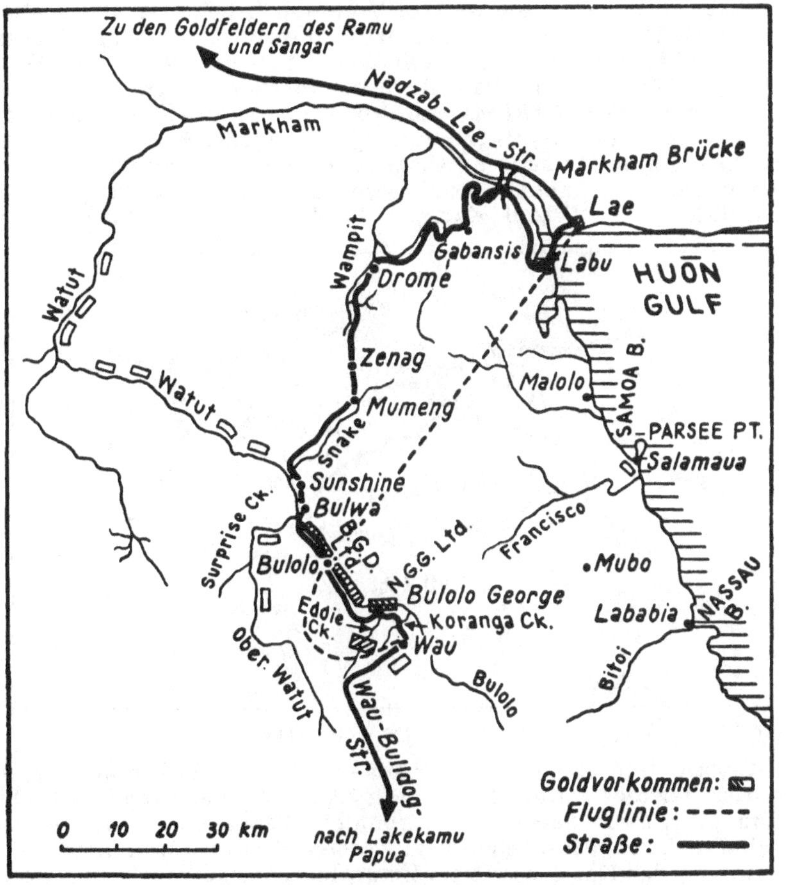

Karte 8. Das Morobe-Goldfeld

199 (646) 267, (468) 127.

b) Binnen- und Küstenverkehr

Das Straßennetz

Dem Reisenden, der auf dem Landwege die dichten Urwälder Neu-Guineas durchdringen will, werden diese, sowie endlose Sümpfe, weitverzweigte Flußsysteme und schroffe Bergketten zum schier unüberwindlichen Hindernis. Die deutsche Verwaltung sah im Straßenbau die beste Möglichkeit, das Land zu erschließen. Ihre diesbezüglichen Leistungen finden auch heute noch gebührende Anerkennung.[200] Davon zeugt der auch jetzt noch mustergültige Zustand der vor mehr als fünfzig Jahren erbauten Straße, die sich, von KAVIENG ausgehend, an der Nordostküste Neu-Irlands entlangzieht.[201] Die Mandatsverwaltung hat nach der Übernahme von Kaiser-Wilhelm-Land die begonnenen Arbeiten kaum fortgesetzt. Während des 2. Weltkrieges hat sich das Fehlen brauchbarer Straßen unliebsam bemerkbar gemacht. Deshalb wurden besonders in den Jahren 1942 bis 1945 die größten Anstrengungen gemacht, das Versäumte nachzuholen und den Straßenbau zu aktivieren. Eilends wurde die Straße von LAE nach BULOLO ausgebaut und bis WAU verlängert.

In den letzten Jahren wurde zwischen GOROKA und GUSAP eine Fahrbahn mit einer Länge von rund 300 km errichtet. Sie wird nach Fertigstellung der in Bau befindlichen Strecke GOROKA—LAE das Gebiet des Mount Hagen mit der östlichen Küste verbinden. Eine weitere Verbindung neuesten Datums bildet die Küstenstraße MADANG—BOGIA. Sie wird durch einen Arm, der sich von MADANG bis SAIDOR erstrecken soll, verlängert werden. Diese Wegstrecke befindet sich zur Zeit noch im Bau. Auch das Straßennetz im Umkreis von Port Moresby wurde bis nach KAREMA am Brown-River erweitert. Außer diesen ins Innere führenden Allwetterstraßen finden wir eigentlich nur noch ein ausgebautes Straßennetz in der näheren Umgebung von Port Moresby, Lae, Madang, Wewak, Kavieng und Rabaul. Die Gesamtlänge der Allwetterstraßen beträgt somit rund 6000 km.[202] (Vergl. Karte 7.) Im Zuge des Straßenbaus machte sich

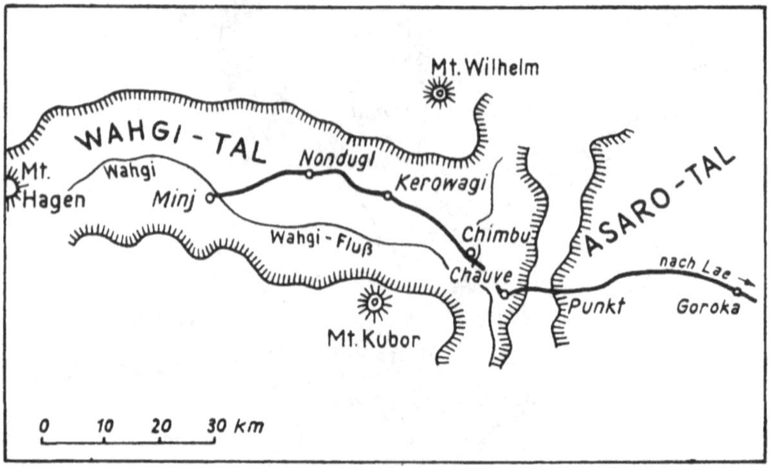

Karte 9. Das Wahgi-Tal

auch die Konstruktion einiger fester Brücken erforderlich. Die modernste ist die im Jahre 1956 fertiggestellte Markham-Brücke, die eine Länge von 500 Metern besitzt und die Straße Lae—Wau verbindet. Bisher mußte der Markham an dieser Stelle mit einer Fähre überquert werden. Ferner wären noch einige Wegstrecken entlang der Küste sowie im Zentralgebirge zu erwähnen, die aber zur

200 Eggleston (144) 63, Hahl (234) 15, (274) 4.
201 Handbook of Papua and New Guinea (646) 277.
202 (465) 41, (466) 61, ferner Carter (89) 6, 11, 24.

Zeit der Überschwemmungen oder durch schadhafte Behelfsbrücken oftmals nicht passierbar sind. Kleinere Landstraßen und Wege finden wir noch in unmittelbarer Nähe der Plantagen, Missions- und Verwaltungsstationen. Auch diese sind nur zeitweise mit dem Jeep befahrbar. Auf die Eingeborenenpfade (Dalas) ist an anderer Stelle bereits hingewiesen worden. (Vergl. Seite 54.)

Der Straßenbau stellt in diesen unwegsamen Gebieten nicht nur eine mühsame, sondern auch eine äußerst kostspielige Angelegenheit dar. Es ist wahrscheinlich, daß er auch weiterhin auf Kosten des immer weiter ausgebauten Luftverkehrs zurückstehen wird.

Eisenbahnen gibt es in Neu-Guinea nicht. Wohl existieren im Goldbergbaugebiet und auf den einzelnen Plantagen einige Feldbahnen, doch hat man sich zum Bau einer Eisenbahnlinie bisher nicht entschließen können. Das Fehlen dieses wichtigen Transportmittels ist ebenfalls landschaftsbedingt. Mehr noch als bei den Straßen würde die Natur den Bau einer Bahnlinie erschweren. Auch eignen sich Ton- und Lehmböden, von Moorböden ganz abgesehen, schlecht für die Gleisanlagen. Als besondere Merkwürdigkeit sei die „Ochsenbahn" erwähnt, die im Jahre 1901 bei Erimahafen eingesetzt wurde. Zwei bis vier Ochsen zogen diesen beladenen Schienenwagen in zirka drei Stunden nach dem 10 km entfernten Stephansort.[203])

Die Küstenschiffahrt. Wir haben gesehen, daß für den Eingeborenen das Wasser ein verkehrsfreundliches Element darstellt (Vergl. Seite 54.) Küstengewässer und Flüsse bedeuteten für ihn in wirtschaftlicher und kultureller Hinsicht wichtige Entwicklungsmöglichkeiten. Für die Europäer jedoch bilden die breiten, oft nicht schiffbaren Ströme verkehrstechnisch eher ein Hindernis. Schiffbar sind nur die größeren Flüsse, wie Fly, Sepik, Purari, Markham, Waria (Herkulesfluß) und Ramu. (Vergl. Seite 13.) Wegen der reißenden und tückischen Strömung ist jedoch der Verkehr auf diesen Wasserstraßen, besonders auf dem Markham, nicht ungefährlich.

Eine Flotte von ca. 25—30 Küstendampfern (bis 300 t) wickelt den Personenverkehr und den Gütertransport mit den Außenposten und den Inselgruppen ab. Aber auch zur See hat die Reise ihre Gefahren. Lange Strecken der Küste sind ohne tiefe Ankerplätze und die Inseln sind von Korallenriffen umkränzt, während sich vor den Flußmündungen mächtige Sandbänke anlagern. Diese Dampfer, die bis 1953 Eigentum der Regierung waren,[204])sind in den Häfen Port Moresby, Samarai, Madang und Rabaul stationiert. Daneben besitzen auch die Missionen und privaten Gesellschaften ihre eigenen, meist kleineren Küstenfahrzeuge, die oftmals mit Eingeborenen bemannt sind.[205])

Das Flugnetz

Den Auftakt zum Flugverkehr gab die 1927 gegründete Guinea Airways Ltd., die diesen mit zwei außer Dienst gestellten Kriegsflugzeugen aus Holz aufnahm. Diese Maschinen wurden bereits 1928 durch Ganzmetallflugzeuge vorwiegend vom Typ Junkers ersetzt. Mit Hilfe dieser dreimotorigen Junkersmaschinen gelang es, die gesamte maschinelle Ausrüstung wie Dampfkessel, Traktoren, Kleinautos, Dynamos etc. über die hohe Küstenkette der Kuper- und Herzogberge nach Wau und Bulolo für den Goldbergbau einzufliegen.[206]) Einzelne Maschinen hatten Lasten bis zu 5 t zu bewältigen.

Nach dem Ausbruch des Mt. Lamington im Jahre 1951 transportierte QANTAS Verbandstoffe und Medikamente, Lebensmittel und Wasser, selbst einige Jeeps nach Popendetta und flog die evakuierte Bevölkerung aus der Gefahrenzone.[207]) In das von Gebirgen umgebene, unzugängliche Wahgi-Tal wurden auf Privat-

203 von Hesse-Wartegg (254) 61, Preuß, P. (443) 494.
204 Seit 1953 befinden sich diese Fahrzeuge im Besitz der Burns Philip Ltd. Vergl. (646) 267.
205 Die Australasian Petroleum Comp. besaß ebenfalls eine kleine Flotte dieser Küstenfahrzeuge, die Reis und andere wichtige Fracht in unsere Lager brachten. Stützpunkte befanden sich in Daru, Kikori und Kerema.
206 Eckert (142) 470, (646) 87.
207 Yearbook of Australia 1955 (638) 148 ff.

initiative von E. J. Hallstrom (Vergl. Seite 61) 1948 Rinder, Schafe und Schweine eingeflogen. In den unwegsamen Gebieten, die von der APC nach Öl untersucht werden, hat sich die Einrichtung der „Airdrops" sehr bewährt. Lebensmittel, Post, Geräte und andere Bedarfsgegenstände werden über eigens dafür gekennzeichneten Punkten, wo eine Landung schwierig oder zu zeitraubend wäre, mit oder ohne Fallschirm abgeworfen. In solchen Gebieten haben sich auch die Hubschrauber glänzend bewährt, die selbst auf dem Wasser niedergehen können.

Diese zahlreichen Unternehmungen sind typisch für Neu-Guinea und zeigen anschaulich, unter welchen Anstrengungen eine moderne Fluggesellschaft hier die Transportschwierigkeiten zu überwinden sucht. Erst die Vielseitigkeit des Lufttransportes hilft diese ungemein schwierige verkehrstechnische Aufgabe zu lösen.

8. Zusammenfassung

Noch vor wenigen Jahrzehnten galt die Insel Neu-Guinea als „terra incognita". Die zerklüfteten Berge, die dichten Wälder, die malariaverseuchten Sümpfe und vor allem das feuchte Klima verzögerten die Erschließung dieses unwegsamen Landes. Wenn es auch zu grundlegenden Veränderungen der Wirtschaftsstruktur seit Auftreten des Europäers noch nicht gekommen ist, so beginnt sich doch im Territorium allmählich ein Wandel zu vollziehen, und die punkthaft und kleinflächig in die Naturlandschaft eingebettete Kulturlandschaft mit Wirtschafts- und Verwaltungsgebäuden, Plantagen und Stationen erfährt im Sog der technischen Entwicklung eine Expansion.

Besonders in der Landwirtschaft ist ein stetiger Fortschritt festzustellen, und die Erträge der Agrarprodukte wie Kopra, Gummi, Kakao, Kaffee etc. haben sich beachtlich gesteigert. Daneben wurde der Anbau neuer Nährpflanzen wie Kartoffeln, Mais etc. vergrößert, deren Bedeutung vor allem darin liegt, daß sie keine tropischen Wachstumsbedingungen verlangen und deshalb auch in größeren Höhen noch gute Erträge abwerfen, wo tropische Gewächse nicht mehr oder nur mäßig gedeihen. Durch die Förderung des Reisanbaus wurde die landwirtschaftliche Nutzfläche auch über die innere „Naßgrenze" hinaus ausgedehnt.

Die Verwaltung nimmt an dieser Entwicklung regen Anteil und sucht in erster Linie die selbstgenügsame primitive Eigenwirtschaft der Eingeborenen, die oft noch im krassen Mißverhältnis zur modernen Plantagenwirtschaft steht, zu verbessern. Durch die Errichtung der „Native cooperative societies" sowie die Einführung verbesserter Werkzeuge und Anbaumethoden konnten in dieser Richtung bereits beachtliche Erfolge erzielt werden. Daneben fördert die Verwaltung die Landwirtschaft durch Subventionen und durch die Einrichtung von Stationen, auf denen Versuche mit wichtigen Nutzpflanzen durchgeführt werden. Die Viehzucht wird auf diesen Versuchsstationen ebenfalls gefördert. Auch der Ausbau der Holzindustrie bei Bulolo läßt die ersten Ansätze eines wirtschaftlichen Aufschwungs erkennen. Das Bergbaupotential ist ebenfalls bedeutend, wenn sich auch die Goldgewinnung langsam verringert. Vor allem wäre die wirtschaftliche Ausbeutung der Kupfer- und Zinnvorkommen, die seit 1938 eingestellt wurde, für Australien wichtig. Die Entdeckung von Erdöl wäre für das Territorium und mehr noch für das australische Mutterland bedeutsam. Die Ausnutzung der Wasserkraft eröffnet ebenfalls große Möglichkeiten.

Eines der Haupthindernisse für die wirtschaftliche Entwicklung bildet neben dem Mangel an Arbeitskräften das rückständige Verkehrswesen. Es fehlt nicht nur an Eisenbahnen, sondern auch an wetterfesten Straßen, dauerhaften Brücken und modernen Hafenanlagen. Besonders eine Ausweitung der Land- und Forstwirtschaft erfordert dringend verbesserte Transportmöglichkeiten.

Wenn auch das Wirtschaftpotential erst zum geringen Teil genutzt werden konnte, so haben diese Gebiete im Laufe der letzten Jahre immerhin eine gewisse wirtschaftliche Bedeutung erlangt. Deutlich läßt sich ein Anstieg des Gesamtexportes feststellen. Mit Hilfe der Mittel, die aus Canberra stetig in die Wirtschaft des Territoriums fließen, wurde deren Entwicklung beschleunigt. Dabei ist die Verwaltung bemüht, die Wirtschaft Neu-Guineas komplementär zu der Australiens aufzubauen. Das Territorium liefert daher, im Austausch gegen Industrieprodukte, Rohstoffe und Lebensmittel, die auf dem australischen Kontinent nicht erzeugt werden können. Die Nähe Australiens, das die Produkte seines Kolonialgebietes zu Vorzugstarifen einführt, verursacht, daß europäische Marktschwankungen für Neu-Guinea nur indirekt bedeutend sind.

Die Wirtschaft Neu-Guineas ist somit noch entwicklungsfähig, ja sie steht eigentlich erst in ihren Anfängen, und eine gestern noch zur Weltflucht einladende Insel wird heute immer mehr zum Betätigungsfeld für Landwirte, Kaufleute und Techniker, die die Rohstoff- und Energiequellen erschließen.

IV. VERWALTUNG UND POLITIK

Nachdem die Holländer schon im Jahre 1824 den westlichen Teil Neu-Guineas formell annektiert hatten, trat als weitere Nation im November 1884 Deutschland auf den Plan, um das nordöstliche Gebiet, in dem durch die Initiative der Hamburger Kaufleute Godeffroy und Hernsheim Niederlassungen gegründet worden waren, unter seinen Schutz zu stellen.[1] Dieser Besitzergreifung gingen lange diplomatische Verhandlungen mit England voraus, das die deutschen Ansprüche wohl anerkannte, diese jedoch angesichts der australischen Forderungen, die den gesamten Ostteil der Insel umfaßten, nicht sanktionieren wollte. Zwar hatte schon im Vorjahr am 4. 4. 1883 H. N. CHESTER, um diese Forderungen durchzusetzen, im Auftrage des Premiers von Queensland die britische Flagge in Port Moresby gehißt, doch erklärte die britische Regierung diese Annexion für null und nichtig.[2]

Somit blieb Deutschland im Wettlauf um Neu-Guinea Sieger, und auch die Proteste von seiten Englands und Australiens — letzteres erblickte in der Besitzergreifung eine Verletzung seines Naturrechtes — konnten diesen bedeutsamen Schritt nicht rückgängig machen.[3] Die internationalen Sanktionen dieser deutschen Schutzmaßnahme erfolgten jedoch erst durch das deutsch-englische Kolonialabkommen vom April 1885.

A. Allgemeine Verwaltung

1. Die Verwaltung von British New Guinea bis 1942

Fast gleichzeitig mit der Besitzergreifung Kaiser-Wilhelm-Lands durch das Deutsche Reich erfolgte am 6. November 1884 die Proklamation des Protektorates „British New Guinea". Nachdem es 1888 zum Dominion erklärt wurde, übergab Großbritannien diesen Besitz am 18. März 1902 der Verwaltung des Australischen Commonwealth. Durch einen Verwaltungsakt wurde British New Guinea 1905 in PAPUA umbenannt.[4]

Durch dieses Verwaltungsstatut wurde ein Administrator eingesetzt, dem die einzelnen Ressorts Justiz, Arbeit, Finanzen und Gesundheitswesen, sowie ein Commissioner für „Native Affairs", der die Belange der Eingeborenen wahrzunehmen hatte, unterstellt waren. Papua wurde in 8 Verwaltungsbezirke untergliedert, denen ein Resident-Magistrate vorsteht. Zur Aufrechterhaltung von Ordnung und Sicherheit wurde eine Eingeborenen-Polizeitruppe, die Royal Constabulary, die von australischen Offizieren befehligt wurde, gegründet.

Erst das Vordringen der Japaner machte im Februar 1942 die Verwaltungsübernahme durch eine australische Militärregierung, die sich auch auf das Mandatsgebiet erstreckte, notwendig.

2. Die deutsche Verwaltung des ehemaligen Schutzgebietes

Unmittelbar nach der deutschen Flaggenhissung bei Finschhafen wurde ein Kaiserlicher Kommissar mit der Wahrung der Hoheitsrechte des Reiches beauf-

1 (253) 44, (113), (507) 237, (608) 23.
2 Reed (460) 81, Handbook of Papua (646) 17.
3 von Hagen (231) 435, Stuhlmacher (554) 65
4 Die sogen. „Papua Act 1905" trat am 1. 9. 1906 in Kraft.

tragt. Die Verwaltung von Deutsch-Neu-Guinea ruhte bis 1898 in Händen der 1884 auf Initiative des Bankiers von Hansemann gegründeten Neu-Guinea-Kompagnie. Diese Gesellschaft stellte sich die Aufgabe, die Ende 1884 von Otto Finsch erworbenen deutschen Südseekolonien, das nordöstliche Neu-Guinea, den Bismarck-Archipel und die westlichen Salomonen, wirtschaftlich zu erschließen. Das Deutsche Reich nahm jedoch durch den Vertrag vom 7. Oktober 1898 die der Kompagnie übertragenen Hoheitsrechte wieder an sich.

Deutsch-Neu-Guinea wurde in zwei Bezirke aufgeteilt; der östliche umfaßte den Bismarck-Archipel und die Salomonen, der westliche Kaiser-Wilhelm-Land.[5]) Herbertshöhe, an der Blanche Bucht (Neu-Pommern), damals der Mittelpunkt der wirtschaftlichen Entfaltung, bildete den Sitz des Gouverneurs. Im Januar 1910 übersiedelte dieser nach dem unweit davon gelegenen Rabaul, das sich allmählich, Herbertshöhe überflügelnd, zum Knotenpunkt der Wirtschaft entwickelt hatte.

Der Sitz des Landeshauptmanns von Kaiser-Wilhelm-Land befand sich in Madang, dem damaligen Friedrich-Wilhelms-Hafen. Auf seine Anordnung hin wurden 1907 bei Aitape, 1910 in Morobe und 1913 bei Angorum nahe Marienberg am Sepik Stationen errichtet und richterliche Beamte (Bezirksamtmann) mit der Verwaltung betraut. Durch Verordnung vom 5. 6. 1886 wurden grundlegende Bestimmungen für die Rechtsverhältnisse und die Ausübung der Gerichtsbarkeit erlassen, nachdem durch eine Anordnung bereits im Vorjahr Landerwerbungen ohne die Genehmigung der Verwaltung als ungültig erklärt wurden. Nur die Regierung durfte in Zukunft herrenloses Land in Besitz nehmen; die Wohnstätten, Pflanzungen und Palmbestände, sowie die für den Unterhalt der Eingeborenen erforderlichen Flächen wurden von jedem Erwerb ausgeschlossen. Auch die Verwendung von Eingeborenen außerhalb des Schutzgebietes, sowie die Abgabe von Waffen, Schießbedarf und alkoholischen Getränken an diese wurde verboten.[6])

Nachdem in Deutschland im Jahre 1900 das Bürgerliche Gesetzbuch eingeführt worden war, wurden auch in Kaiser-Wilhelm-Land die Gesetze einheitlich zusammengefaßt. Die Eingeborenenarbeit wurde durch weitere Verordnungen geregelt, und ein neuer Entwurf sollte 1914 in Kraft treten. Die zur Wahrung der Disziplin vorgesehenen Strafen waren: Körperliche Züchtigung, Einschließung und Geldstrafen. Der Gouverneur konnte die Disziplinargewalt an einzelne vertrauenswürdige Personen übertragen. Hahl schreibt hierzu: „Die Übertragung der Disziplinargewalt gegen eingeborene Arbeiter nach der Verordnung vom 20. Juni 1900 und 20. Januar 1907 vertraut den Berechtigten die Verwaltung eines Kreises gewisser, das öffentliche Interesse angehende Geschäfte unter der Autorität des Staates an. Der Inhaber dieser Disziplinargewalt verwaltet daher ein Amt, für dessen Ausübung er die volle Verantwortung trägt. Diese ist um so größer, als dieses Amt eine Strafgewalt überträgt. Sie verleiht das weitgehende Recht körperlicher Züchtigung, auch gegen erwachsene Personen".[7])

Diese außergewöhnliche Maßnahme rechtfertigt sich nur durch die besonderen Verhältnisse des Landes, die eine Bestrafung durch die Behörden wegen der Entfernungen verzögert und außerordentlich erschwert.

Das Schwergewicht der Tätigkeit lag, abgesehen von der wirtschaftlichen Erschließung des Schutzgebietes, in der Beeinflussung der Eingeborenen zu einer neuen Ordnung und Hebung ihres Lebensstandards sowie der Verbesserung ihres Gesundheitszustandes. Da es Dorfhäuptlinge nicht gab und auch der Klan nicht als Träger von öffentlichen Ämtern in Frage kam, wurden durch die Verwaltung die Dörfer zu einer Verwaltungseinheit zusammengefaßt, die sich ein Oberhaupt unter vorbehaltlicher Bestätigung der Regierung wählen konnten. Diesen Häuptlingen (LULUAI) wurden Helfer oder Sendboten (TULTUL) zur Seite gestellt. Seit 1905 wurden von den Dörfern geeignete junge Männer in die Krankenhäuser abgestellt, die dort kurzfristig ausgebildet wurden und danach als Heilgehilfen

5 Kersting (275).
6 Hahl (236) 22 ff, ferner Florack (170), Gerstmeyer (197).
7 Hahl (236) 22.

in die Ortschaften zurückkehrten. Diese sich bewährende Einrichtung wurde wie so viele andere von der Mandatsverwaltung beibehalten (Vergl. Seite 58.)

Ein weiteres planmäßiges Ziel war die Befriedung der Küstengebiete, um Handel und Wirtschaft und der Missionstätigkeit die Wege zu ebnen. Einfache Pfade und Reitwege wurden angelegt und der Straßenbau vorangetrieben. Viele Eingeborene zeigten sich bei diesem Wegebau als willige und tüchtige Helfer. So war bei Ausbruch des Weltkrieges die Befriedung der Küstenregionen im großen und ganzen beendet, und die Erschließung des Binnenlandes hatte planmäßig begonnen. Durch die Goldfunde am Waria war auch dieser Flußlauf mit seinen Nebenarmen bis zum Edward-Gebirge hin erschlossen. Feste Stützpunkte sollten am Ramu, Markham und im Wariagebiet angelegt werden, um mit der Ausbeute der Goldvorkommen noch 1914 zu beginnen. [8])

Die deutsche Verwaltung ist besonders nach dem Kriege heftig angegriffen worden, schon um die Wegnahme der Kolonien zu rechtfertigen. Um so erfreulicher ist es bei Sichtung der Literatur dagegen, immer wieder auf anerkennde Stimmen zu stoßen, die diese Tätigkeit einer objektiven Beurteilung unterziehen. Oliver schreibt: „Die Entwicklung von Britisch Neu-Guinea hat nicht mit der von Kaiser-Wilhelm-Land Schritt gehalten.“[9]) Auch Danks konstatiert, daß die Deutschen nicht Männer von „Blut und Eisen“ waren, sondern „anxious to avoid bloodshed as far as possible. They took every precaution to save the people from the consequences of their own savage folly.“[10])

Champion lobte besonders die Expedition von Behrmann. Er führte die freundliche Aufnahme, die er 15 Jahre später anläßlich seines Besuches bei den Eingeborenen am oberen Sepik fand, auf das korrekte Verhalten der deutschen Forscher zurück. Er berichtet: „Während und seit dem Kriege hörte man Anklagen gegen die deutsche Verwaltung wegen Grausamkeit und Ungerechtigkeit. Wir durchquerten ein Land, in dem zwei deutsche Expeditionen von 1910—14 durchgeführt wurden, und das Verhalten der Eingeborenen bewies, daß sie nicht schlecht behandelt worden sein konnten, denn dann hätten sie uns in Feindschaft begrüßt, und wir hätten verlassene Dörfer gefunden.“ Und etwas weiter: „The exellent maps and the anthropological and botanical data collected, indicate that the expedition was carried out with that THOROUGHNESS which appears to distinguish the Germans."[11]) Eine solche Erklärung aus dem Munde eines Engländers hat schon einiges Gewicht.

Auch Campbell lobt die wissenschaftliche Forschungstätigkeit in Kaiser-Wilhelm-Land, die mit einer "characteristic German thoroughness" durchgeführt wurde. Er bezeichnet die Sepikkarte von Behrmann als die „most accurate and detailed map, ever made in New Guinea" und äußert den Wunsch: "The Behrmann-hills will, I hope perpetuate the memory of the magnificent work carried out in the Sepik area by Dr. Behrmann 1913—14."[12]) Auch der dem Völkerbund im Mai 1923 von den Australiern überreichte Bericht über das Mandatsgebiet beruht vorwiegend auf deutschen Arbeiten. Nach Hahl [13]) konnten die Australier zu jener Zeit, bis auf eine Erkundungsfahrt des Ramu, keine eigenen Forschungsergebnisse vorweisen.

So haben sich von den drei Nationen, die sich bis 1914 in den Besitz Neu-Guineas teilten, die Deutschen ständig bemüht, das von ihnen verwaltete Gebiet nach bestem Ermessen zu erschließen. Deutschen Kaufleuten, Verwaltungsbeamten und Forschern gelang es trotz widrigster Verhältnisse sich durchzusetzen, und die koloniale Stellung, die Deutschland in der Südsee errungen hatte, wird davon immer ein beredtes Zeugnis geben.

---

8 Friedensburg (177) 152, Hahl (236) 81 ff
9 Oliver (412) 173.
10 Danks (124) 271, Reed (460) 137; ferner: Mair (360) 33.
11 Champion (95) 238—239, (96), (274 3.
12 Campbell (86) 233.
13 Hahl (236) 27 ff.

3. Die Mandatsverwaltung des ehemals deutschen Gebietes bis 1942

Obwohl der deutsche Reichskanzler v. Bethmann-Hollweg wiederholt an die kriegführenden Mächte appellierte, die Kolonien im gemeinsamen Interesse der weißen Völker von Kampfhandlungen zu verschonen, da über ihre Zukunft ja doch auf den Kriegsschauplätzen Europas entschieden würde, landeten australische Truppen unter dem Befehl von Oberst William Holmes am 11. September 1914 bei Kokopo (Neu-Pommern).[14]

Bei Kriegsausbruch befand sich in den deutschen Südseebesitzungen lediglich eine Polizeitruppe, die sich vorwiegend aus Eingeborenen rekrutierte und in kleinen Gruppen über die Inselflur verteilt war. So standen für die Verteidigung des Landes nur ca. 60 Deutsche bereit, und der umsichtige deutsche Gouverneur, der die Nutzlosigkeit jeden Widerstandes einsah, übergab die Kolonie bereits am 14. September 1914.

Unter der militärischen Verwaltung von Oberst Holmes verblieben die Deutschen auf ihren Verwaltungsposten und ihrem Besitz. Reservisten konnten nach Ablegung des Neutralitätseides wieder ihrer Arbeit nachgehen. Die Deutschen unterstützten nach der Übergabe die neue Verwaltung, und Oberst Holmes, dessen korrektes Verhalten diese Zusammenarbeit ermöglichte, sicherte ihnen die Unverletzlichkeit des Privateigentums zu.[15] Dessenungeachtet wurden die deutschen Farmer und Kaufleute nach 1919 doch enteignet.

Bis zum Kriegsende änderte sich nur wenig an den Verwaltungsmethoden. Auch die Bezirkseinteilung wurde fast unverändert beibehalten. Nur der 1913 gegründete Polizeiposten SEPIK wurde unter Einbeziehung der Station AITAPE zum selbständigen Verwaltungsbezirk erhoben. Der Militärbefehlshaber billigte außerdem den Entwurf der Verordnung über die Eingeborenenarbeit und setzte ihn mit nur geringen Änderungen in Kraft. Darin wurde das Züchtigungsrecht den Bezirksbeamten übertragen und als Gerichtsstrafe unter der Bezeichnung „flogging" eingeführt, nach der nicht nur die Vertragsarbeiter, sondern alle Eingeborenen gleichermaßen bestraft werden konnten.[16] Auch heute wird die Prügelstrafe von der Verwaltung noch als notwendig erachtet, obwohl der Rat der Vereinten Nationen diese schärfstens mißbilligt.[17]

Artikel 119 des Versailler Vertrages vom 28. Juni 1919, nach dem Deutschland seine überseeischen Besitzungen zugunsten der alliierten und assoziierten Mächte abtreten mußte, schaffte die Voraussetzung, ein Mandatssystem zu bilden, das in Artikel 22 des späteren Völkerbundsvertrages niedergelegt wurde. Der Völkerbundsrat übertrug am 20. Dezember 1920 dem König von England Kaiser-Wilhelm-Land als Mandat „C", mit der Maßgabe, die Verwaltung durch Australien wahrnehmen zu lassen.[18]

Schon vorher hatte das australische Parlament die New Guinea Act 1920 als Verfassung für das Mandatsgebiet geschaffen und einen Administrator mit der Verwaltung beauftragt. Die Ernennung der Beamten blieb dem Generalgouverneur von Australien vorbehalten, der ebenfalls zum Erlaß von Verordnungen ermächtigt war, die allerdings dem Parlament zur nachträglichen Genehmigung vorgelegt werden mußten.

Die folgenden, der Mandatsverleihung Rechnung tragenden Bestimmungen mußten beachtet werden:[19]

Verbot der Zwangsarbeit und des Sklavenhandels.

Verbot der Verabfolgung von alkoholischen Getränken und Drogen an die Eingeborenen. Verbot, den Eingeborenen Waffen zu veräußern. Verbot der mili-

14 Rein (464) 47.
15 Oberst Holmes wurde wegen seiner aufrechten Haltung, die dem Feind zu milde und ehrenhafte Bedingungen gewährte, in Australien heftig kritisiert. Vergl. Mackenzie (358) 97, ferner: Schnee (515) 44.
16 Hahl (236) 22 ff.
17 Yearbook of the United Nations 1955 (637) 292.
18 Nach Artikel 22 § 6 dürfen die Mandatare die ihnen anvertrauten Teile des Schutzgebietes als integrierende Bestandteile ihres eigenen Landes und unter Einführung ihrer Gesetze verwalten. Vergl. Leske und Loewenfeld (341) 187, (466) 16, (579) 424.
19 (468) 133, (466) 20.

tärischen Ausbildung — ausgenommen Polizeidienst —. Jegliche Anlage von Befestigungen und Kriegshäfen wurde ebenfalls untersagt. Darüber hinaus verpflichtete sich die Mandatsverwaltung, Gewissensfreiheit und freie Religionsausübung zu gewähren und einen Jahresbericht an den Völkerbundsrat abzufassen.

Vergleichen wir diese Verordnungen mit denen der alten deutschen Verwaltung, so können wir feststellen, daß, wenn auch die Beseitigung des deutschen Rechts bei der Einführung der Zivilverwaltung durchgeführt wurde, diese doch keine wesentlichen Änderungen mit sich brachten.[20]) Hierzu bemerkt auch Hahl: „Die im Verfassungsgesetz niedergelegten Grundsätze für die Handhabung der Verwaltung in Anpassung an die Auflagen des Völkerbundsrates bestanden in der deutschen Zeit längst zu Recht. Bei der Neufassung der entsprechenden, in Polizeiverordnungen niedergelegten Bestimmungen, konnte man sich mit der Übersetzung oder Neubearbeitung alten Stoffes begnügen." [21])

Auch die im Jahre 1922 erlassene Land ordinance entspricht in allen Einzelheiten den in der deutschen Zeit getroffenen Schutzbestimmungen für den Eingeborenen, dem sie Verkauf und Verpachtung seines Grund und Bodens ohne Genehmigung der Verwaltung untersagte. (Vergl. Seite 73.) Lediglich die Pachtzeit wurde von 30 auf 99 Jahre heraufgesetzt.[22])

Auch gegenüber der Ordnung des Gerichtswesens hat sich nach Hahl[23]) sachlich nichts geändert.

Die einzige nennenswerte Neuerung bestand in dem 1925 gegründeten „Cadet System", nach dem alljährlich eine Anzahl von jungen und gesunden Australiern mit guter Allgemeinbildung für den Kolonialdienst geschult und ausgebildet werden. Diese Ausbildung sieht eine zweijährige praktische Zeit auf einer Verwaltungsstation in Neu-Guinea vor und einen sich anschließenden Kurs an der Universität Sydney, der Vorlesungen in Anthropologie, Völkerrecht, Geographie und Gesundheitswesen zum Gegenstand hat.[24])

Darüber hinaus beschränkte sich die Tätigkeit der australischen Verwaltung vorwiegend auf die wirtschaftliche Ausbeute des Mandatsgebietes.[25]) (Vergl. Seite 109.)

4. Die Militärverwaltung 1942—1945 ANGAU (Australian New Guinea Administrative Unit)

1939 war der Krieg noch weit von Neu-Guinea entfernt, und das Ansteigen der Rohstoffpreise auf dem Weltmarkt wirkte sich für das Territorium günstig aus. So erzielte der Goldexport einen Rekordpreis von 3,2 Mill. £.

Der Angriff der Japaner kam auch für Neu-Guinea überraschend. Am 12. Februar 1942 wurde die Zivilverwaltung aufgelöst, und so wurde durch die Militärregierung in dieser Stunde drohender Gefahr ein zwangsweiser Zusammenschluß der bisher getrennt verwalteten Territorien aus strategischen und wehrwirtschaftlichen Gründen herbeigeführt. Ende 1942 wurde der zügige Vormarsch der Japaner, die bis 30 km an Port Moresby herangerückt waren, von den unter dem Befehl von General Mac Arthur stehenden Streitkräften zum Stehen gebracht.

Die von General Morris befehligte Verwaltungseinheit (ANGAU) setzte sich vorwiegend aus ehemaligen Beamten der früheren Mandatsverwaltung zusammen und übernahm nacheinander die vom Feinde befreiten Distrikte. Im Frühjahr 1944

20 Vergl. Seite 94—95.
21 Hahl (236) 75 ff, vergl. Oliver (412) 171.
22 Handbook of Papua (646) 259.
23 Hahl (236) 76.
24 The Resources of the Territorium of Papua and New Guinea (468) 134.
25 Kluge (287) 241, u. a. kritisieren die Arbeit der Mandatsverwaltung; sie hätte nur 2 Richtlinien im Auge, die Suche nach Gold und die Gewinnung von Öl. Vergl. auch: Flierl (165) 95, Dordick (138) 234, U.N. Review 2. 9. 1955.

waren die Australier und Amerikaner wieder im Besitz der gesamten Insel, wenn auch die Japaner sich in versprengten Trupps noch in einigen Rückzugsgebieten verborgen hielten. Es ist geradezu bezeichnend für die Unzugänglichkeit der Insel, daß sich eine solche Gruppe japanischer Soldaten in Unkenntnis des Kriegsendes und erschöpft von den jahrelangen Entbehrungen erst Ende 1954 in „Gefangenschaft“ begab.

Die ANGAU zergliederte sich in folgende 3 Gruppen:

1. Operationsstab,
2. Verwaltungsstab,
3. Technischer Dienst.

Ihre Hauptaufgaben bestanden neben den kriegerischen Aktionen in der Organisation der Distrikte, der Aufrechterhaltung der Produktion auf den Plantagen und dem Einsatz der Eingeborenen als Kontraktarbeiter. (Über die Methoden des Arbeitseinsatz wurde bereits auf Seite 57 berichtet.)

Unwillkürlich wirft sich die Frage auf: Wie verhielten sich die Eingeborenen, die nun zum zweiten Male die Zeugen einer Überrumpelung ihrer europäischen Verwaltung wurden, nachdem sie diese Erfahrung bereits 1914 gemacht hatten? Man kann im allgemeinen sagen, daß sie sich den Truppen gegenüber loyal zeigten. Besonders einzelne bekundeten ihre Ergebenheit, indem sie Verwundete aus den Linien schleppten, abgestürzte Piloten retteten etc. Viele verstanden auch die Dringlichkeit, die sie zur Arbeit zwang, wenn sie auch meist aus den schon erwähnten Gründen (schlechte Behandlung und Zwangsrekrutierung) nur unwillig verrichtet wurde. (Vergl. Seite 57.)

Aber nach dem Einzug der Japaner arbeiteten sie sofort mit diesen zusammen, und führten ihre Befehle genau so aus, wie früher bei den Deutschen oder bei den Australiern. Die Japaner wurden also nicht als feindliche, illegale Macht angesehen, und man leistete ihnen auch keinen Widerstand. Ihr Regime war also nicht gehaßt oder unpopulär. (Vergl. Seite 58.) Auch behandelten sie die Eingeborenen nicht schlecht und verwendeten nur wenige Träger auf ihrem Vormarsch. Erst als sie von ihren Verpflegungslagern und Truppenverbänden abgeschnitten wurden, begannen sie die Gärten und Dörfer der Eingeborenen zu plündern.

5. Verwaltungseinheit von Papua und Mandatsgebiet durch „Papua and New Guinea Act 1949“

Der schnelle Abbruch der ANGAU nach dem Kriege und der Übergang zu einer „provisorischen“ Zivilverwaltung, wirkten sich auf die Eingeborenen, die durch die Kampfhandlungen nicht unerhebliche Schädigungen moralischer und materieller Art davongetragen hatten, ebenfalls schädigend aus. (Vergl. Seite 57.)

Durch das „Native Compensation Scheme“ wurden kurzfristig 350 000 £ für Tod, Invalidität und Sachschaden bereitgestellt, die 1948 zur Auszahlung gelangten. Die Schadensfestsetzung war jedoch erst 1950 abgeschlossen und es wurden insgesamt fast 1 Mill £ ausgezahlt. [26] So verheerend die Wirkungen des Krieges auch waren, so erwies sich doch diese Art der Entschädigung ebenfalls als nicht besonders klug, da durch den Fluß der Zahlungen ein Preisanstieg verursacht wurde. Trotzdem sprechen diese Bemühungen von dem Wandel, der sich in der Haltung Australiens gegenüber Neu-Guinea und seiner Bevölkerung vollzog, der sich in seiner vollen Auswirkung in der am 1. Juli 1949 in Kraft getretenen Verfassung der „New Guinea Act 1949“ spiegelte.

In Anlehnung an den am 13. Dezember 1946 abgeschlossenen Treuhandvertrag, in dem die Generalversammlung der Vereinten Nationen als Rechtsnachfolgerin des Völkerbundes das ehemalige Mandatsland Neu-Guinea dem Australischen Commonwealth nunmehr als „Treuhandgebiet“ anvertraute, verpflichtete sich dieses, die Bräuche und Gewohnheiten der Eingeborenen Neu-Guineas zu achten,

26 Stanner (549) 118

ihre Rechte zu respektieren und ihre Interessen zu schützen. Diese fundamentalen Bestimmungen wurden in Abschnitt 65 der Papua and New Guinea Act 1949 verankert.

Weitere Punkte garantieren den Eingeborenen des Territoriums die Gewissens- und Glaubensfreiheit, die Intensivierung der kulturellen Förderung und Erziehung, sowie unter Berücksichtigung der besonderen Verhältnisse von Land und Leuten eine angemessene, fortschreitende Teilnahme an der Verwaltung.[27]

Durch Artikel 4 des U. N. Trusteeship Agreement ergab sich aber in erster Linie eine neue Rechtslage, die eine gemeinsame Verwaltung der Territorien Papua und Neu-Guinea, die povisorisch ja schon durch die ANGAU durchgeführt worden war, ermöglichte.[28] Diese Verwaltungseinheit wurde durch die Papua and New Guinea Act am 1. Juli 1949 endgültig herbeigeführt.

Oberste Instanz bildet das Kolonialministerium (Department of Territories) in Canberra. Die Verwaltungsgeschäfte leitet der Administrator, dem ein Exekutiv-Rat (Executive Council) von 9 Beamten und ein Gesetzgebender-Rat (Legislative Council) mit 29 Mitgliedern zur Seite stehen.

Daneben wurde ein Technischer-Beirat für Eingeborenen-Fragen (Advisory Council for Native Matters) und die Eingeborenen-Gemeinderäte (Native Village Councils) gebildet.[29] Dem Advisory Council gehören auch Eingeborene als Mitglieder an; ihnen wird später die Majorität darin eingeräumt. Die breite Basis dieser Selbstverwaltung bildet jedoch der Gemeinderat der Native Village Council. Dieser Rat nominiert geeignete Vertreter, die in den Advisory Council gewählt werden. Aus der Mitte dieser Abgeordneten werden wieder drei Eingeborene in den Gesetzgebenden-Rat gewählt. Somit ist den Eingeborenen die Möglichkeit eröffnet worden, an der Entstehung und Verabschiedung der Gesetze ihres Landes mitzuwirken.

Dem Legislative Council gehören außer dem Administrator noch

16 Beamte des Territoriums,
3 gewählte Vertreter der Öffentlichkeit,
3 Mitglieder der Missionsgesellschaften,
3 Vertreter der Eingeborenen,
3 weitere Mitglieder nach Wahl an.[30]

Die Verwaltung untergliedert sich in folgende Abteilungen:[31]

1. Department of Government Secretary,
   Öffentliche Sicherheit, Polizei- und Gefangenenwesen.
2. Department of District Service and Native Affairs.
3. Department of Health.
4. Department of Education.
5. Department of Treasury.
6. Crown Law Department.
7. Department of Agriculture, Stock and Fisheries.
8. Department of Forests.
9. Department of Land Survey and Mines.
10. Department of Works.
11. Department of Customs and Marine.

---

27 The Resources of Papua (463) 135 ff, Evatt (148) 56
28 (646) 21. Art. 4 des Trusteeship Agreement lautet: „The Administering Authority will be responsible for the peace, order and good government and defence of the Terr. and for this purpose will have the same powers of legislation, administration and jurisdiction in and over the Terr., as if it were an integral part of Australia . . ." Art. 5 „It is agreed that the Administ. Authority will be at liberty to bring the Terr. into a customs, fiscal or administrative union . . ."
Ferner: Yearbook of the U.N. (637) 292, 1955.
29 Resources of Papua and New Guinea (468) 136.
30 Ebenda (468) 137.
31 Ebenda (468) 137 ff, (646) 312 ff.

Das Verwaltungsgebiet ist in 15 Distrikte unterteilt, denen ein District-Officer vorsteht. Diese Distrikte untergliedern sich wie folgt: (Vergl. Karte 7)

Papua:	Western District Central District	Milne Bay District Gulf District	Northern District Southern Highland District
New Guinea:	Sepik Western Highlands Eastern Highlands	Madang Bougainville Manus	Morobe New Britain New Ireland

Innerhalb dieser Distrikte, meist in der Nähe größerer Ortschaften, befinden sich die Polizeistationen, die sich sporadisch über das Land verteilen. Diese Außenposten sind von Regierungsbeamten, den sog. Patrol-Officers besetzt, die von hier aus das Land in unermüdlichen Märschen durchdringen, um neue Gebiete zu erschließen oder ihre turnusmäßigen Inspektionen in den bereits unter Kontrolle stehenden Dörfern vorzunehmen.

Zum Bereich ihrer umfassenden und verantwortungsvollen Tätigkeit gehört neben der Einziehung der Steuern, Beaufsichtigung der Sauberkeit und Ausübung der richterlichen Gewalt auch die Aufgabe, den Eingeborenen in allen Fragen des täglichen Lebens, insbesondere auch bei der Bestellung der Felder, beratend zur Seite zu stehen. (Vergl. Seite 58.)

Es gibt jedoch noch viele Dörfer, deren Einwohner keine Arbeiter entsenden, keine Steuern zahlen und auch die Wege nicht ausbauen. Hier besteht die einzige Verbindung mit dem Kulturleben der Weißen im Tausch europäischer Güter, die ihnen durch die Kanäle des reinen Eingeborenen-Handels zugeleitet werden.

Somit sind also noch keineswegs alle Regionen erschlossen, und eine Gesamtfläche von über 20 000 qkm ist noch gänzlich unkontrolliert. [32] Wir unterscheiden demnach:

1. Gebiete unter Verwaltungskontrolle.
2. Gebiete unter Verwaltungseinfluß.
3. Gebiete unter teilweisem Verwaltungseinfluß.
4. Unkontrollierte Gebiete.

Es ist die bewußte Politik der Regierung, selbst die unzugänglichsten Zonen des Landes unter Kontrolle zu bringen, um den Bewohnern dadurch die Teilnahme an der aufblühenden Wirtschaft sowie am politischen und sozialen Leben eines modernen Staates zu ermöglichen. Dieser Zeitpunkt dürfte voraussichtlich in einem Jahrzehnt gekommen sein.

6. Gesundheitsdienst und Erziehungswesen

a) Staatlicher Gesundheitsdienst

Eines der wichtigsten Probleme, mit denen sich die Verwaltung auseinanderzusetzen hat, ist es, den Gesundheitszustand der Eingeborenen zu heben. Zwar haben die Missionen neben der christlichen Unterweisung von Anfang an auch die Krankenpflege in den Bereich ihres Wirkens gestellt, doch machte die fortschreitende Erschließung des Landes die Erweiterung des Gesundheitsdienstes und der ärztlichen Betreuung unter staatlicher Aufsicht und Hilfe notwendig. Schon die deutsche Verwaltung wandte bis 1914 rund $^1/_5$ der jährlichen Haushaltssumme des Schutzgebietes (rd. 1,7 Mill. RM) für das Gesundheitswesen auf.[33] Sie errichtete Krankenhäuser in Rabaul, Lae und Finschhafen und setzte sechs Amtsärzte ein, die neben der Betreuung von Europäern und Eingeborenen auch wissenschaftliche Untersuchungen durchführten, deren Ergebnisse in den Amtsblättern für das deutsche Schutzgebiet regelmäßig veröffentlicht wurden. [34] Auch Robert Koch hat im Jahre 1900 in Kaiser-Wilhelm-Land Untersuchungen über die

32 Diese Gebiete oder „restricted areas" dürfen ohne die ausdrückliche Genehmigung der Verwaltung nicht betreten werden.
33 Braun (77) 176.
34 Archiv für Schiffs- und Trophenhygiene Heft 21 1913.

Bekämpfung der Malaria angestellt. Zur Entlastung der Ärzte wurden Eingeborene als Heilgehilfen ausgebildet und als sogenannte „Doctor-boys" oder „Tul-Tul" beschäftigt.[35])

Aber auch die australische Verwaltung ist sich der Dringlichkeit bewußt, die allgemeinen Gesundheitsverhältnisse zu bessern. 1954 verfügte das Gesundheits-Department über 51 Ärzte, 84 europäische Heilgehilfen, 3 medizinische Assistenten (Eingeborene), sowie über einen Stab gut ausgebildeter Schwestern.

Die wichtigsten Aufgaben dieser Gesundheitsbehörde bilden neben der Krankenbehandlung und der ärztlichen Betreuung die Verbesserung der Hygiene in den Dörfern und die Ausbildung von Hilfspersonal.

1954 befanden sich im australisch verwalteten Gebiet folgende Krankenhäuser:

Tabelle XXVIII

Art	Verwaltung	Mission	Privat	Summe
Europäische Krankenhäuser	10	1	2	13
Asiatische Krankenhäuser	3	—	—	3
Eingeborenen-Krankenhäuser	56	43	2	101
Krankenstationen	70	92	3	165
Medizinische Hilfsposten	608	193	10	811
Lepra-Isolier-Stationen	8	1	—	9

Die drei modernsten Krankenhäuser befinden sich in Port Moresby, Lae und Rabaul. Hier stehen neben je 30—40 Betten für Europäer ebenfalls ca. 500 Betten für Eingeborene bereit. Daneben befinden sich noch größere Krankenhäuser in Wau, Madang und Wewak, sowie die Missionskrankenhäuser in Finschhafen, Baiyer River (östliches Hochland), Madang, Morobe und Vunampope (New Britain). Die Krankenstationen werden von Heilgehilfen oder von Missionsschwestern unterhalten. Auch die Australasian Petroleum Comp. beschäftigt einen Arzt sowie mehrere Heilgehilfen, die in den verschiedenen Arbeitsgebieten Krankenstationen errichtet haben.

Die Patrol-Officers sind in Kurzlehrgängen in „erster Hilfe" ausgebildet. Sie versorgen die Tul-Tuls in den Dörfern mit den erforderlichen Medikamenten, die die Regierung kostenlos für die Eingeborenen zur Verfügung stellt. Seit 1940 befindet sich auf jeder Regierungs-Station ein Krankenhaus für Eingeborene.[36])

Die „Native Medical Assistants" werden seit 1922 beschäftigt. Nach Lehrgängen von 12 bis 18 Monaten an der medizinischen Schule in Lae begleiten sie Ärzte und europäische Heilgehilfen auf ihren Inspektionsreisen. Im Jahre 1933 wurden zwölf von ihnen ausgewählt und an die Universität Sydney geschickt, wo sie in Spezialkursen in Physik, Chemie, Anatomie, Physiologie und Pathologie unterrichtet wurden.[37]) Ihre Leistungen waren nach dieser Ausbildung denen von Studenten des zweiten Semesters gleichzusetzen. Weitere medizinische Schulen sind in Port Moresby, Rabaul und Goroka errichtet worden. Auch für die Frauen laufen hier Kurse in Kranken- und Säuglingspflege, ferner Ausbildungslehrgänge für Schwestern.

Worin bestehen nun die gesundheitlichen Schädigungen der Bevölkerung? Ausschlaggebend sind in erster Linie die hygienischen Bedingungen in den Dörfern, die als sehr primitiv zu bezeichnen sind. Auch der Genuß von ungereinigtem Wasser, das oft aus Tümpeln und anderen stehenden Gewässern geschöpft wird, führte zu chronischen und akuten Erkrankungen. Dazu kam die unregelmäßige, eiweißarme Kost, die teilweise sehr dürftigen Wohnverhältnisse, die Unsitte des starkens Rauchens und Betelkauens, die manchmal schon bei Kindern ausgeprägt ist.

35 Mair (360) 181.
36 Niles (410) 27.
37 Handbook of Papua and New Guinea (646) 278.

Eine verhängnisvolle Rolle spielte besonders die Dysenterie, deren Hauptursache Kopp[38]) in den unhygienischen Wasserverhältnissen und der Fäkalablage im Freien sah. Schon 1910 schlug er, in seiner Eigenschaft als Regierungsarzt, die Anlage von modernen Brunnen in den einzelnen Dörfern vor.

Der Mangel an Reinlichkeit führte auch zu endemischen Hautkrankheiten, vorwiegend Ringwurm (Tinea circinata), die ganz besonders verbreitet sind. [39]) Auch durch das unsachgemäße Tragen europäischer Kleidung, die oft, da der Eingeborene meist nur über ein Hemd etc. verfügt, durchschwitzt und schmutzig ist, entwickelten sich Hautkrankheiten, so daß die Verwaltung das Tragen von Oberkleidung aus hygienischen Gründen verboten hat. [40])

Schwere Schädigungen erleidet die Bevölkerung besonders durch die Malaria, die einen hohen Tribut von ihr forderte. Umfassende medizinische Vorbeugungs- und Hilfsmaßnahmen sind von dem Malaria-Controll-Büro durchgeführt worden. Mit Hilfe von Paludrin und prophylaktischen Schutzimpfungen wurden nicht nur die Kontraktarbeiter, sondern auch die übrigen Einwohner geschützt. Dadurch konnte besonders die hohe Kindersterblichkeit gesenkt werden. [41])

Der größte Feind der Eingeborenen ist neben der Malaria jedoch die Lungen-Tuberkulose (Tbc), die sehr verbreitet und für die Erwachsenen meist tödlich ist. Auch Typhus tritt stellenweise auf und vorbeugende Impfungen sind für jeden Europäer obligatorisch.

Weiterhin treten vor allem Framboesie, Filariasis, Ruhr, Elephantiasis und Lepra auf. Allgemeine Erkältungskrankheiten sind häufig. Epidemien wie Masern, Pocken und „Chicken"-Pocken waren im 19. Jahrhundert noch tödlich; jetzt hat sich eine gewisse Immunität bemerkbar gemacht. Keuchhusten und Dysenterie treten ebenfalls epidemisch auf. Besonders die im letzten Kriege durch die alliierten Truppen eingeführte Dysenterie forderte viele Opfer, und über 15 000 Fälle wurden behandelt, davon allein 4000 im Ramu-Gebiet. Weiterhin ist durch die Europäer die Gonorrhöe eingeschleppt und verbreitet worden.

Es ist beachtlich, festzustellen, daß Europäer und Eingeborene im allgemeinen an den gleichen Krankheiten leiden und somit das Krankheitsbild im wesentlichen übereinstimmt. Ein auffallendes Merkmal ist jedoch eine Blutverschlechterung, die beim Europäer nach längerem Tropenaufenthalt zu bemerken ist, so daß eventuelle Wunden teilweise nur schwer heilen. [42])

Von der Erkenntnis des Leidens bis zu seiner Ausheilung ist ein weiter Weg. Die Abgeschlossenheit sowie die Scheu der Eingeborenen muß erst überwunden werden. Viele weigern sich anfangs, ins Krankenhaus zu gehen oder sich überhaupt behandeln zu lassen. [43]) Wenn diese Scheu jedoch überwunden ist, wollen sie oftmals die Krankenhäuser nicht mehr verlassen und simulieren, um ihren Aufenthalt zu verlängern.

Ein weiterer Umstand, der den Heilprozeß bei den Eingeborenen wesentlich verzögert, ist die mangelnde seelische Bereitschaft zu gesunden. Da die Krankheit nach Ansicht des Papuas nicht natürlichen Ursprungs, sondern auf Wirkung eines Zaubers oder Geistes zurückzuführen ist, fügt der Kranke sich völlig willenlos und apathisch in sein Schicksal und bringt besonders bei schwereren Krankheitsfällen nicht die Lebensenergie auf, die zur Besserung seines Zustandes notwendig wäre.

So dezimieren eine Zahl von Krankheiten die einheimische Bevölkerung, und die Folgen der Unkultur und der sich daraus ergebende Mangel jeglicher Hygiene zehren an der Kraft des Volkes und verursachen auch eine nur kurze Lebensdauer. Die Tbc wird als die Hauptursache des Bevölkerungsrückganges angesehen, und

---

38 Kopp (294) 745 ff
39 Graf Pfeil (423) 220. Romilly, (475) 225.
40 Belshaw (54) 11, Kessing (273) 97.
41 McAuley (371) 377, Commonweal, London, 8. 8. 55.
42 Diese Erkenntnis wurde durch mehrere Gespräche mit Prof. Dr. Moser erhärtet, der als Röntgenologe in Port Moresby lebt.
43 Zöller (640) 221.

sie findet durch enges Beieinanderwohnen, mangelnde Ventilation und Reinlichlichkeit von vornherein Boden für eine weite Verbreitung. Auch Ringwurmerkrankungen wirken sich nachteilig auf die Bevölkerungsvermehrung aus, da Mädchen, die mit dieser Krankheit behaftet sind, häufig keinen Mann bekommen.[44]

Besonders bemerkenswert ist der schnelle Kräfteverfall der Frauen, die von frühester Jugend an einen Großteil der Arbeit verrichten müssen. Bei ihnen liegt das Durchschnittsalter bei etwa 38—40 Jahren und damit 5 Jahre unter dem der Männer. (Vergl. Seite 41.)

Papua und Melanesier sind im allgemeinen auf eine Beschränkung der Nachkommenschaft bedacht, und die Abtreibung ist fast bei allen Stämmen bekannt und wird durch Körpermassage, Einschnüren, absichtlich schwere Arbeitsleistung und Pflanzensäfte vorgenommen. Der Mangel an Frischmilch, der die Frauen zwingt, die Kinder 3—4 Jahre zu nähren und andererseits die starke Inzucht wirken sich nachteilig für die Nachkommenschaft aus. Trotzdem ist die Zahl der Kinder im Verhältnis zu den Erwachsenen erstaunlich groß, doch ist ihre Sterblichkeit, die bei 20% liegt, erheblich.[45] Säuglingspflege und Einwirkung auf die allgemeine Lebenshaltung können hier Abhilfe schaffen.

So erhöhen sich die Anforderungen, die das Gesundheitswesen an die Verwaltung stellt, von Jahr zu Jahr. Trotz aller Bemühungen und Ausgaben — im Rechnungsjahr wurden allein für den Gesundheitsdienst 1 361 894 £A aufgebracht — sind die Einwohner in weiten Gebieten noch unterernährt und ihr Gesundheitszustand läßt noch sehr zu wünschen übrig.

b. Erziehungswesen

Das Unterrichtswesen, das früher ganz in den Händen der Missionen lag, wird nunmehr vom Department of Education beaufsichtigt und gelenkt. Das Erziehungsprogramm befaßt sich neben der Ausbildung der Schulkinder auch mit der Erwachsenenbildung der Einheimischen und sieht im wesentlichen die folgenden Hauptpunkte vor:[46]

1. Die Erziehung europäischer Schulkinder in den Grundfächern bis zu einem Stand, der ihnen den Besuch von Mittelschulen und Internaten in Australien ermöglicht.
2. Unterrichtung der Eingeborenenkinder in Dorf- und Elementarschulen und die Fortbildung besonders begabter Kinder an Mittelschulen.
3. Erwachsenenbildung durch technische und handwerkliche Schulen.
4. Zusammenarbeit mit den weitverbreiteten Erziehungsinstitutionen der Missionen und Privatorganisationen sowie Bereitstellung der erforderlichen Mittel.
5. Bereitstellung von Stipendien für besonders begabte Schüler ohne Unterschied der Herkunft und Rasse für eine weitere Ausbildung im australischen Mutterland.
6. Die Ausbildung von europäischem Lehrerpersonal zur Übernahme leitender Posten des sich ständig erweiternden Erziehungsprogramms und die Errichtung von Lehrerseminaren, an denen besonders befähigte Eingeborene zu Dorfschullehrern herangebildet werden sollen.

Das Schulwesen für die europäischen Kinder wickelt sich ohne Schwierigkeiten ab, da der Unterricht nur für die Grundschulzeit gedacht ist, nach deren Absolvierung die Schüler ihre weitere Ausbildung an Schulen und Internaten im australischen Mutterland erhalten. Dem Erziehungsberechtigten wird vom Department of Education während dieser Zeit eine jährliche Erziehungsbeihilfe von 145 £ gewährt; darüber hinaus trägt die Verwaltung die Kosten eines Hin- und Rückfluges für jedes Kind pro Jahr.[47]

44 Kopp (294) 748, Graf Pfeil (423) 220.
45 Belshaw (49) 95.
46 Report of Neu Guinea (466) 84 ff.
47 Non self-governing Territories (648) 254.

Seine besondere Aufmerksamkeit widmet das Department of Education jedoch der Erziehung der Eingeborenen und damit den Dorfschulen. Der Unterricht soll in erster Linie die Schüler auf die Veränderungen vorbereiten, die durch den Kontakt mit den Europäern stattgefunden haben, doch gehen die Anstrengungen von Mission und Verwaltung dahin, die alte Kultur in abgeänderter Form zu erhalten. Besondere Beachtung wird hierbei der landwirtschaftlichen Unterweisung geschenkt, die zu einem Verständnis neuer Anbaumethoden führen soll.

Ein weiteres wichtiges Ziel ist es, den Schülern die englische Sprache beizubringen. Wenn auch die Missionen in dem Bemühen, ihre Zöglinge im Lesen und Schreiben zu unterrichten, sich anfangs der verschiedenen Eingeborenen-Sprachen bedienen, so beginnt im 4. Schuljahr der Englisch-Unterricht. Von der Erlernung dieser Sprache hängt die weitere Fortbildung der Schüler ab, denn der Unterricht an den sogenannten „Village Higher Schools" und Bezirks- und Mittelschulen findet fast ausschließlich in englischer Sprache statt. Mit 17 Jahren beenden die Schüler ihre Schulzeit, und einige von ihnen besuchen danach noch 2 Jahre eine höhere Schule in Sogeri, Finschhafen oder Port Moresby. Nach dem Besuch dieser Unterrichtsanstalten steht den Schülern nunmehr die Ausbildung am Lehrerseminar oder einer höheren technischen Anstalt offen, die weitere 2 Jahre währt.[48])

Die Hauptarbeit der Erwachsenenbildung wird mit Hilfe von Radioübertragungen, Filmen, Zeitschriften und Büchern bewältigt. Besonders das Radioprogramm bringt täglich für $1^1/_2$ Stunden in der „Native People Session" Nachrichten und praktische Hinweise für die Eingeborenen mit der Absicht, ihnen das Leben der Außenwelt und die Arbeit der Verwaltung begreiflich zu machen. [49])

Über 480 Filme wurden im Jahre 1954—55 einer Zuschauermenge von insgesamt über 100 000 Personen vorgeführt. Diese Filme werden regelmäßig in den Schulen, Missionen, Dörfern und Arbeitslagern gezeigt.

Einmal im Monat wird die Zeitschrift „The Papuan and New Guinea Villager" veröffentlicht, die eine Auflage von 5000 Stück erreicht hat. 10 Missionszeitungen mit einer Gesamtauflage von über 30 000 Exemplaren werden ebenfalls kostenlos monatlich herausgegeben. Daneben versorgen 5 öffentliche Büchereien mit 45 Zweigstellen nicht nur die Städte, sondern auch die abgelegenen Ortschaften durch ihren Leihdienst.

Erst seit Ende des letzten Krieges ist die Verwaltung ernsthaft an die Bewältigung dieser Erziehungsprobleme herangegangen und hat in ihren Bemühungen um die Ausbildung eines $1^1/_2$-Millionen-Volkes beachtliche Fortschritte erzielt. Die Anzahl der Schulen wurde vergrößert und weitere australische und einheimische Lehrer bestallt. Ende 1947 errichtete das Erziehungs-Department in Port Moresby, Lae, Madang, Wewak und Rabaul sogenannte „Training Centres", an denen eine gründliche Fachausbildung für Tischler, Klempner, Mechaniker usw. vermittelt wird und tüchtige Handwerker herangebildet werden, die ihren Platz in der sich entwickelnden eigenständigen Industrie Neu-Guineas einnehmen. In Papua ist ferner die Gründung von 2 Bootsbauschulen geplant. Im Januar 1955 wurden 4 neue Lehrerseminare sowie 2 weitere technische Schulen in Lae und Rabaul eröffnet.

Im Territorium Papua und Neu-Guinea befanden sich 1955 folgende Schulen und Bildungsanstalten:[50])

48 Das Lehrerseminar befindet sich in Sogeri, Papua.

49 U.N. Bulletin Nr. XVI 15 Mai 1954, S. 397. In den letzten Jahren ist dieses Programm weitgehend ausgebaut worden. Die Nachrichten in MOTU und Pidgin-English werden jetzt 3mal täglich verlesen. Sendungen in Motu, Orokaiva, Toaripi, Dobu, Yabim, Kuanua und anderen Dialekten werden in regelmäßigen Zeitabschnitten ebenfalls übertragen

50 Report of Papua (465) 148, Report of New Guinea (466) 193, ferner: Pacific Island Yearbook 1956 (415 331 ff.

Tabelle XXIX.

Verwaltungsschulen:

	Grundschulen:		Mittelschulen:		Lehrer:
Misch-Schulen:	4	(200)	—	(—)	57 Europäer
für Asiaten:	3	(325)	1	(78)	11 Europäer
					55 Europäer
für Eingeborene:	80	(6107)	12	(895)	184 Eingeborene
für Europäer:	16	(833)	—	(—)	7 Europäer

Missionsschulen:

	Grundschulen:		Mittelschulen:		Lehrer:
für Europäer:	2	(151)	—	(—)	Europäer:
für Asiaten:	3	(342)	—	(—)	248 Männer
für Eingeborene:	3738	(126 963)	261	(14 450)	204 Frauen
Misch-Schulen:	4	(298)	—	(—)	4917 Eingeborene
					52 übrige

Anm.: Die eingeklammerten Zahlen bedeuten die Anzahl der Schüler.

Die Hauptarbeit der elementaren Erziehung bleibt somit, wie sich aus den Zahlen obiger Tabelle unschwer erkennen läßt, auch heute den Missionen überlassen, die auf diesem Gebiet beachtliche Leistungen erzielen konnten und von der Verwaltung finanziell unterstützt werden. Insgesamt erhielten die Missionsgesellschaften im Rechnungsjahr 1954—55 einen Zuschuß von 110 000 £.[51])

Die Gesamtausgaben für das Schulwesen — worunter auch eine Zahl von Stipendien fielen, die begabten Schülern den Besuch australischer Mittelschulen und Gymnasien ermöglichten — beliefen sich 1954—55 auf 0,64 Mill. £.[52]) Trotz dieser Ausgaben und den gemeinsamen Bemühungen von Mission und Verwaltung ist das Analphabetentum noch weit verbreitet, und dem Erziehungsprogramm stellen sich durch die ständig auftretenden Sprachenunterschiede große Schwierigkeiten entgegen. Darüber hinaus ist die große Mehrheit der Eingeborenen primitiv und besitzt nur einen niedrigen Kulturstand, so daß es in erster Linie notwendig ist, Maßnahmen in hygienischer und sozialer Hinsicht zu treffen, bevor an einen Erziehungsbeginn überhaupt gedacht werden kann.

So wirkt die Erziehung umgestaltend auf den einfachen Naturmenschen, bald stärker bald schwächer seine alten Lebensformen angreifend, und ebnet ihm richtungsweisend den Weg zu einer neuen Ordnung. Diesen Weg muß der Eingeborene jedoch selbst zurücklegen ,und er durchläuft dabei die alte, doch immer moderne Schule, die Schule der Erfahrung.

B. Neu-Guinea im Kräftespiel der Weltpolitik

Wegen ihrer großen Zersplitterung und weltabgewandten Lage gehört die Inselwelt Ozeaniens zu den am wenigsten bekannten und entwickelten Räumen der Welt.

Wenn auch seit der Entdeckung der Insel Neu-Guinea durch die Portugiesen im Jahre 1526 Gerüchte von Gewürzen und Gold Abenteurer und Entdecker angezogen haben, so blieb auch diese gewaltige Insel außerhalb der großen europäischen Kolonialexpansion. Die einzelnen Großmächte zeigten keine Neigung, in den Stillen Ozean vorzudringen, da lohnendere Ziele ihre Aufmerksamkeit in Anspruch nahmen. England war mit Australien beschäftigt, Holland beutete die Kolonialgüter Javas aus, die Vereinigten Staaten hielten sich gemäß der Monroe Doctrin von 1823 noch zurück, und Japan kam als Kolonialmacht zunächst nicht in Betracht.

51 Report of Papua (465) 1955 S 63 ff, Report of New Guinea (466) 83 ff.
52 Ebenda (465) 148, (466) 193. U.N. Review Sept. 1955 S. 33.

1824 setzten sich die Holländer im Westteil der Insel fest. 19 Jahre später nahmen die Franzosen, denen die Engländer in Australien und Neuseeland zuvorgekommen waren, Neu-Kaledonien in Besitz. Erst Ende des vergangenen Jahrhunderts begann auch der östliche Teil der Insel Neu-Guinea wirtschaftliches und politisches Interesse bei der westlichen Welt zu erwecken.

Leicht hätte damals das Deutsche Reich ein gewaltiges Kolonialgebiet erwerben können, doch war die Politik Bismarcks anfänglich nicht auf Kolonialgewinn abgestimmt. Erst der Annektionsversuch in Papua, den Queensland im April 1883 durchführte und der von Seiten Englands durch Lord Derby annulliert wurde, gab auch dem Deutschen Reich den Auftakt zum Handeln.[53]) So wurde die deutsche Flagge zum Schutze der wirtschaftlichen Interessen deutscher Staatsbürger in Kaiser-Wilhelm-Land im November 1884 gehißt und fast gleichzeitig erfolgte, im Zuge der deutsch-englischen Rivalität um die Kontrolle der Pazifischen Inseln, die Besitzergreifung Papuas durch England. Diese Rivalität endete nach dem 1. Weltkrieg, der Deutschland als lästigen Konkurrenten ausschaltete. Die Übernahme von Kaiser-Wilhelm-Land als Mandat war der einzig greifbare Gewinn, den Australien zu einem Preis von 60 000 Menschenleben in diesem Krieg gewonnen hat.

In diese Zeit fällt der Eintritt Japans in die Reihe der Kolonialmächte, und es zeigte sich bald, daß die politische Karte nicht übersichtlicher geworden war, und die japanische Expansion in Südostasien und im Pazifik, die ihren Höhepunkt im 2. Weltkrieg erreichte, bewies deutlich, daß diese politische Umgruppierung nicht zu einer Beruhigung der Lage geführt hatte.

Bereits im März 1942, also knapp 3 Monate nach dem Überfall auf Pearl Harbour, hatten die Japaner ihre gesteckten Kriegsziele erreicht.[54]) Sie erweiterten den ursprünglichen Operationsplan und verstärkten durch neue Landungen den Angriff auf Neu-Guinea, und es gelang ihnen, sich im September 1942 bis 30 km an Port Moresby heranzuarbeiten.[55])

Die politischen und wirtschaftlichen Auswirkungen der japanischen Eroberungen waren äußerst weittragend. Die Japaner, die im Juni 1942 nahezu 500 Mill. Menschen beherrschten, ermutigten und förderten in den besetzten Ländern die gegen die europäischen Kolonialmächte gerichteten Volksbewegungen und wirkten so bei der Bildung unabhängiger Regierungen erheblich mit.[56]) Weiterhin kontrollierte Japan in diesen Jahren 95% der Rohgummierzeugung und je 70% der Weltproduktion an Reis und Zinn. Damit war die Schaffung eines großasiatischen Wirtschaftsraumes unter japanischer Führung vorübergehend erreicht.

Wenn auch im Endergebnis des Kampfes die Amerikaner und Australier den Japanern gewachsen waren, so zeigte er doch deutlich die drohende Gefahr, in der Australien innerhalb dieser Jahre geschwebt hatte. Australien erkannte weiterhin die Notwendigkeit, Neu-Guinea, das sich als Bollwerk des nördlichen Verteidigungssystems erwiesen hatte, erhöhte Aufmerksamkeit zu schenken, um einer etwaigen Aggression niemals wieder so unvorbereitet gegenüberzustehen.

So wurde der japanische Angriff zum Meilenstein einer neuen Politik und bedingte den Aufstieg der Insel zu politischer und strategischer Wichtigkeit sowie eine Steigerung ihres wirtschaftlichen Wertes. Auch die Haltung gegenüber dem Britischen Commonwealth änderte sich, da die australische Politik sich unabhängig von traditionellen Bindungen von nun an auf die natürlichen Grenzen, die für Australien im Pazifik liegen, beschränkten. Hierzu berichtet Harper:[57]) „Most Australians recognize instinctively that with Britain weakened and impoverished by 2nd World War Australia is more dependent than ever on American protec-

53 Im gleichen Jahr war eine „australische Monroe Doctrin" aufgestellt worden, die auch das Südseegebiet zur australischen Interessensphäre erklärte. Vergl. Schneider (520) 34, Zimmermann (639) 95.
54 Ruge (479) 80 ff. Die Landung auf Neu-Guinea erfolgte am 25. Januar 1942 bei Lae.
55 Handbook of Papua (646) 15, (479) 80.
56 Burma erklärte am 1. VIII. 1943 seine Unabhängigkeit. Auch Indonesien bildete mit japanischer Hilfe 1943 eine Einheitspartei, die zur Unabhängigkeit führte. 1944 bildeten auch die Philippinen unter Aguinaldo und Laurel eine japanfreundliche Regierung.
57 Harper (244) 3 ff.

tion." So ist Australien zuerst eine Nation im Pazifik und auch die Zukunft dieses Kontinentes wird sich am Pazifik entscheiden.[58])

Regionale Sicherheit im Pazifik ist deshalb für Australien gleichbedeutend mit engen Beziehungen zu den USA als der vorherrschenden Macht in diesem Raum. Aus diesen Überlegungen heraus wurde 1951 der ANZUS Pakt[59]) als ein Sicherheitsabkommen zwischen Australien, Neuseeland und den Vereinigten Staaten abgeschlossen. Für Australien bildete dieser Vertrag eine der Voraussetzungen, die ein wiedererstarktes Japan von erneuten Aggressionsabsichten abhalten würden. Als Mitbegründer dieses Vertragswerkes machte Dr. Evatt keinen Hehl aus dem Verlangen seiner Regierung, Japan für immer militärisch auf die Knie zu zwingen. Er schreibt: „In our considered view, the complete elimination of Japanese imperialistic militarism is a basic condition of Pacific security."[60])

Die japanische Gefahr schien kaum gebannt, als neue drohende Wolken am politischen Himmel aufzogen. Die Indonesier erheben Anspruch auf die westliche Hälfte Neu-Guineas, die nach ihrer Ansicht innerhalb ihrer eigenen Einfluß-Sphäre liegt. Unter einer uneingeschränkten Selbständigkeit versteht Indonesien die Kontrolle über alle früheren holländischen Besitzungen in Niederländisch-Indien.[61]) Der Indonesier Mohammed Jamin protestierte auf der Haager Konferenz 1949 im Namen seiner Regierung gegen das überholte Legat von Kolonialstaaten und sprach die Hoffnung aus, daß auch Australien sich bereitfinden würde, den Eingeborenen des Territoriums Papua und Neu-Guinea baldmöglichst das Selbstbestimmungsrecht einzuräumen. Australien, so meinte er, sei moralisch verpflichtet, Neu-Guinea, das es von der UNO als Treuhandgebiet erhalten habe, den Eingeborenen zurückzugeben. Indonesien könne es nicht zulassen, daß es in seinem Einflußgebiet noch Kolonialländer gebe. Er versteifte sich zu der Behauptung, daß die Vereinigten Staaten von Indonesien ohne den Anschluß Neu-Guineas nicht vollständig wären.

Die australische Presse brachte diese Erklärungen in großen Schlagzeilen.[62]) Es war das erste Mal seit dem japanischen Groß-Asien-Plan, daß eine fremde Macht Ansprüche auf australisches Hoheitsgebiet erhob.

Australien nahm gegenüber diesen Forderungen eine abweisende Haltung ein, die sich in einer Erklärung P. C. Spenders, des damaligen Außenministers, abgegeben anläßlich seines Hollandbesuches im August 1950, widerspiegelte.[63]) Diese Erklärung lautet: „The Australian Government does not consider that Indonesia has any valid claim to Dutch New Guinea, the future of which is of supreme and vital importance to the Australian people. The whole of New Guinea, including Dutch New Guinea, is not in any way geographically part of Indonesia. If it belongs to any special geographical area, then it belongs to that part of the world which may fairly be discribed as the Australian Continental Group."

Diese geographische Lage bestimmt die überragende Rolle Neu-Guineas im australischen Verteidigungssystem. Im Besitze einer fremden Macht kann die Insel leicht zum Sprungbrett nach dem australischen Kontinent werden. So führte das Bewußtsein strategischer Nützlichkeit der Insel, das Queensland schon 1883 veranlaßt hatte, Anspruch auf Papua und Neu-Guinea zu erheben, auch zu der strikten Ablehnung der indonesischen Forderungen von Seiten Australiens.[64]) Ferner hat Canberra für die indonesischen Expansionsbestrebungen wenig übrig, weil man befürchtet, daß diese dem Kommunismus, der bisher auf Neu-Guinea nicht Fuß fassen konnte, Einzugsgebiete schaffen würden.[65]) Im Kommunismus aber, dessen Druck in Asien immer stärker anwächst, sieht Australien eine neue Drohung herannahen und trifft vorsorglich alle Maßnahmen, um dieser Gefahr zu begegnen.

58 Kolb (288) 7, ferner Harper (244)1.
59 ANZUS = Australia, New Zealand, USA. Der Pakt wurde am 1. 9. 51 in San Franzisco ratifiziert.
60 Evatt (150) 76, (149), Yearbook of World Affairs 1956 S. 110.
61 Metzemaekers (379) 138.
62 „The Age" 24.—27. II. 1949.
63 Metzemaeckers (379) 139 ff, McAuley (371) 373
64 MacAuley (372) 64, Metzger (380) 60.
65 Greenwald (214) 1 ff.

V. GESAMTERGEBNIS UND SCHLUSSBETRACHTUNG

1. Tragfähigkeit

Wenn wir rückblickend das Feld unserer Untersuchungen betrachten, kommen wir zu folgendem Gesamtergebnis:

Die wirtschaftlichen und kulturellen Möglichkeiten werden durch natürliche Faktoren bestimmt. Diese begrenzen in Neu-Guinea den sozialen und wirtschaftlichen Aufschwung. So bilden die hohen Bergketten, die ausgedehnten Sümpfe und Urwälder, die die Insel durchziehen, ein Hindernis, das zur Isolation der Eingeborenen führte und die Ausdehnung der politischen Kontrolle sowie der wirtschaftlichen Entwicklung verzögerte. Auch die kulturelle Durchdringung des Landes durch die Missionen und die Verwaltungsbehörden wurde durch die geographischen Gegebenheiten gehemmt.

Dazu kommt das im Tiefland vorherrschende tropisch-humide Klima, das sich in gleicher Weise ungünstig für die erfolgreiche europäische Kolonisation auswirkte. [66])

Wenn man auch die Tragfähigkeit des Bodens nicht allzu hoch einschätzen darf, wozu angesichts der üppig wuchernden Vegetation Anlaß bestehen könnte, so sind die Zukunftsaussichten im Bereich der Landwirtschaft doch sehr beachtlich. Es ist sicher, daß die Insel erst am Beginn einer gedeihlichen Entwicklung steht und besonders für eine Nation, die in tropenfeuchten Regionen siedeln kann, gewaltige Möglichkeiten bietet.

Allein das Territorium Papua und Neu-Guinea, das noch über weite, völlig ungenutzte Landstriche verfügt, könnte, bei einer Bevölkerungsdichte von 20 Einwohnern pro qkm, Ernährungsgrundlage für mindestens 9 Millionen Menschen werden. [67])

a) Grenzen der Siedlungsmöglichkeiten

Durch das feuchtheiße Tropenklima findet die Besiedlung durch den Europäer im großen Stil — zumindest in den Tieflandzonen — ihre natürliche Begrenzung. Ein „weißes Neu-Guinea" ist also ausgeschlossen. Erschwerend für eine ausreichende Ansiedlung wirkt sich jedoch besonders die Tatsache aus, daß Australien ein menschenarmer Kontinent ist, in dem sich zur Zeit der Wandel vom Agrar- zum modernen Industriestaat vollzieht. Die hohen Löhne verhindern das Abwandern nach Neu-Guinea. Auch das von der Regierung seit Jahren angekündigte „Soldier Settlement Scheme", das vielen Kriegsteilnehmern Siedlungsstellen in Neu-Guinea bereitstellen wollte, kam noch nicht zur Auswirkung. Dieses Projekt kann erst dann verwirklicht werden, wenn es der Regierung gelingt, ein weiteres, wichtiges Problem zu lösen, das sich aus der Landverteilung ergibt. Einerseits will man weiße Siedler einführen, doch verbieten andererseits die Richtlinien der Vereinten Nationen eine Veräußerung des den Eingeborenen gehörigen Landes. Eine großzügige Siedlung verlangt dieses aber. [68]) Kardinal Gilroy erklärte nach Beendigung seiner Inspektionsreise durch das Territorium im Mai 1954: „The problem of increasing population was the most pressing in New Guinea. It is a fruitful land with limitless resources. But it is surrounded by landhungry people who must expand or perish." [69])

Auch die Plantagenbesitzer im Territorium sind sich darüber im klaren, daß dieses freie und ungenutzte Land einen Anziehungspunkt für die übervölkerten Nachbarländer bedeutet, und sie verlangen verzweifelt nach australischen Siedlern, die das Land in Besitz nehmen. So wäre das Programm, ehemalige Soldaten

66 Dordick (138) 235
67 Die heutige Bevölkerungsdichte liegt bei 3,5 Einwohner pro qkm.
68 U.N. Bulletin Nr. XV. 1. August 1953, S. 128.
69 Kardinal Gilroy, Erzbischof von Sydney. Siehe: Thomas (565) 686.

anzusiedeln, eine ausgezeichnete Möglichkeit, das klimabegünstigte Hochland zu bevölkern.

Ungeachtet der natürlichen Voraussetzungen bedarf jede wirtschaftliche Betätigung in diesen Tropengebieten der Hilfe der Eingeborenen, die aber nur begrenzt zur Verfügung steht. Zwar hat die deutsche Verwaltung durch die Hinzuziehung von Chinesen den Mangel an Arbeitskräften teilweise beheben können, doch widersetzt sich die australische Regierung der Einführung von Farbigen aus politischen Gründen.

Beachtliche Bodenschätze und unermeßliche Wasserkräfte harren noch einer Erschließung, doch sind sie nur mit einem großen Kapitalaufwand kommerziell zu nutzen.

Somit sind die wichtigsten Grenzen, die sich für die Tragfähigkeit und die wirtschaftliche Entwicklung des Terrtoriums ergeben, umrissen. Sie werden nicht nur durch natürliche Faktoren, sondern auch durch drei wichtige Fragenkomplexe festgelegt, die sich folgendermaßen formulieren lassen:

Wird es gelingen, geeignetes Siedlungsland bereitzustellen, neue Arbeitskräfte zu mobilisieren und das erforderliche Kapital ungeachtet der Rentabilität zu investieren?

Eine Lösung dieser Fragen würde die künftige wirtschaftliche Entwicklung Neu-Guineas sicherstellen und damit die Tragfähigkeit der Insel bedeutend erweitern.

2. Entwicklungspläne und Ziele der Verwaltung

Eine wichtige Voraussetzung für das wirtschaftliche Wachstum des Territoriums ist eine umsichtig handelnde Regierung. Die australische Verwaltung hat zumindest bis zum Jahre 1945 wenig getan, um dieses Prädikat für sich in Anspruch zu nehmen, denn ihre Anstrengungen waren fast ausschließlich auf die wirtschaftliche Ausbeute ihres Kolonialgebietes abgestimmt. Sie änderte zwar nach dem 2. Weltkrieg ihre Haltung grundsätzlich, doch sind ihre Maßnahmen auch heute noch häufig der Kritik, selbst aus eigenen Reihen und durch Repräsentanten der Vereinten Nationen, ausgesetzt.[70] So bemerkt Belshaw im Jahre 1953: „Australian Policy in New Guinea is in a confused state, uncertain in its objectives, conflicting in the paths it chooses." Auch Dordick stellt im gleichen Jahre fest: „In general economic and political conditions in Australian New Guinea reflected the outlook of a government lacking traditional experience and devoid of interest in the conduct of native affairs."[71]

Freilich sind die Schwierigkeiten, die sich der Verwaltung entgegenstellen, erheblich, da eine langjährige Wirtschaftsplanung eine genaue flächenhafte Kenntnis der Landschaftsstruktur und den Abschluß spezieller Forschungen voraussetzen; auch lassen sich in einem unterentwickelten Gebiet wie Neu-Guinea keine europäischen Maßstäbe anwenden, so daß die errungenen Erfolge oft nicht im richtigen Blickwinkel erscheinen.

Im Vergleich zu Niederländisch-Neu-Guinea läßt sich jedoch ein beachtlicher Fortschritt in der Entwicklung des australischen Gebietes erkennen. Schon Wirz spricht von besseren und geordneten Verhältnissen, „die den Unterschied mit dem holländischen Gebiet geradezu in die Augen springen lassen." Klein bemerkt: „We see that our Australian neighbours are far ahead of us."[72]

a) Schaffung neuer Siedlungsmöglichkeiten

Wir haben die Schwierigkeiten erörtert, die die Verwaltung in ihren Bemühungen, den Interessen der Eingeborenen und europäischen Siedler gleichzeitig gerecht zu werden, zu bewältigen hat. Diese uneinheitliche, zweigleisige Konzeption der Politik in bezug auf die Landverteilung begrenzt die Siedlungsmöglichkeit

70 U.N. Review Sept. 1955 p. 39, Behrmann (31) 243, McAuley (371) 376.
71 Belshaw (55) 79, Dordick (138) 234, Thomas (565) 685. Vergl. U.N. Review Oct. 1956, Vol. 3. No 4, p. 22. No. 4. p. 22.
72 Wirz (629) 180, Klein (285) 572.

weißer Einwanderer. Gerade in dieser Beziehung ist jedoch die Regierung in ihrer Treuhändereigenschaft weitgehend an die Richtlinien der Vereinten Nationen gebunden und muß somit Vorsorge treffen, das Land seiner eigentlichen Bestimmung, d. h. den Eingeborenen zu erhalten.

Im Jahre 1953 wurde jedoch die "Native Land Commission" beauftragt, den Landbesitz der einheimischen Bevölkerung zu registrieren. Das von den Eingeborenen nicht beanspruchte, herrenlose Land soll danach ebenfalls erfaßt und von der Verwaltung in Besitz genommen werden, damit es an europäische Siedler verpachtet werden kann. Mit der gleichen Absicht sucht die Regierung auch von den Eingeborenen Land zu erwerben. Dank dieser Aktion verfügt die Verwaltung bereits über eine Landfläche von annähernd 800 000 ha, die für Siedlungszwecke bereitstehen.

Im Vergleich dazu beträgt die von europäischen Siedlern bisher genutzte Anbaufläche rund 130 000 ha. Das von den Eingeborenen bebaute Land beträgt bei großzügiger Schätzung höchstens 70 000 ha.[73]) Selbst wenn sich die Gesamtanbaufläche von Einheimischen und Weißen innerhalb der nächsten Jahre verdoppeln sollte, was höchst unwahrscheinlich ist, wäre noch nicht 1 % der Gesamtfläche landwirtschaftlich genutzt.[74]) (Vergl. Seite 73.)

So muß es der Verwaltung im Zuge der Landaufnahme gelingen, selbst für eine großzügige Neuansiedlung von Europäern ausreichende Landflächen bereitzustellen.

b) Schaffung neuer Arbeitskräfte

Von eminenter Bedeutung für die weitere wirtschaftliche Entwicklung ist die Heranziehung neuer Arbeitskräfte. Die Einführung asiatischer Arbeiter würde alle Schwierigkeiten auf diesem Gebiet beseitigen. Besonders die Japaner sind an einer Ansiedlung in Neu-Guinea interessiert, um sich des ständig anwachsenden Bevölkerungsüberschusses ihres bereits übervölkerten Inselreiches zu erwehren, und sie bemühen sich, verantwortliche amerikanische Kreise für diesen Auswanderungsplan zu gewinnen.[75])

Dieser Plan stieß auf die Ablehnung Australiens, das unbeirrbar an seiner „White Australian Politic" auch in bezug auf die exterritorialen Besitzungen festhält.[76])

Aber auch innerhalb der Grenzen Neu-Guineas sind noch große Kraftreserven für den Arbeitsmarkt zu nutzen. Diese Reserven liegen in den weiten, noch unerschlossenen Gebieten. Es muß der Verwaltung baldmöglichst gelingen, auch diese Gebiete unter ihren Einfluß zu bringen und die Bewohner in den Wirtschaftsprozeß einzugliedern.

Auch die Bemühungen, den Lebensstandard der einheimischen Bevölkerung zu heben, haben zu einer verstärkten Abhängigkeit der Eingeborenen gegenüber der europäischen Wirtschaft und damit auch zu ihrer erhöhten Teilnahme an der wirtschaftlichen Entwicklung geführt. Die Errichtung der "Native Cooperative Societes", der Versuchsfarmen, und nicht zuletzt der "Native Village Councils" bilden wichtige Etappen, diesem Ziele näherzurücken. Zur gleichen Zeit beginnen die Eingeborenen, die bereits an der politischen und wirtschaftlichen Entwicklung des Landes Anteil nehmen, selbst einzusehen, daß die Weißen gewillt sind, ihren Lebensstandard zu verbessern. Diese Einsicht hat zu einer vermehrten Arbeitsleistung geführt.

---

73 Report of New Guinea (466) 43 ff. Die Gesamtfläche der Felder der einzelnen Dörfer ist verschieden groß und läßt sich nicht aus der Zahl der Bewohner ermitteln. Vergl. Göpfert (208) 85.

74 Die Produktionssteigerung in der Landwirtschaft der Eingeborenen ist vorwiegend auf intensivere Feldnutzung und neue Anbaumethoden, nicht aber auf eine Erweiterung der Anbauflächen zurückzuführen.

75 Selbst General MacArthur konnte sich diesen Argumenten nicht verschließen und befürwortete diesen Plan, den auch Woodrow Wilson schon 30 Jahre früher in Erwägung gezogen hatte. Auch durch den Leiter der holl.-eurasiatischen Union, R. O. Loth, wurde die Insel Neu-Guinea schon einmal als Siedlungsraum vorgeschlagen. Er regte an, einige Hunderttausend europäisch-asiatische Mischlinge aus Indien, Pakistan, Burma und Malaia in Holl.-Neu-Guinea anzusiedeln, die dort frei vor rassischer Diskriminierung ein neues Leben beginnen sollten. Vergl. Michener (383) 44 ff, ferner Harper (244) 5.

76 Reed (460) 263

Die Erziehungsarbeit hat nicht minder zu einer Hebung der Arbeitsmoral beigetragen. Die heranwachsende Generation, die die Missions- und Verwaltungsschulen durchlaufen hat, wartet größtenteils nicht mehr das Erscheinen des Anwerbers im Dorfe ab, sondern sucht aus eigenem Antrieb Arbeit beim Europäer. Auch die günstigeren Arbeitsbedingungen, die höhere Löhne, verkürzte Arbeitszeit (45-Stunden-Woche) und verbesserte Gesundheitsfürsorge gewähren, haben zu einer Steigerung der Arbeitswilligkeit geführt. Diese Arbeitswilligkeit erhöhte sich vor allem durch die wesentliche Neuerung, die den Eingeborenen ermöglicht, künftig auch die Frauen mit an den neuen Arbeitsplatz zu nehmen. Durch diese Maßnahme wird außerdem die oft lange und unnatürliche Trennung der Familien vermieden.[77])

Eine wichtige Voraussetzung für die wirtschaftliche Entwicklung der Insel ist ferner die Bereitstellung weiterer umfangreicher Mittel durch die Regierung. Geld allein schafft freilich keinen Wandel, jedoch wäre es geeignet, jungen Menschen, die als Siedler ins Land kommen, den Existenzaufbau, der mit erheblichen Kosten verbunden ist, zu erleichtern.[78]) Falls die Regierung sich entschließen könnte, nicht nur Siedlungsland bereitzustellen, sondern auch Wirtschaftsbeihilfen zu gewähren, würden sich auch für Europas junge, für die Tropen taugliche Kräfte Möglichkeiten ergeben, an der Gestaltung und Erschließung Neu-Guineas mitzuwirken. Australiens Regierung hat gegenüber der gesamten Menschheit die hohe ethische Verpflichtung, die für das Treuhandgebiet übernommenen Aufgaben verantwortungsbewußt zu lösen, denn zu einem Zeitpunkt, da die Bevölkerung der Erde sich täglich um 100 000 Menschen vermehrt, darf es keine ungenutzten, menschenleeren Räume geben. Möge die Regierung bei ihrem Tun und Handeln das alte Römerwort nicht außer acht lassen:

Quidquid agis, prudenter agas et respice finem!

3. Schlußbetrachtung

Viele Europäer glauben, daß die Uhr des weißen Mannes in Neu-Guinea in wenigen Jahrzehnten abgelaufen sein dürfte. Ob diese pessimistische Vorausschau zutrifft, vermag heute kaum jemand zu entscheiden. Sie entbindet das weltverbundene soziale Gewissen des abendländischen Menschen jedoch keineswegs von der Verpflichtung, alles zu tun, um das Land und die Menschen dieses unterentwickelten Gebietes mit schöpferischer Kraft und mit Hilfe von Wirtschaft und Wissenschaft zu fördern. Die im Jahre 1947 auf australische Initiative hin gegründete "South Pacific Commission"[79]) versucht, dieser Verpflichtung in Form einer Gemeinschaftsaufgabe, die sich auf das gesamte Inselgebiet Ozeaniens erstreckt, gerecht zu werden.

Die gewonnenen Ergebnisse der vorliegenden Arbeit lassen erkennen, daß die Insel mit Hilfe der modernen Technik und Wissenschaft äußerst produktiv werden kann und in der Lage ist, große Rohstoffmengen auf den Weltmarkt zu bringen.[80]) Neu-Guinea erschöpft sich jedoch nicht in seiner wirtschaftlichen Bedeutung, sondern bildet darüber hinaus einen Tatenraum für jeden Weißen. Besonders dem Ingenieur fällt die Aufgabe eines Missionars der Technik zu, von dessen Können auch ein höheres Lebensniveau der Eingeborenen abhängt. Der abendländische Mensch hat in schwerer Kulturarbeit den Kontakt mit einer Steinzeitbevölkerung hergestellt. Dieser Kulturkontakt bedingt die Auflösung alter Formen und Linien

77 Reed (460) 264, Malinowski (361) 504.

78 Das erforderliche Kapital, das für die Errichtung einer Kokos- oder Kautschukplantage notwendig wäre beträgt ca. 10 000 £A. Vergl. Handbook of Papua (646) 63.

79 Der S. P. C. traten bei: Australien, Frankreich, Groß-Britannien, Holland, Neuseeland und die USA. Sie stellt geeignete Fachkräfte für die unterentwickelten Gebiete zur Verfügung, führt wissenschaftliche Untersuchungen (z. B. Bodenanalysen) aus und arbeitet auch in finanzieller Hinsicht mit den Mitgliedsstaaten eng zusammen. Mit Hilfe der Food and Agriculture Organisation (F. A. O.) wurden z. B. einige Emtomologen nach Neu-Guinea entsandt, um den Rhinoz. Käfer und andere Pflanzenschädlinge zu bekämpfen. Spate (536) 30 ff, Evatt (150) 73 ff. Das Hauptquartier der S. P C. befindet sich in Noumea Neu-Kaledonien.

80 Wood (636) 300.

der traditionellen Sozialstruktur der Eingeborenen in unzusammenhängende Fragmente, und die Bildung einer neuen Gesellschaft schreitet unaufhaltsam fort.[81])

Der Eingeborene erlangte größere Sicherheit, bessere Gesundheit und regelmäßigere Ernährung. Ob er glücklicher ist als seine Vorfahren, vermögen wir nicht zu sagen. Hoffen wir, daß sich auch auf Neu-Guinea ein Modus vivendi herausbildet, bei dem sowohl der moderne Kulturmensch als auch die Eingeborenen zu ihren Rechten gelangen. Wie Krug[82]) bemerkt, könnte die Insel als letztes Reservat der Steinzeitmenschen dann so etwas wie ein Musterlaboratorium der neuen Zeit werden.

81 Reed (460) 264, Belshaw (55) 81, Freytag (174) 142 ff.
82 Krug (314) Manuskript S. 86.

Literaturverzeichnis

1 Abel, Herbert: „Naturvölker zwischen Pol und Äquator", Berlin 1955.
2 Adler, William F.: "The isle of vanishing men", New York 1922.
3 Ainthworth, John: "Report on administrative arrangements in the Territory of New Guinea", Australian papers, Melbourne 1924.
4 D'Albertis, L. M.: „Auf den Arfak Bergen in Dorei", Fortschritte in der Erforschung Neu-Guineas, Pet. Mitt. 1874.
5 D'Albertis, L. M.: „Die Colonisationsfähigkeit Neu-Guineas, Pet. Mitt. 1879.
6 D'Albertis, L. M.: „New Guinea: What I did and what I saw", London 1881.
7 Andexer, H.: „Der untere Lauf des Watut" Z.G.E.B, 1914.
8 Andrews, E. C.: „Notes on the structural relations of Australia, New Guinea and New Zealand". Journal of Geology, Chicago XXIV 1916.
9 Andrews, John: „Australia in the Pacific" in Wood, G. L.: Australia its resources and development New York 1951.
10 Anell, Bengt: „Contribution to the History of fishing in the Southern Seas", Uppsala 1955.
11 Archibold, Rich.: "Unknown New Guinea" Nat. Geogr. Magaz. Vol. 79 1941.
12 Armstrong, W. E.: „Anthropology Rep. No. 2." Territory of Papua, Native Taxes Ordinance 1917—22.
13 Aufenanger, Heinrich: „Die Gende in Zentral Neuguinea", Wien 1940.
14 Aufenanger, Heinrich: „Etwas über Zahl und Zählen bei den GENDE im Bismarckgebirge", Anthropos XXXIII 1938, S. 273 ff.
15 Austen, Leo: „Notes on the Taramarubi of Western Papua", Mankind Vol. 4 No. 5 Sept. 1950.
16 Austen, Leo: "The Delta divisions of Papua" Australian Geographer Vol. 2 1934.
17 Austen, Leo: „Recent exploration in the N-W District of Papua" Geogr. Journal 67 1926 p 434.
18 Barnard, L. H.: "The mystery of the Bone Valley New Guinea", Walkabout December 1954.
19 Barrett, Charles: „Operation Binatang", Walkabout November 1954.
20 Baseler, Joh.: „Zum Nutzungsproblem des Urwaldes", Zeitschrift für Weltforstwirtsch. Band IV. Heft I. Berlin, Oktober 1936.
21 Beaver, Wilfried N.: "Unexplored New Guinea", London 1920.
22 Beaver, Wilfried N.: "A discription of the Girava District, West Papua" Geogr. Journal 1914, XLIII.
23 Beckhaus, Wolfgang: „Methodische Betrachtungen zum Totemismus-Problem in Melanesien" Dissert. Hamburg 1947.
24 Behrmann, Walter: „Der Sepik und sein Stromgebiet", Mitt. aus d. deutsch. Schutzgeb. Erg. H. 1927.
25 Behrmann, Walter: „Die Stammeszersplitterung im Sepik und ihre geograpischen Ursachen", Pet. Mitt. 1924.
26 Behrmann, Walter: „Ernährung und Nahrungsgewinnung der Bevölkerung im Inneren von Neuguinea" Kol. Rundsch. 1931 Heft 11/12.
27 Behrmann, Walter: „Im Stromgebiet des Sepiks", Bornträger, Berlin 1927.
28 Behrmann, Walter: „Beiträge zur Rassenkunde des Innern von Neu-Guinea Sepikgebiet. Koloniale Studien, Berlin 1928.
29 Behrmann, Walter: „Das westl. Kaiser-Wilhelm-Land in Neuguinea" Erg. Heft 1 der Z.G.E.B. 1924.
30 Behrmann, Walter: „Verkehrs- und Handelsgeographie eines Naturvolkes, dargestellt am Beispiel der Sepikbevölkerung." Berlin.
31 Behrmann, Walter: Australien und Ozeanien, Handbuch der Geographischen Wissenschaft (Fritz Klute) 1936.
32 Behrmann, Walter: „Auf dem Töpferfluß", Deutsch. Kolonialzt., 1914.
33 Behrmann, Walter: „Die Wohnstätten der Eingeborenen im Innern von Neu-Guinea". Festband für A. Penck, Stuttgart 1918.
34 Behrmann, Walter: „Detzners Forschungen in Neu-Guinea". Z.G.E.B., 1919.
35 Behrmann, Walter: „Die Oberflächenformen der feuchtwarmen Tropen". Z.G.E.B. 1921.
36 Behrmann, Walter: „Nachrichten aus Kaiser-Wilhelm-Land, Neu-Guinea." Z.G.E.B. 1923.
37 Behrmann, Walter: „Erläuterungen zu den drei Karten". Z.G.E.B. 1923.
38 Behrmann, Walter: „Das Zentralgebirge Neu-Guineas im östl. Kaiser-Wilhelm-Land". Mitt. a. d. deutsch. Schutzgeb. 35. 1927.
39 Behrmann, Walter: „Die Oberflächengestalt der feuchtwarmen Kalmengebiete". Düsseldorfer geograph. Vorträge, Tl. 3, 1927.

40 Behrmann, Walter: „Die Insel Neu-Guinea". Z.G.E.B. Sond. H. 1928.
41 Behrmann, Walter: „Die deutsche wissenschaftliche Erforschung Neu-Guineas". Verhandlungen des deutschen Kolonialkongreß, Berlin 1924.
42 Behrmann, Walter: „Die geographischen Ergebnisse der Kaiserin-Augusta-Fluß-Expedition", Z. G. E. B. 1914.
43 Behrmann, Walter: „Forschungen in Britisch-Neu-Guinea", Z.G.E.B. 1920.
44 Behrmann, Walter: „Das östl. Kaiser-Wilhelm-Land in Neu-Guinea". Zeitschrift für Erdkunde, 1944, S. 434.
45 Behrmann, Walter: „Neue Entdeckungen im Zentralgebirge Neu-Guineas." Geogr. Wochenschr. Breslau 1934.
46 Behrmann, Walter: „Die Südsee und Deutschland" aus: Lebensraumfragen europäischer Völker, Leipzig 1941.
47 Behrmann, Walter: „Die Versammlungshäuser am Sepik in Neu-Guinea." Die Erde 1950/51.
48 Behrmann, Walter: „Die geopolitische Stellung Neu-Guineas vor und nach dem Weltkrieg", Berlin 1926.
49 Belshaw, Cyril S.: "Changing Melanesia", Melbourne 1954.
50 Belshaw, Cyril S.: "Native administration in south-eastern Papua." The Australian Outlook Vol. 4, Nr. 2, June 1951.
51 Belshaw, Cyril S.: "Community development in Papua." The Australian Outlook, Vol. 6, March 1952.
52 Belshaw, Cyril S.: "Native Politics in the Solomon Island". Pacific Affairs 1947.
53 Belshaw, Cyril S.: "Port Moresby Canoe Traders", Oceania, September 1952.
54 Belshaw, Cyril S.: "In search of Wealth". American Anthropological Association Vol. 57 No. 1, Part 2, Febr. 1955.
55 Belshaw, Cyril S.: "Implications of Policy in New Guinea". Australian Quarterly Vol. XXV. No. 1. March 1953.
56 van Bemmelen, R. W.: "The Geology of Indonesia".I. II. III. den Haag 1949.
57 Bencke, A.: „Über den Stand unserer Kenntnis von Neu-Guinea". Deutsche Rundschau f. Geogr. XXXII. 1910.
58 Bernatzik, Hugo Adolph: "South Seas". New York 1935.
59 Bernatzik, Hugo Adolph: „Völkerkunde". Leipzig 1939, II. Bd.
60 Berndt, Catherine H.: "Socio-cultural change in the Eastern Central Highlands of New Guinea." Southwestern Journal of Anthropology Vol. 9, No. 1. Spring 1953.
61 Berndt, Ronald M.: "A Cargo Movement in the Eastern Central Highlands of New Guinea". Oceania, Sep. 1952.
62 Bevan, Th. F.: "Toil, travel and discovery in British New Guinea". London 1910.
63 Bhatnager, A. K.: "West-New-Guinea". India quarterly Vol 7, No. 2. April—June 1951.
64 Birk, Max: „Kopra-Produktion und Kopra-Handel" aus: Probleme der Weltwirtschaft, Jena 1913.
65 Blackwood, Beatrice: "Mountain People of the South-Seas". Nat. Hist. Vol 21. 1931 p 424—433.
66 Blackwood, Beatrice: "Some arts and industries of the BOSMUN, Ramu-River, New-Guinea" in: Südseestudien, Basel 1951.
67 Blackwood, Beatrice: "The Technology of a modern stone-age people in New Guinea" Oxford University Press 1950.
68 Blackwood, Beatrice: „Life on the upper WATUT New Guinea", Geogr. Journal, July 1939.
69 Block, Magnus: „Der Mensch auf den hohen Inseln Mikronesiens". Diss. Hamburg 1935.
70 Blood, Ned: "Sheep Airlift in New Guinea". National Geogr. Magazine, December 1949. p 830 ff.
71 Bogan, Eugene F.: "Government of the Trust Territory of the Pacific Islands". The Annals of the American Academy of Political and Social Science Vol. 267, Jan. 1950.
72 Bohrer, K.: „Papua, Physische Landeskunde von Britisch Neu-Guinea". Dissertation Frankfurt/M. 1939.
73 Bougainville: „Reise um die Welt". Leipzig 1772.
74 Braak, Cornelius: „Klimakunde von Hinterindien und Insulinde". Köppen-Geiger, Handb. d. Klimatologie, Bd. IV, Berlin 1931.
75 Brandes, Elmer W.: "Into Primeval Papua by Seaplane". National Geogr. Magazine, Sept. 1929.
76 Braun, Max: „Die Gogol-Ramu Expedition in Kaiser-Wilhelm-Land". Mitt. a. d. deutschen Schutzgeb. 1916, p 51.
77 Braun, P.: „Das Kaiser-Wilhelm-Land". Kol. Rundsch. 1932 5-6.

78 Bredemann, G.: „Die wirtsch. Verhältnisse a. mittleren Ramu". Mitt. a. d. deutschen Schutzgebieten 1916, S. 99.
79 Bromilaw, William E.: "20 Years among primitive Papuans". London 1922.
80 Brown, George: "Melanesians and Polynesians". London 1910.
81 Brown, George: "An Autobiography" London 1908.
82 Buchner, M.: „Eine Reise durch den Stillen Ozean". Mitt. d. Geogr. Ges. Hamburg 1878.
83 Burnell, Frederick Spencer: „Australia versus Germany". London 1915.
84 Buschan, Georg: „Illustrierte Völkerkunde", II. Teil, Stutt. 1923.
85 Bushell, Keith: "Papuan epic", London 1926.
86 Campbell, Stuart: "The country between the Headwaters of the Sepik and Fly rivers in New Guinea". Geogr. Journal Vol. 92, 1938, p 232.
87 Capell, A.: "Distribution of languages in the Central Highlands of New Guinea". Oceania Vol. 19, Dec. 1948.
88 Capell, A.: "Languages of Bogia District, New Guinea". Oceania Dec. 1951.
89 Carter, Joan: "Highland Frontier". Pt. Moresby, Papua 1955.
90 Catalogue of New Guinea Properties, Melbourne 1926/27.
91 Cathrein, Victor S. J.: „Die Einheit des sittlichen Bewußtseins der Menschen, III. Bd., Freiburg 1914.
92 Chalmers, James: „Reisen und Missionstätigkeit in Neu-Guinea 1877—55", Leipzig 1886.
93 Chalmers, James: "Notes on the Bugilai, Brit. New Guinea". Journal Anthropolog. Inst. Vol. XXXIII 1903 p 108.
94 Chalmers, James: "Notes on the Natives of Kiwai-Island, Fly River", Anthrop. 1903.
95 Champion, J. F.: "Across New Guinea from the Fly to the Sepik". London 1932.
96 Champion, J. F.: "The BAMU—PURARI Patrol". Geogr. Journal Vol. 96, 1940.
97 Charpentier (A. Zimmermann): „Entwicklungsgeschichte der Kolonialpolitik d. Deutschen Reiches". Berlin 1886.
98 Charteris, A. H.: "The German Colonial Claims". Australian Quarterly Vol 9, 1937.
99 Chatterton, P.: "A Primer of Police Motu". Pt. Moresby 1950.
100 Chauvelot, Robert M.: "Résumé d'une communication sur les indigènes de la Micronésie, de la Nouv. Guinée et de' Archipel Bismarck". Bulletins et Memoires de la Societé d' Anthropologie de Paris. Bd. 3, Serie VI. S. 164, 1912.
101 Chauvet, Stephan: "Les arts indigènes en Nouvelle-Guinée, Paris 1930.
102 Cheesman, Lucy Evelyn: "The land of red birds". London 1938.
103 Cheesman, Lucy Evelyn: "Two roads of Papua". London 1936.
104 Cheesman, Lucy Evelyn: "The mountainous country at the boundary North New Guinea". Geogr. Journal Vol. 98, 1941, s. 169.
105 Chignell, Arthur Kent: "An outpost in Papua". London 1911.
106 Chignell, Arthur Kent: "21 Years in Papua". London 1913.
107 Chinnery, E. W. Pearson: "Territory of New Guinea". Anthropological Reports 1927 1 and 2, Melbourne.
108 Chinnery, E. W. Pearson: "The central ranges of the mandated Territ. of New Guinea". Geogr. Journal Vol. 84, 1934.
109 Chinnery, E. W. Pearson: "Natives of Papua and New Guinea". Walkabout, Febr. 1952.
110 Clune, Frank: "Somewhere in New Guinea". New York, Philosophical Library 1952.
111 Commonwealth of Australia, Bureau of Meteorology, Melbourne. "Results of Rainfall observations". Rep. Papua and New Guinea Melbourne 1940.
112 Commonwealth of Aultralia: "Papua Annual Report". Melbourne 1917—18.
113 Coppius, Adolf: „Hamburgs Bedeutung auf dem Gebiete der Kolonialpolitik". Berlin 1905.
114 Coulter, John Wesley: "Potential resources and prospects of future development of non-self-governing territories in the Pacific". Pacific Science Congress No. 7. Auckland and Christchurch 1949 Vol. VII.
115 Couroy, W. L.: "Notes on some Land use problems in Papua and New Guinea". The Australian Geographer Vol. 6 No. 2. March 1953.
116 Craandijk, C.: "De Kaart der Keizerin Augusta Rivier" Tijdschrift van het Kon. Nederl. Aardriksk. Genootsch. 2. Serie, deel XXVIII 1911.
117 Crain, Maurice: "The land that time forgot". London 1937.
118 Cranswick, G. H. and Shevill, I. W. A.: "A new deal for Papua". Melbourne F. W. Cheshire 1949.
119 Dahl, Friedr.: „Tiergeographie". Berlin 1925, S. 70—72.
120 Damm, Hans: „Methoden der Feldbewässerung in Ozeanien" in: Südseestudien, Basel 1951.
121 Dampier, William: „Reise um die Welt". Leipzig 1701.

122 v. Danckelmann: „Die Ergebnisse der barometrischen Höhenmessungen und meteorol. Beobachtungen der Kaiser-Wilhelm-Land-Expedition von 1896". Z.G.E.B. 1898.
123 Danks, B.: "New Britain and its People". Australasian Association for the Advancement of science Vol. 4, Hobart 1893, p 614.
124 Danks, B.: "A brief History of the New Britain Missions". Australas. Wesleyan Meth. Miss. Soc. Sydney 1899.
125 Danzel, Th.-W.: „Kultur und Religion der primitiven Menschen". Stuttgart 1924.
126 Dauneil, Curt: „Der Übergang vom Flechten zum Weben nebst einem neuen Beitrag zur Kenntnis d. Weberei in Melanesien". Int. Archiv. f. Ethnogr. Bd. 14, 1901.
127 David, T. W. E.: "Geology of Papua". Federal Handbook of British Ass. f. Advanc. of Science, Australian meeting 1914 Melbourne and London.
128 Davis, W. M.: "The Barrier Reef of Tagula New Guinea". London 1922.
129 Deane, W.: "In wild New Britain". Story of Benj. Danks, Sydney 1933.
130 Demaitre, E.: "L'enfer du Pacifique: chez les cannibales et les chercheurs d'or de la Nouv. Guinée". Paris 1935.
131 Dempwolff, O.: „Beiträge zur Kenntnis der Sprachen von Deutsch Neu-Guinea". Mitt. d. Semin. f. oriental. Sprachen, Berlin 1905.
132 Detzner, Herm.: „Ergebnisse der Reisen nach Neu-Guinea". Verhandl. d. 20. deutsch. Geographen-Tages, Leipzig 1922.
133 Detzner, Herm.: „Kreuz- und Querzüge im Kaiser-Wilhelm-Land". Mitt. a. d. deutsch. Schutzg., 32. Band, 1919.
134 Detzner, Herm.: „4 Jahre unter Kannibalen". Berlin 1920.
135 Detzner, Herm.: „Stammesgemeinschaft im Zentralgebiet von Neu-Guinea". Mitt. a. d. d. Schutzg. XXXVI 1928—29.
136 Diels, L.: „Beiträge zur Flora des Saruvaged-Geb." Botanisches Jahrb. Vol. 62. 452—501.
137 Diels, L.: „Die Pflanzengeograph. Stellung von Neu-Guinea". 1919 p. 15 ff.
138 Dordick, Isadore L.: "Climate and work in Australian New Guinea". Acta Tropica Vol 10 No. 3, 1953.
139 Dove, Karl: „Die deutschen Kolonien". II. Das Südseegebiet. Goeschen Leipzig 1911.
140 Drude, O.: „Handbuch der Pflanzengeographie". Stuttgart 1890.
141 Dupeyrat, André: "Savage Papua". New York. USA 1954.
142 Eckert, Georg: „Der Goldbergbau in Deutsch Neu-Guinea". Kolon. Rundschau, März 1936, p 465.
143 Egan, Marie F.: "In the shadow of Vulcan. Rabaul". Walkabout March 1956.
144 Eggleston, the Hon. F. W.: "The Australia Mandate for New Guinea". Inst. of Pacific Relations, Serie 2, Melbourne 1928.
145 Eickstedt, Egon von: „Rassenkunde und Rassengeschichte der Menschheit". Stuttgart 1934.
146 Elkin, Prof. A. P.: "New Guinea Report" in: New Commonwealth, London 25. 6. 56.
147 Elkington, E. Way: "The savage South Seas". London 1907.
148 Evatt, Herbert Vere: „Die Vereinten Nationen". Frankfurt/M. 1951.
149 Evatt, Herbert Vere: "Foreign Policy of Australia". Melbourne 1945.
150 Evatt, Herbert Vere: "Australia in world affairs". Melbourne 1946.
151 Finsch, O.: „Südseearbeiten", Bd. XIV. d. Abhandl. d. Hamb. Kol. Inst. 1914.
152 Finsch, O.: „Ethn. Erfahrungen und Belegstücke aus der Südsee". Analen d. k. u. k. nat. Hist. Hofmuseum, Wien 1893.
153 Finsch, O.: „Neu-Guinea und seine Bewohner". Bremen 1893.
154 Finsch, O.: „Die Entdeckungsreisen des Dr. Finsch an der Nordküste von Neu-Guinea". Deutsche Geogr. Blätter 1885.
155 Finsch, O.: „Papua Töpferei", Globus 1903.
156 Finsch, O.: „Reisen im Kaiser-Wilhelm-Land und Engl. Neu-Guinea (Samoafahrten). Leipzig 1888.
157 Firth, Raymond: "Art and Life in New Guinea". London 1936.
158 Fisher, Charles A.: "West New Guinea in its regional setting". The yearbook of world affairs 1952.
159 Fisher, N. H.: "Volcanic centres of New Guinea". Walkabout Juni 1951.
160 Fitzner, R.: „Die Regenverteilung in den deutschen Kolonien". Berlin 1907.
161 Fletcher, C. B.: "The new Pacific: British police and German aims". London 1917.
162 Fels, Edwin: „Der wirtschaftende Mensch als Gestalter der Erde". In Erde und Weltwirtsch. Stuttgart 1954.
163 Flierl, Joh.: „30 Jahre Missionsarbeit". Neuendettelsau 1910.
164 Flierl, Joh.: "40 Years in New Guinea". Chicago 1927.
165 Flierl, Joh.: „Gottes Wort in den Urwäldern von Neu-Guinea". Lightpass Süd-Austr. 1925.

166 Flohn, H.: „Neue Anschauungen über das Monsun-Klima". Geogr. Rundschau 1949.
167 Flohn, H.: „Atmosphärische Zirkulation und Klima-Gürtel". Deutscher Geographentag Frankfurt-Main 1951.
168 Flohn, H.: „Neue Anschauungen über die allgemeine Zirkulation der Atmosphäre und ihre klimatische Bedeutung". Erdkunde, Band IV, 1950.
169 Flohn, H.: „Passatzirkulation und äquatoriale Westwindzone". Archiv für Meteorologie, Geophysik und Bioklimatologie, Serie B, Band 3, 1951.
170 Florack, F.: „Die Schutzgebiete: Ihre Organisation in Verfassung und Verwaltung". Tübingen 1905.
171 Fortune, R. F.: "Sorcerers of DOBU". London 1932.
172 Freeman, Otis W.: "Geography of the Pacafic". New York 1951.
173 French, A.: "Pidgin English in New Guinea". Australian quarterly Vol. XXV, Dec. 53.
174 Freytag, W.: „Volkstum und Zivilisation in Neu-Guinea". Koloniale Rundschau 1936.
175 Friedel, J.: „Beiträge zur Kenntnis der Wirtschaftsformen von Ozeanien". Pet. Mitt. 1903, S. 123 u. 269.
176 Friedensburg, Ferd.: „Die Bergwirtschaft der Erde". Stuttgart 1956.
177 Friedensburg, Ferd.: „Gold". Stuttgart 1953.
178 Friederici, Georg: „Veränderungen in der Südseekultur seit der Zeit Mendanas". Pet. Mitt. 1931 p. 138.
179 Friederici, Georg: „Malaio-polynesische Wanderungen". 19. Geographentag zu Straßburg, Leipzig 1914.
180 Friederici, Georg: „Die Vorkolumbischen Verbindungen der Südsee mit Amerika". Mitt. a. d. deutschen Schutzgebieten. Berlin 1928.
181 Friederici, Georg: „Untersuchungen über eine melanesische Wanderstraße". Mitt. aus den deutschen Schutzgebieten, Ergh. 7, 1913.
182 Friederici, Georg: „Pidgin Englisch in Deutsch Neu-Guinea". Kol. Rundschau 1911.
183 Friederici, Georg: „Beiträge zur Völker- und Sprachkunde von Deutsch Neu-Guinea" Mitt. aus den deutschen Schutzgebieten, Ergh. 5, 1912.
184 Friederici, Georg: „Südseeinseln". Mitt. d. Ges. f. Erdk. Straßburg 1911.
185 Friederici, Georg: „Das Hinterland der Nordküste Kaiser-Wilhelm-Land". Pet. Mitt. 1911.
186 Friederici, Georg: „Von Eitape nach Hollandia". Deutsch. Kolonialbl. 1910.
187 Frobenius, Herm.: „Oceanische Bautypen". Berlin 1899.
188 Fröhlich, O.: „Durch das Innere v. Kaiser-Wilhelm-Land". Mitt. a. d. deutschen Schutzgebieten 1908 p. 200.
189 Fuhrmann, E.: „Neu-Guinea". Hagen 1922.
190 v. d. Gablentz, Georg: „Beitr. zur Kenntnis der Melanesischen- Mikronesischen und Papuanesischen Sprachen". Leipzig 1882.
191 Gagel, C.: „Beiträge zur Geologie v. Kaiser-Wilhelm-Land". Berlin 1912.
192 Gardi, René: „Briefe aus Neu-Guinea". Der Bund, Bern 1956. (Exped. Berichte d. Exp. Alf. Bühler, Bern.)
193 Gehrmann, K.: „Tagebuch über die Gogol-Ramu-Expedition". Mitt. a d. deutsch. Schutzgebieten 1916.
194 Geisler, W.: „Australien und Ozeanien". Leipzig 1931. Wien 1939.
195 Geisler, W.: „Australien, Neuseeland und Ozeanien". Zentr. Verlag Berlin 1932.
196 Gerland, G.: „Die ethnogr. Verhältnisse des Großen Ozeans". Pet. Mitt. 1872.
197 Gerstmeyer, H.: „Die Rechtsverhältnisse in den früheren deutschen Kolonien". Rechtsvergl. Handwörterb. für d. Zivil- und Handelsrecht. Berlin 1928.
198 Gilliard, E. Thomas: "New Guineas rare birds and stoneaged men". Nat. Geogr. Magaz. April 1953.
199 Gilliard, E. Thomas: "In quest of birds of Paradise". Natural History March 54.
200 Gilliard, E. Thomas:"Exploring New Guinea for Birds of Paradise". Vol. 62 Natural History June 1953.
201 Gilliard, E. Thomas: "New Guineas Paradise of Birds". Nat. Geogr. Magaz. Vol. 100 No. 5, 1951.
202 Girard, F.: "The Buang of the Snake-River" aus: Antiquity and Survival in New Guinea No. 5, den Haag 1956.
203 Girschner, Max: „Die materielle und geistige Kultur der Ponapeer". Mitt. a. d. deutsch. Schutzgebieten 1928.
204 Gitlow, Abraham L.: "Economics of the Mount Hagen tribes". New York 1947.
205 Glaessner, M. F.: "Geotectonic position of New Guinea". Bull. of the American ass. of Petrol. Geologists Vol. 34. No. 5, Mai 1950.
206 Glaessner, M. F.: "Geology of Port Moresby, Papua (Sir Th. D. Mawson Anniversary Vol)". Editors: M. F. Glaessner & E. A. Rudd.) Adelaide 1952.

207 Glaessner, Reinh.: „Petrographische Untersuchungen von Gesteinsproben aus Deutsch Neu-Guinea". Beiträge zur Geolog. Erforschung d. deutsch. Schutzgeb., Heft 19, 1923.
208 Göpfert, Hermann: „Die Eingeborenenlandschaft von Morobe, Neu-Guinea und ihre Wandlungen unter dem Einfluß der Mission". Dissertation, Hamburg 1956.
209 Goodenough, Ward H.: "Ethnographic Notes on the MAE people of New Guinea Western-Highlands". Southwestern journal of Anthropology Vol. 9, No. 1, Spring 1953.
210 Gordon, Donald C.: "The Australian frontier in New Guinea 1870—1885", New York Columbia University Press 1951.
211 Grabowsky, F.: „Der Bezirk von Hatzfeldhafen und seine Bewohner". Pet. Mitt. 1895 S. 186.
212 Graebner, F.: „Kulturkreise und Kulturschichten in Ozeanien". Zeitschr. f. Ethnologie 1905 p. 28.
213 Graebner, F.: „Holztrommeln des Ramudistriktes auf Neuguinea". Globus Bd. 82. 1902.
214 Greenwood, Gordon: „Australian Policies toward Asia". Austral. Inst. of Internat. Affairs, Melb. 1954.
215 Griffin, Henry L.: „An Official in British New Guinea". London 1925.
216 Grimm, Rudolf: „Australien". Mai's Auslandstaschenb. Nr. 5, München 1956.
217 Grinshaw, Beatrice: „In the Savage South Seas". Nat. Geogr. Magazine 1908.
218 Grogan, F. O.: „Papuan Rubber Industry". Quarterly Review of Agricultural Economics April 1951.
219 Grogan, F. O.: „The Papuan Rubber Industry", Austral. Dept. of Commerce and Agricult. Bullet. No. 7, Canberra 1952.
220 Grogan, F. O.: "An economic and cost survey on the Copra industry in the Terr. of Papua and New Guinea". V Canberra 1953.
221 Grundemann, R.: „Die östl. Hälfte von Melanesien". Pet. Mitt. 1870.
222 Guiart, Jean: „Forerunners of Melanesian Nationalism". Oceania Dec. 1951.
223 Guiart, Jean: „Cargo Cults and Political Evolution in Melanesia". Mankind, Sydney May 1951.
224 Guise, R. E.: "On the tribes inhabiting the mouth of the Wamigela-River New Guinea". Journ. of. the Anthrop. Inst. of Great Britain 28 Lond. 1899.
225 Haberlandt: „Trinkwasserversorgung primitiver Völker". 37. Erg. H. zu Pet. Mitt. 1911/12.
226 Haddon, A. C.: „Racial and cultural Distribution in New Guinea". Lecture to the Geogr. Assoc. London 1921.
227 Hadon, A. C.: „Headhunters black, white and brown". London 1901.
228 Haddon, A. C.: „The Kabiri or Giara district, Fly River, Papua". Journal Anth. Inst. Vol 46. Lond. 1916.
229 Haddon, A. C.: „In primitive New Guinea". London 1924.
230 Hagen, B.: „Unter den Papuas". Wiesbaden 1899.
231 Hagen, Maxim. von: „Bismarcks Kolonialpolitik". Stutt. 1923.
232 Hager, Carl: „Kaiser-Wilhelm-Land u. d. Bismarck-Archipel". Leipzig 1886.
233 Hahl, Albert: „Bericht ü. eine Reise nach d. Gazellehalbinsel und Neu-Pommern". Nachrich. ü. Kaiser-Wilhelm-Land 1896.
234 Hahl, Albert: „Meine Tätigkeit und die Verhältnisse in Deutsch Neu-Guinea während 18 Jahren". Z.G.E.B. 1920.
235 Hahl, Albert: „Governeursjahre in Neu-Guinea". Berlin 1937.
236 Hahl, Albert: „Deutsch Neu-Guinea". Berlin 1942.
237 Hähnel, O.: „Beiträge zur Kenntnis der Geologie Neu-Guineas". Zeitschr. d. deutsch. Geol. Ges. 1914.
238 Hall, Basil: „Amalgamation and a mandate". Australian Quarterly Vol. 11. 1939 p 88. ff.
239 Hall, Basil: „The swing-Bag People". Walkabout Nov. 1956.
240 Hall, H. Duncan: „Mandates, Dependencies and Trusteeship". Washington 1948.
241 Hambruch, P.: „Ozeanische Rindenstoffe". Oldenburg 1926.
242 Hambruch, P.: „Einführung i. d. Abteilung Südsee des Museums f. Völkerkunde". Hamburg 1931.
243 Hambruch, P.: „Die Schiffahrt d. Südsee". Zeitsch. d. Erdball 1931 S. 382.
244 Harper, N. D.: „Australia and US Pacific Policies toward Asia". Melbourne 1954.
245 Hase, A.: „Die Fische d. deutsch. Grenzexped. 1910 in das Kaiser-Wilhelm-Land". Jenaische Zeitschr. f. Nat. Wiss. 1914.
246 Hasselt, J. L. van: „Die Papuastämme an der Geelvinkbai, Neu-Guinea". Mitt. der Geogr. Ges. Jena 1890 u. 1891.
247 Hassert: „Deutsche Kolonien". Leipzig 1910.
248 Haushofer, Karl: „Geopolitik d. Pazifischen Ozeans". Koloniale Studien Berlin 1928.

249 Haushofer, Karl: „Weltgeopolitik im Pazif. Ozean". Pet. Mitt. 1942.
250 Heidke, P.: „Meteorol. Beobachtungen aus Neu-Guinea". Mitt. a. d. deutschen Schutzgebieten XXX 1917.
251 Heim, Arnold: „Zur Kolonisationsgesch. v. Neu-Guinea. Reise nach den Wisselmeren". Geogr. helvetica Vol. 8 no. 1 1953.
252 Hernsheim, Franz: „Südsee-Erinnerungen". Berlin 1884.
253 Hertz, Richard: „Das Hamburger Südseehandelshaus". Veröffentl. des Vereins f. Hamburger Gesch. Bd. 4. Hamb. 1922.
254 v. Hesse-Wartegg, E.: „Samoa, Bismarck-Archipel u. Neu-Guinea". Leipzig 1902.
255 Hogbin, Herbert: „Native Land Tenure in New Guinea". Oceania Dec. 1939.
256 Hollerung: „Kaiser-Wilhelm-Land und seine Bewohner". Verh. d. Ges. f. Erdkunde. Berlin XV, 1888, p 298—314.
257 Holmes, Charles H.: „Rubber". Walkabout Vol. 20 March. 54.
258 Holmes, Charles H.: „Hidden people of the high valleys, and the dramatic rescue by glider of the survivors of an US Army plane in Neth. New Guinea". Walkabout Vol. 19 Aug. 1953.
259 Holmes, John Henry: "In primitive New Guinea". London 1924.
260 Holmes, John Henry: „Way back in Papua". London 1926.
261 Höltker, Georg: „Meine Beobachtungen über die Vulkantätigkeit in Kaiser-Wilhelm-Land (NG) 1936—39". Zeitschr. d. deutsch. Geolog. Gesellschaft Bd. 94, Heft 9/10, 1942.
262 Holtsch, Maria: „Die ehem. Deutsch. Südsee-Kolonien im Wandel seit dem Krieg". Diss. Marburg 1934.
263 Hopp, E. O.: „Neu-Guinea und Madagaskar". Deutsch. Rundsch. für Geogr. IV. 1882.
264 Horowitz, Emilie Bondy: „Beiträge zur Anthropologie von Nord-Ost-Neu-Guinea". Wien 1930.
265 Hoyt, Elizabeth E.: „Primitive Trade". London 1926.
266 Hugo, G.: „Spuren der Araber i. d. Südsee". Pet. Mitt. 1925.
267 Humphries, W. R.: „Patrolling i. Papua". London 1923.
268 Hurley, Frank: „Pearls and Savages", New York 1925.
269 Hüskes, Jos.: „Pioniere d. Südsee". Münster 1932.
270 Karius, C. M.: "Exploration in the Interior of Papua and North East New Guinea". Geogr. Journal, Okt. 1929.
271 Keelan, Alice J.: "In the land of Dahori Papua". London 1926.
272 Keesing, Felix M.: „The South Seas in the modern World". New York 1941.
273 Keesing, Felix M.: "Native Peoples of the modern World". New York 1947.
274 Kern, Th.: „Forstwirtschaft in Niederl. Neu-Guinea". Band IV. Heft 1. Okt. 1936. Zeitschrift für Weltforstwirt. Berlin.
275 Kersting, H.: „Organisation u. Ziele d. Verwaltung im Inselgebiet". Ponape Neu-Guinea, Mai 1912.
276 Keyser, Ch.: „Vom Sattelberg zum Markham". Zeitsch. f. Ethnol. 1912 p 558 ff.
277 Keyser, Ch.: „Erste Ersteigung d. östl. Finisterre Gipfel". Pet. Mitt. 1913.
278 Keyser, Ch.: „Anutu". Bärenreiter Verlag Kassel, 1928.
279 Keyser, Ch.: „Ajo". Bärenreiter Verlag Kassel, 1928.
280 Keyser, Ch.: „Eine Papuagemeinde". Bärenreiter Verl. Kassel 1929.
281 Kirchhoff, Alfr.: „Die Südseeinseln u. d. deutsche Südseehandel". Vorträge Halle/S.
282 Klautzsch, A.: „Die Gesteine d. Wariagebietes u. d. dortige Goldvorkommen". Jahrb. d. kgl. Preuß. Geol. Landesanst. Band 29, 2. Abt., 1908, S. 432.
283 Klein, W. C. A.: „Nieuw Guinea". 3 Bde. Statsdruckerij 's Gravenhage 1954.
284 Klein, W. C. A.: „Vergelijkingen tusschen Nederlandsch en Austr. Niew Guinea, vooral in economisch opzicht 's Gravenhage 1934.
285 Klein. W. C. A.: „Comparision in colonial development in Austral. and Dutch New Guinea". Asiatic review 1937.
286 Kleiweg de Zwaan, J. P.: "The Papuans of Dutch New Guinea" aus: Antiquity and Survival den Haag 1956.
287 Kluge, Theod.: „Völker und Sprachen v. Neu-Guinea". Pet. Mitt. 1942.
288 Kolb, Albert: „Australien im Weltbild unserer Zeit". Hamburger Universitätsreden Hamburg 1955.
289 Kolb, Albert: „Australien—Ozeanien". Seydlitz Teil III, Heft B. Ferd. Hirt Verl. Kiel 1953.
290 Kolb, Albert: „Kolonialwirtschaftliche Strukturwandlungen in den pazifischen Tropen" aus: Lebensfragen Europäischer Völker Bd. II Leipzig 1941.
291 Kolbe, W.: „Die Kultur von Kautschuk liefernden Bäumen in Neu-Guinea". Tropenpflanzer 1903, S. 20 ff.
292 Kolbe, W.: „Die Kulturpflanzen d. Eingeb. v. Neu-Guinea". Tropenpflanzer 1903, S. 211.

293 Köler, Rob.: „Die Vierteilung d. Jahreszeiten im trop. Australien u. Ozeanien". Dissertation, Gießen 1910.
294 Kopp, Karl: „Zur Frage des Bevölkerungs-Rückganges in Neu-Pommern". Archiv für Schiffs-Tropen-Hygiene, Bd. 17, Nr. 21, 1913.
295 Koppenhagen, C.: „Reisen im Markham Ramu Gebiet Kaiser-Wilhelm-Land". Z.G.E.B. 1922.
296 v. Kotze, Stefan: „Aus Papuas Kulturmorgen". Berlin 1905.
297 Krämer, Augustin: „Die Chinesengefahr i. d. deutsch. Südseekolonien". Deutsch. Kolonialz. 1902 S. 30.
298 Krämer, Augustin: „Die Samoainseln". Stuttgart 1903 Bd. II. p 390.
299 Krämer, Augustin: „Neuere Erforschungen d. Südseeinseln". Pet. Mitt. 1924.
300 Krämer, Augustin: „Der Taro und die Naß-Kultur". Pet. Mitt. 1928.
301 Krämer, Augustin: „Entdeckung d. Blanchebucht u. Simpsonhafen". Kol. Rundschau H. 5/6 1931 S. 97 ff.
302 Krämer-Bannow, Elisab.: „Bei kunstsinnigen Kannibalen der Südsee". Berlin 1916.
303 Krenkel, E.: „Der Geolog. Bau d. deutsch. Kolonien Afrika und Südsee". Bornträger Berlin 1940.
304 Krieger, Max.: „Neu-Guinea". Berlin 1899.
305 Krieger, Max.: „Ist eine Masseneinwanderung fremder Stämme in Kais.-Wilh.-Land z. Z. geboten?" Deutsche Kolonialzt. 1900.
306 Krieger, Max.: „Über die Gesundheitsverhältnisse in unseren Südseeschutzgebieten". Deutsche Kolonialzt. 1900.
307 Krieger, Max.: Über Klimaverhältnisse i. Kais.-Wilh.-Land". Deutsche Kolonialzt. 1899.
308 Krieger, Max.: „Die Missionen v. Kais.-Wilhelms-Land". Deutsche Kolonialzt. 1899.
309 Krijger, B.: „Nieuw Guinea". Tijdschrift voor economische en sociale Geographie, 44. jaarg. No. 2, Febr. 1953.
310 Kriele, Ed.: „Das Kreuz unter den Palmen". Verl. d. Miss. Hauses der Rheinischen Mission Barmen 1927.
311 Krug, H. J.: „Australien u. Ozeanien". Goeschen Bd. 313. Berlin 1953.
312 Krug, Werner G.: „JU 52 kommt nach Neu-Guinea". Wirtschaftskorresp. 10. Hamb., Jan. 1956.
313 Krug, Werner G.: „Neuguinea, mit d. Flugzeug in die Steinzeit". Überseerundsch. Hbg. März 1953.
314 Krug, Werner G.: „Paradies mit kleinen Fehlern". Bisher unveröffentl. Manuskript Kap. 4 u. 5.
315 Lam, H.: „Vegetationsbilder aus d. Inneren von Neu-Guinea". Jena 1924, Teil I u. II,
316 Lambert, Noel: „Rabaul, Problem child of the Pacific". Walkabout Vol. 17 Aug. 51.
317 Lambert, C. R.: „Papua and New Guinea". Prospects for European Agricultural Development Quart. review of agric. Developm. of Austr. July 1952.
318 Lamster, J. C.: „Oostelijk Centraal Nieuw Guinea". Tidschr. f. het Kon. Nederl. Aardriksk. Genootsch. Vol. 53 1936 p. 894—901.
319 Landtman, Gunnar: "Ethnographical collection from Kiwai-District of Brit. New Guinea". Helsingfors 1927.
320 Landtman, Gunnar: "The Kiwai Papuans of British New Guinea". London 1927.
321 Landtman, Gunnar: „Magic of Kiwai Papuans in Warfare". Journ. of the Anth. Inst. of Great Brit. 4/6 Lond. 1916.
322 Lane Poole: "The forest resources of Papua and New Guinea". Melbourne 1925.
323 Lasch, Richard: „Geophagie". Mitt. d. Anthrop. Ges. Wien 1898 u. 1900.
324 Lasker, Bruno: „Western New Guinea past and future". Neth. Indonesian Cooperation in its developm. as a key to a prosperous future. Far East. survey Vol. 21. April 1952.
325 Laufer, Carl: „Die fliegenden Hunde im Brauchtum d. Qunantuna". Acta Tropica Vol. 3 1948 S. 231.
326 Laufer, Carl: „Stellung d. Mission zum Geheimbundwesen". Schöneck, Schweiz 1949.
327 Laufer, Carl: „Mitarbeit d. Eingeborenen beim Aufbau eines christl. Gemeindelebens". Neue Zeitschr. für Missionswissensch. Schöneck, Schweiz 1953.
328 Laufer, Carl: „Religiöse Wahnideen unter Naturvölkern". Neue Zeitschr. f. Miss. Wiss. Schöneck, 1947.
329 Lautensach: „Ist in Ostasien d. Sommermonsun der Hauptniederschlagsbringer". Erdkunde 1949—50.
330 Lauterbach, C.: „Bericht ü. d. Kaiser-Wilhelm-Land-Expedition im Jahre 1896". Verh. d. Ges. f. Erdkunde. Berlin 1897.
331 Lauterbach, C.: „Die geographischen Ergebnisse der Kaiser-Wilhelm-Land Expedition". Z.G.E.B. 1898.

332 Lauterbach, C.: „Beiträge zur Flora v. Papuasien". Englers Bot. Jahrb. Leipzig 1912 (Artenindex).
333 Lauterbach, C.: „Die Pflanzenformen einiger Gebiete Nord-Ost Neu-Guineas". Englers Botanisches Jahrb. 1928, S. 284 ff.
334 Lawes, W. G.: "Ethnological notes on the Motu Koitapu und Koiari Tribes of New Guinea". Journ. Anth. Inst. VIII., 1873.
335 Lawson, J. A.: "Wanderings in the interior of New Guinea". London 1875.
336 Leahy, Mich.: "The central highlands of New Guinea". Geogr. Journal. Vol. 87, 1936.
337 Leenhardt, Maurice: "Arts de l'océanie". Paris 1947.
338 LeGuay, Laurence: "Sheep in the Wahgi Valley". Walkabout, May 1950.
339 Lehner, Stef.: „Geister u. Seelenglaube der BUKAUA u. anderen Eingeb. Stämme am Huongolf". Mitt. a. d. Mus. f. Vkd. Hamburg 1930.
340 Leidecker, C.: „Im Lande d. Paradiesvogels". Leipzig 1916.
341 Leske und Loewenfeld: „Die Beschlagnahme, Liquidation und Freigabe deutsch. Vermögens im Ausland". Berlin 1930, S. 187.
342 Lett, Lewis: "The Papuan Achievments". Melbourne 1944.
343 Lewis, Alb.: "Use of Tobacco in New Guinea". Chicago 1924.
344 Lewis, Alb.: "The use of Sago in New Guinea". Chicago 1923.
345 Linckens, P. H.: „Ärztliche Fürsorge d. Kath. Miss. unter den Naturvölkern". Zeitschr. für Miss. Wiss., Münster 1912.
346 Lütgens: „Die Produktionsräume der Weltwirtschaft". in: Erde und Weltwirtschaft, Stuttgart 1950.
347 Lindsay, H. A.: "The racial types of New Guinea". Walkabout March 1955.
348 Lorentz, H. A.: "An Expedition to the Snow Mountains of New Guinea". Geogr. Journal, May 1911.
349 Lyng, J.: "Our new Possession, late German New Guinea". Melbourne 1920.
350 Maahs, Arnold M.: "Climbing New Guinea's Finisterres". Walkabout, Juni 1952.
351 Maahs, Arnold M.: "Cannibal Country". Walkabout March 1951.
352 Macdonell, S. G.: "The quest of the golden Fly". London 1938.
353 MacGregor, Sir Will.: "British New Guinea". London 1897.
354 MacGregor, Sir Will.: "On missions and Missionaries". London Miss. Soc. 1895.
355 Machatschek, Fritz: „Das Relief der Erde". Bornträger Berlin 1955.
356 Mackay, Kenneth: "Across Papua". London 1909.
357 Mackay-Little: "Expedition in Southern New Guinea". Geogr. Journal 1911.
358 Mackenzie, S. S.: "The Australians at Rabaul, the capture and administration of the German possession in the South Pacific". Sydney 1927.
359 Mahler, R.: „Siedlungsgebiet und Siedlungslage in Ozeanien". Intern. Archiv für Ethnogr. Suppl. XI 1898.
360 Mair, L. P.: "Australia in New Guinea". London und Melbourne 1948.
361 Malinowski, B.: "Native Education u. Culture Contact". Intern. Review of Missions Vol. 25, 1936, S. 480 ff.
362 Malinowski, B.: "The sexual life of Savages in Northwestern Melanesia". London 1929.
363 Mann, C. E. T.: "Investigation of the rubber Industry in Papua and New Guinea". Papuan a. New Guinea Agric. Gazette, Oct. 1953.
364 Marquardsen, Hugo: „Das meteorologische Beobachtungswesen in Deutsch Neu-Guinea". Mitt. a. d. deutsch. Schutzgeb. 1913.
365 Marquardsen, Hugo: „Die Entschleierung d. hydrogr. Verhält. i. nördl. Neu-Guinea". Mitt. a. d. deutsch. Schutzgeb. XXX 1917.
366 Marshall, A. J.: "Northern New Guinea". Geogr. Journal. Vol. 89, 1937.
367 Marshall, Collin: "Report an forestry in the Trust Territories of the Pacific islands". Washington 1951.
368 Marshall, P.: "Oceania" im: Handbuch d. reg. Geolog., Heft 9, Heidelberg 1911.
369 v. Mässenhausen: „Die politischen Verhältnisse der Deutsch-Melanesier". Wiss. Arb. veröff. v. Völkk. Mus. Hamburg 1913.
370 McAdam, S. B.: "Natural Vegetation of New Guinea" in: The resources of the Terr. of Papua a. New Guinea, Canberra 1951.
371 McAuley, James: "Defence and development in Austr. New Guinea". Pacific Affairs Vol. 23, Dec. 1950.
372 McAuley, James: "Australians future in New Guinea". Pacific Affairs Vol. 26, Dec. 1950.
373 Mead, Margaret: „Growing up in New Guinea". Melbourne 1931.
374 Mead, Margaret: "Cooperation and Competition among primitive people". New York and London 1937.
375 Meigen, W.: „Eßbare Erden von Deutsch Neu-Guinea". Zeitschr. d. Dt. Geologischen Gesell. Berlin 1905 p. 557.

376 Meinicke, Carl: „Die Inseln d. Stillen Oceans". Leipzig 1875.
377 Merrill, E. D.: "Tabacco in New Guinea". Amer. Anthrop. Vol. 32, 1930.
378 Mertens, Rob.: „Die Tierwelt d. tropisch. Regenwaldes". Frankfurt/M.
379 Metzemaekers, L.: "The Western New Guinea problem". Pac. Aff. Vol. 24, June 1951.
380 Metzger, E.: „Die Frage der Einf. d. Malayischen in Neu-Guinea. Dt. Kol. Ztg. 1890, S. 138.
381 Meyer, Hands: „Das deutsche Kolonialreich". Leipzig und Wien, Bd. II, W. Sievers: Die Schutzgeb. d. Südsee, 1910.
382 Meyer, A. B.: „Die Papuasprache in Niederl. Neu-Guinea". Globus 1908.
383 Michener, James A.: "The voice of Asia". New York 1951.
384 v. Miklucho-Maclay, N.: „Reise in West-Mikronesien, Nord-Melanesien u. ein 3. Aufenthalt in Neu-Guinea". Pet. Mitt. 1878.
385 v. Miklucho-Maclay, N.: „Ethnol. Bermerkungen über die Papua der Maclayküste in Neu-Guinea. Batavia 1875.
386 Mirbt, Carl D.: „Mission und Kolonialpolitik i. d. dt. Schutzgebieten. Tübingen 1910.
387 Mohr, E. C. J. u. F. A. van Baren: "Tropical soils". Den Haag 1954.
388 Mohr, E. C. J. u. F. A. van Baren: "The soils of Equatorial Regions". Ann Arbor Michigan 1948.
389 Moisel, M.: „Begleitworte d. Karte d. Ramuflusses". Mitt. a. d. deutsch. Schutzgebieten 1901.
390 Moisel, M.: „Begleitworte d. vorläuf. Karte d. Kaiserin-Augusta-Flusses". Mitt. a. d. deutsch. Schutzgebieten 1913.
391 Molyneux, Flo: "Unique Native Industrial Centre". Walkabout May 1955.
392 Moresby: "Discoveries and Surveys in New Guinea". London 1876.
393 Moszkowski, M.: „Vom Wirtschaftsleben d. primitiven Völker". Jena 1911.
394 Moszkowski, M.: „Volksstämme am Mamberamo in Holl. Neu-Guinea und auf den vorgelagerten Inseln". Zeitschr. Ethnolog. 1911.
395 Moyne, Lord: "Walkabout". London 1936.
396 Mulgrue, John: "Peanuts in Australia". Quart. Review of Agricultural Economics, Januar 1951.
397 Murray, J. H. P. Sir: "Papua or Brit. New Guinea". London u. Leipzig 1912.
398 Murray, J. H. P. Sir: "Papua of to day or an Austr. Colony in the Making". Lond. 1925.
399 Murray, J. K.: "The provisional Administr. of the Terr. of Papua and New Guinea, its policy and its problems". Brisbane 1949.
400 Neuhauss, R.: „Deutsch Neu-Guinea". 3. Bd., Berlin 1911.
401 Neuhauss, R.: „Unsere Kolonie Deutsch Neu-Guinea". Weimar 1914.
402 Neuhauss, R.: „Die Pygmäenfrage in Neu-Guinea". Z. f. Ethnol. XLVI 1914.
403 Neuhauss, R.: „Uber die Pygmäen in Deutsch Neu-Guinea". Z. f. Ethnol. XLIII 1911.
404 Neuhauss, R.: „Die Pygmäen in Deutsch Neu-Guinea". Koresp. Bl. d. Ges. f. Anthr., Ethnol. u. Urgeschichte XLII 1911.
405 Neuhauss, R.: „Die Erforschung v. Neu-Guinea" mit dem Lenkballon". Pet. Mitt. 1913, S. 198.
406 Nevermann, Hans: „Die Schiffahrt in Ozeanien". Diss. Hamburg 1923.
407 Nevermann, Hans: „Ein Besuch bei Steinzeitmenschen". Stuttgart 1941.
408 Nevermann, Hans: „Das melanesische Pidgin Englisch". Englische Studien Vol. 63, 1928—29, S. 252.
409 Newton, Henry: "In far New Guinea". London 1914.
410 Niles, John: "The Kuman People in New Guinea". Oceania, September 1953.
411 Otremba, Erich: „Allgem. Agrar- und Industriewirtschaft" aus: „Erde und Weltwirtschaft". Stuttgart 1953.
412 Oliver, Douglas L.: "The Pacific Islands". Cambridge 1953.
413 Ormeling, F. I.: "De groei van de Kaart van Westelijk Nieuw-Guinea". Tijdschrift van het Nederl. Aardrijksk. genootschaap. Deel LXIX 1952, S. 199.
414 Overell, L.: "A womans impression in Germ. New Guinea". London 1923.
415 Pacific-Islands Yearbook, The, Sydney 1950 und 1956.
416 Panzer, Wolfg.: „Junge Küstenhebungen im Bismarck-Archipel und auf Neu-Guinea". Z. G. E. B. 1933.
417 Parkinson: „Beiträge zur Kenntnis d. dt. Schutzgeb. i. d. Südsee". Mitt. d. Geogr. Ges. Hamburg 1888.
418 Parkinson: „30 Jahre in der Südsee". Stuttgart 1907.
419 Passarge, S.: „Polit. Geogr. Grundlagen der Südsee". Pet. Mitt. 1926.
420 Passarge, S.: „Geographische Völkerkunde". Safari Verl. 1952.
421 Paul, C.: „Die Missionen in unseren Kolonien". IV. Teil. Die deutschen Südseeinseln. Dresden 1908.

422 Pfeffer, K. H.: „Australien". Stuttgart 1950.
423 v. Pfeil, Graf: „Bericht über eine Reise in Deutsch Neu-Guinea". Pet. Mitt. 1890.
424 v. Pfeil, Graf: „Studien in der Südsee". Braunschweig 1899.
425 v. Pfeil, Graf: „Neu-Mecklenburg". Pet. Mitt. 1894.
426 Pflüger, Alex: „Smaragd-Inseln d. Südsee". Bonn 1890.
427 Pilhofer, G.: „Eine Reise in das Hinterland von Finschhafen". Pet. Mitt. 1911, II. Band.
428 Pilhofer, G.: „Von Finschhafen nach d. Markhamfluß". Pet. Mitt. 1912, II. Bd.
429 Pilhofer, G.: „Eine Durchquerung Neu-Guineas von Waria zum Markhamfluß". Pet. Mitt. 1915 p. 21.
430 Platten, Gil: "Shark catching in New Irland". Walkabout September 1954.
431 Pöch, R.: „Bericht von meiner Reise n. Neu-Guinea". Sitzungsber. d. Kaiserl. Akd. d. Wissensch. Berlin 1907.
432 Pöch, R.: „Eine Reise a. d. Nordostküste v. Britisch-Neu-Guinea". Globus 1907.
433 Pöch, R.: „Reisen in Neu-Guinea i. d. Jahren 1904/06". Ztschr. f. Ethno. 1907.
434 Pöch, R.: „Wanderungen im Gebiete der KAI, Deutsch-Neu-Guinea". Mitt. a. d. Schutzgeb. XX 1907.
435 Pöch, R.: „Über meine Reise in Deutsch, Britisch u. Niederl. Neu-Guinea". Z. G. E. B. 1907.
436 Pöch, R.: „Ethnographische Berichte". Globus XCII 1907.
437 Pöch, R.: „Reisen a. d. Nordküste v. Kaiser-Wilhelm-Land". Globus 1908.
438 Pöch, R.: „Bemerkungen ü. d. Eingeborenen von Ost u. Süd Neu-Guinea". Sonderband d. Z. G. E. B. 1906.
439 Powdermaker, Hortense: "Feasts in New Irland". American Anthropologist Vol. 34, 1932, S. 236—247.
440 Powdermaker, Hortense: "Life in LESU". The study of a Melanesian society in New Irland. London 1933.
441 Pratt, Wallace E.: "World Geography of Petroleum". Princetown Univ. Press 1950.
442 Preuss, K. Th.: „Die geistige Kultur d. Naturvölker". Leipzig 1923.
443 Preuss, Paul: „Wirtsch. Werte i. d. Dtsch. Südsee-Kolonie". Tropenpflanzer 1916.
444 Preuss, Paul: „Die Kokospalme und ihre Kultur". Berlin 1911.
445 Preuss, Paul: „Paradiesvogeljagd in Neu-Guinea". Dt. Kol. Ztg. 1912.
446 Preuss, Paul: „Die pflanzlichen Ausfuhrprodukte Neu-Guineas". Tropenpflanzer 1909.
447 Rabitsch, V.: „Erde als Medizin, Genußmittel, Nahrung". Dtsch. Rundsch. f. Geogr. 1915.
448 Ratzel, Friedr.: „Völkerkunde II. Bd.", Leipzig 1886.
449 Rawling, C. G.: "The land of the New Guinea pygmies". London 1913.
450 Ray, S. H.: "Linguistics of the Papuan and Melanesian languages. London 1907.
451 Read, K. E.: "Cultures of the Central Highlands New Guinea". South western journal of anthropol. Vol. 10, 1954.
452 Read, K. E.: "Nama Cult of the Central Highlands". Oceania September 1952.
453 Reche, O.: „Der Kaiserin-Augusta-Fluß". Hamburg 1913.
454 Reche, O.: „Abel Tasmans Reise längs d. Küste v. Kaiser-Wilhelm-Land im Jahre 1643". Mitt. d. Geogr. Ges. Hamb. 1918.
455 Reche, O.: „Eine Bereisung d. Kaiserin-Augusta-Flusses". Globus XCII 1910.
456 Reche, O.: „Dampier's Route längs d. Nordküste v. Kaiser-Wilhelm-Land". Pet. Mitt. 1914, Bd. II.
457 Rechinger, K. u. Lily: „Streifzüge in Deutsch Neu-Guinea und auf den Salomoninseln". Berlin 1908.
458 Rechinger, K. u. Lily: „Vegetationsbilder aus dem Neu-Guinea-Archipel". Jena 1908.
459 Reed, F. R. C.: "The Geology of the British Empire". London 1949.
460 Reed, Stephen W.: "The making of modern New Guinea". Philadelphia 1943.
461 Reiber, J.: „Das Torricelligebirge". Pet. Mitt. 1910, S. 78.
462 Reiber, J. u. Richarz, Steph.: „Vorl. Bericht über Geol. Untersuchungen im Kaiser-Wilhelm-Land". Pet. Mitt. 1907.
463 Reiber, J.: „Eine Geolog. Expedition ins Torricelligebirge". Pet. Mitt. 1910.
464 Rein, Adolf: „Über die Bedeutung der Überseeischen Ausdehnung für d. Europ. Staatensystem". Hist. Zeitschr. München u. Berlin 1928, Bd. 137.
465 Report for 1953—54, Territory of Papua. Canberra 1955.
466 Report for 1953—54, Territory of New Guinea to the Gen. Assembly of the U.N.Dep. of Territories Canberra 1955.
467 Report on Netherlands New Guinea for the year 1954, Ministry of Overseas Territories, den Haag 1955.
468 „Resources of the Terr. of Papua and New Guinea", Vol. I u. II Canberra 1951.

469 Richarz, St.: „Der Geolog. Bau von Kaiser-Wilhelm-Land nach dem heutigen Stand unseres Wissens". Neu. Jahrb. f. Mineral. u. Palaeontologie Berlin, Band 29, 1910. Neu. Jahrb. f. Mineral. u. Palaeontologie Berlin, Band 29, 1910.
470 Riedel, Otto: „Die deutsch. Kolonien der Südsee". Zeitschr. für Geopolitik, 1. Jahrg., Berlin 1924.
471 Riesenfeld, Alph.: "Tabacco in New Guinea and the other areas of Melanesia", Journal of the Royal Anthr. Inst. of Great Britain and Ireland, Vol. 81, 1951.
472 Riesenfeld, Alph.: "The megalithic culture of Melanesia". Leiden 1950.
473 Roesicke, A.: „Mitt. üb. ethnogr. Ergeb. d. Kais.-Augusta-Fluß-Expedition". Zeitschr. f. Ethnologie, Vol. 46, 1914.
474 v. Römer: „Die Besteig. d. Hellwig-Gebirges in Neu-Guinea". Int. Arch. f. Ethnogr., Bd. XXI, p. 149.
475 Romilly, Hugh H.: "The western Pacific and New Guinea". London 1887.
476 Romilly, Hugh H.: „From my veranda in New Guinea". London 1889.
477 Rönninger, Herm.: „Aus d. Wildnis Neu-Guineas", Dresden 1925.
478 Rüdiger, H.: „Der Huongolf im Südosten v. Kaiser-Wilhelm-Land". Verh. d. Ges. f. Erdk. Berlin 1897.
479 Ruge, Friedr.: „Entscheidung im Pacific". 1954—1955.
480 v. Rummel, Walt. Frh.: „Häuser u. Hütten d. dt. Südsee". Dtsch. Kol. Ztg. 1910 p. 533.
481 Rye, Edw. Caldwell: "Bibliography of New Guinea". London 1884.
482 Sabine, Foerster, Stollé: „Die Südostküste v. Kaiser-Wilhelm-Land". Mitt. a. d. dt. Schutzgeb. XXV 1912.
483 Sande, G. A. J. van dem: "Ethnography and Anthropology". Nova Guinea Vol. III, Leyden 1907.
484 Sapper, Karl: „Der Wirtschaftsgeist u. d. Arbeitsleistung tropischer Kolonialvölker", Enke, Stuttgart 1941.
485 Sapper, Karl: „Beitr. z. Kenntnis Neupommerns u. d. Kaiser-Wilhelm-Lands". Pet. Mitt. 1910, Bd. 1, p. 189.
486 Sapper, Karl: „Beitr. z. Landeskunde Neu-Mecklenburg". Mitt. a. d. dt. Schutzgeb. Erg. Bd. 43, 1910.
487 Sapper, Karl: „Beiträge z. Geographie d. tätigen Vulkane". Ztschr. f. Vulkanol. III 1916/17, S. 79.
488 Sapper, Karl: „Vulkanberge Neu-Guineas", Ztschr. f. Vulkanol. 1921/22.
489 Sapper, Karl: „Forschungsreise n. d. Bismarck-Archipel". Mitt. dt. Schutzgeb. Erg. Bd. 1908.
490 Sapper, Karl: „Abtragungsvorgänge i. d. regenfeuchten Tropen und ihre morphologischen Wirkungen". Geogr. Zt. 1914, S. 5 ff.
491 Sapper, Karl: „Die Deutsch. Südseebesitzungen". Geogr. Zt. 1915.
492 Sapper, Karl: „Allg. Wirtschafts- u. Verkehrsgeographie". Leipzig 1930 p. 134.
493 Saville, W. V.: „In unknown New Guinea". London 1926.
494 Schaffner, F. X.: „Lehrbuch d. Geologie, III. Bd., Wien 1941.
495 Schafroth, Maria M.: „Südsee-Welten vor d. großen Krieg". Bern 1916.
496 Schellong, O.: „Die Papuas in Nordost-Neu-Guinea". Zeitschr. f. Ethnol. 1905.
497 Schimper, A. F. W.: „Pflanzengeographie", Jena 1935.
498 Schimper, A. F. W.: „Die indo-malayische Strandflora". Bot. Mitt. a. d. Tropen Bln. 1891.
499 Schlaginhaufen, O.: „Die Variabilität, die geogr. Verbreitung u. Stellung d. Körpergröße d. Eingeb. Neu-Irlands". Geograph. Helvetica Vol. 8, 1953.
500 Schlaginhaufen, O.: „Pygmäen in Melanesien". Arch. suisses d'Anthrop. Générale, Bd. 1, 1914.
501 Schlaginhaufen, O.: „Die Pygmäenfrage". Festschr. d. Dozenten d. Univ. Zürich 1914.
502 Schlechter: „Bericht ü. eine Erkundungstour auf d. Waria in Neu-Guinea". Tropenpflanzer 1908 p. 569.
503 Schlechter: „Die Guttapercha a. Kautschukexpedition". Berlin 1911.
504 Schleiermacher, Ch.: „Religiöse Anschauungen u. Gebräuche der Bewohner v. Berlinhafen Deutsch-Neu-Guinea". Globus Bd. 78, 1900.
505 Schleinitz, Frh. von: „Beschreibung d. Nordküste von Kais.-Wilh.-Land". Nachr. ü. Kaiser-Wilhelm-Land, 5. Jahrg., 1889.
506 Schlunk, Martin: „Die Schulen f. Eingeborene i. d. dtsch. Schutzgeb." Hamburg 1914.
507 Schmack, Kurt: „J. C. Godeffroy & Sohn, Kaufleute zu Hamburg". Hamburg 1938.
508 Schmelz, J. D. E.: „Beitr. z. Ethnographie v. Neu-Guinea". Int. Arch. f. Ethnogr. Bd. 16 u. 17.
509 Schmidlin, J.: „Die kath. Missionen i. d. dtsch. Schutzgeb." Münster 1913.
510 Schmidt, Joseph: „Neue Beitr. zur Etnogr. d. NOR-Papua". Anthropos 1933 p. 321.

511 Schmidt, Joseph: „Die Ethnographie d. NOR-Papua b. Dallmannshafen Neu-Guinea". Anthropos 1923/24.
512 Schmidt, Max: „Völkerkunde". Berlin 1924.
513 Schnee, E.: „Einiges ü. Sitten u. Gebräuche d. Eingeb. Neu-Guineas". Ztschr. f. Ethnol. Berlin 1900.
514 Schnee, E.: „Bericht ü. eine Fahrt nach d. Südküste Neu-Pommerns". Mitt. a. d. dtsch. Schutzgeb. 1900.
515 Schnee, Heinr.: „Die koloniale Schuldlüge". Leipzig 1920.
516 Schnee, Heinr.: „Bilder aus der Südsee". Berlin 1904.
517 Schnee, Heinr.: „Deutsches Koloniallexikon". 3. Bd., Leipzig 1920.
518 Schnee, Heinr.: „Die deutschen Kolonien unter fremd. Mandatsherrschaft", Leipzig 1922.
519 Schnee, Heinr.: „Die deutsch. Kolonien vor, in u. nach dem Weltkriege". Leipzig 1935.
520 Schneider, H.: „Die Einwanderung farbiger Rassen nach Australien". Dresdner Geogr. Studien, Dresden 1934.
521 Schultz-Ewerth, Erich: „Deutschlands Weg zur Kolonialmacht". Scherl, Berlin 1934.
522 Schultze-Jena, L.: „Die deutsche Grenzexpedition in d. Kais.-Wilh.-Land". Mitt. d. Ges. f. Erdk., Leipzig 1911.
523 Schultze-Jena, L.: „Forschungen im Innern d. Insel Neu-Guinea". Mitt. a. d. deutsch. Schutzgeb. Erg. Hft. 11, 1919.
524 Schumann, K. u. Hollrung, M.: „Die Flora v. Kaiser-Wilhelm-Land". Berlin 1889.
525 Schumann, K. u. Lauterbach, Karl: „Die Flora d. dtsch. Schutzgeb. in der Südsee". Leipzig 1901.
526 Schurig, Margar.: „Die Südseetöpferei". Diss. Leipzig 1930.
527 Schuster, W. H.: "Report on a survey of the inland fisheries of the Territ. of New Guinea and Papua". Canberra 1950.
528 Schützmeister, Ph.: „Der Mensch auf den Atollen d. Südsee". Dissert. Hamburg 1932.
529 Seidel, H.: „Über Tauschhandel u. Geld in d. westl. Südsee". Dt. Rundschau f. Geogr. 1914.
530 Seligmann, C. G.: „The Melanesians of British New Guinea". Cambridge 1910.
531 Sieberg, A.: „Die Erdbebentätigkeit in Dtsch.-Neu-Guinea". Pet. Mitt. 1910, 1. Bd.
532 Sievers, Wilh.: „Die Schutzgeb. d. Südsee" in: Meyer — Das deutsche Kolonialreich Vol. 2, 1910.
533 Smith, St. Miles Cater: „Expedition in Southern New Guinea". Geogr. Journal Vol. 39, 1912 p. 313.
534 Smith, St. Miles Cater: „Handbook of the Territ. of Papua". Canberra 1927.
535 Smith, T. H.: "The Geology of New Guinea". Austral. Mus. Mag. Vol. 8, No. 3, 1943 p. 91—95.
536 Spate, O. H. K.: "Changing native agriculure in New Guinea". The Geogr. Review Vol. 43 No. 2, April 1953.
537 Spate, O. H. K.: "Improving Native living-standards". Walkabout July 1956.
538 Spate, O. H. K.: "Problems of Development of New Guinea". Geogr. Journal, Dec. 1956 p. 430 ff.
539 Speiser, Felix: „Südsee, Urwald, Kannibalen". Leipzig 1913.
540 Speiser, Felix: „Versuch einer Siedlungsgeschichte d. Südsee". Denkschrift d. Schweiz. Naturfr. Ges., Bd. 77, Abh. 1, Zürich 1946.
541 Sperling, Irene: „Das Hinterland v. Merauke". Frankfurt. Geogr. Hefte 1936.
542 Spicer, J. A.: "The expropriation and sale of German plantations i. the Mand. Territories" in: The Austr. Mandate for New Guinea, Melbourne 1928.
543 Spinks, Kl. "The Wahgi River Valley of Centr. New Guinea". Geogr. Journal 1936. S. 222.
544 Spinks, Kl.: "Mapping the Purari Plateau New Guinea". Geogr. Journal 1934, S. 412.
545 Stahl, G.: „Die Geophagie". Ztschr. f. Ethnolog. 1931, S. 346.
546 Stanley, E. R.: "Geology of Papua". Melbourne 1924.
547 Stanley, E. R.: "Vulcanic Action in New Guinea". Pan Pacif. Science Congr. in Australia 1923 Vol. 1, p. 830 ff.
548 Stanley, E. R.: "Annual Report of Papua". 1917/18, Canberra 1918.
549 Stanner, W. E. H.: "The South Seas in Transition". Sydney a. London 1953.
550 Stephan, E.: „Neu-Mecklenburg". Berlin 1907.
551 Stollé: „Überblick ü. d. Verlauf d. Kaiserin-Augusta-Fluß-Expedition". Z.G.E.B. 1914.
552 Stollé: „Bericht d. Kais.-Aug.-Strom-Expedition 1912". Deutsche Kol. Ztg., 2. Mai 1912, S. 469.
553 Stollé „Aus Kaiser-Wilhelm-Land". Deutsche Kol. Ztg. 1912.

554 Stuhlmacher, Walt.: „Bismarcks Kolonial-Politik nach den Aktenveröffentlichungen des Ausw. Amtes". Halle 1927.
555 Südsee Handbuch. Herausgeg. v. Reichs-Marine-Amt, III. Tl., „Kaiser-Wilhelm-Land". Berlin 1913.
556 Suess, Ed.: „Das Antlitz der Erde". Wien 1909, 3. Bd., S. 332.
557 Suchan-Galow, Erika: „Die deutsche Wirtschaftstätigkeit i. d. Südsee v. d. erst. Besitzergreif.", Hamburg 1940.
558 Tappenbeck, Ernst: „Deutsch-Neu-Guinea". Berlin 1901.
559 Taylor, Griffith: "Climatology of Australia" in: Köppen-Geiger: Handbuch d. Klimatol., Bd. IV, T.S. Berlin 1932.
560 Thilenius, G.: „Ethnogr. Ergebn. aus Melanesien". Halle 1902.
561 Thilenius, G.: „Geolog. Notizen aus d. Bismarck-Archipel", Globus 1900.
562 Thilenius, G.: „Alfred C. Haddons Forschungen auf d. Inseln d. Torresstr. u. i. Neu-Guinea". Globus Vol. 81, 1902.
563 Thilenius, G.: „Ergebnisse d. Südsee-Expedition 1908—1910". Hamburg 1927.
564 Thilenius, G.: „Die Arbeiterfrage in der Südsee". Globus Feb. 1900.
565 Thomas, Gordon: "Manning Australias Northern out post". New Commonwealth Dec. 1954.
566 Thomson, Donald F.: "War-time exploration in Dutch-New-Guinea". Vol. 119, Geogr. Journal. März 1953.
567 Thurnwald, Hilde: „Menschen d. Südsee". Stuttgart 1937.
568 Thurnwald, R.: „Eine Durchquerung d. Gebiets zwischen Kais.-Augusta-Fluß und Küste". Mitt. a. d. dt. Schutzgeb. 1913.
569 Thurnwald, R.: „Entdeckungen im Becken d. oberen Sepiks". Mitt. a. d. dt. Schutzgeb. 1914.
570 Thurnwald, R.: „Vorstöße n. d. Quellgebiet d. Kais.-Aug.-Flusses", Mitt. a. d. dt. Schutzgeb. 1916.
571 Thurnwald, R.: „Die Heimkehr v. Neu-Guinea, nebst einigen vorläufigen Ergebnissen d. Forschungen". Mitt. a. d. dt. Schutzgeb. 1917.
572 Thurnwald, R.: „Vom mittl. Sepik z. Nordküste von Kaiser-Wilhelm-Land". Mitt. a. d. dt. Schutzgeb. 1919.
573 Thurnwald, R.: „Die Gemeinde der Bánaro". Stuttgart 1921.
574 Thurnwald, R.: „Bei Kriegsausbruch in Zentr.-Neu-Guinea". Kol. Rundsch. 1929.
575 Thurnwald, R.: „Koloniale Gestaltung". Hamburg 1939.
576 Tischner, Herb.: „Die Verbreitung d. Hausformen in Ozeanien". Dissert. Leipzig 1934.
577 Tischner, Herb.: „Eine Ethnograph. Sammlung aus d. östl. Zentr.-Neu-Guinea". De Gruyter, Hamburg 1939.
578 Tischner, Herb.: „Kunst der Südsee". Hamburg 1954.
579 Townsend, G. W. L.: "The administr. of the Mandated Territories of New Guinea". Geogr. Journal 1933, S. 424.
580 Trendelenburg, R. u. Mayer-Wegelin: „Das Holz als Rohstoff". München 1955.
581 Troll, C.: „Das Pflanzenkleid d. Tropen". Deutsch. Geographentag Frankfurt/M. 1951.
582 Tüllmann, H.: „Niederschlagsverhältnisse d. Südsee-Inseln". Hamburg 1936.
583 United Nations "Issues before the 11 th Generalassembly of United Nations". New York Nov. 1956.
584 Urquhart, D. H.: "Prospects for cocoa in the South-Pacific" World Crops Vol. 5. No. 10, Okt. 1953.
585 Urquhart, D. H.: "Report on the prospects of extending the growing of cocoa in the Terr. of Papua and New Guinea". Rep. 1951, Bournville, Cadbury Broth.
586 Vageler, P.: „Grundriß d. tropischen u. subtrop. Bodenkunde". Berlin 1938.
587 Verstappen, H. Th. u. Doets, J. P.: "Enkele geomorpholog. aantekeningen over de Wisselmeren". Tijdschr. for het Kon. Nederl. Aardriksk. Genootsch. 2. Deel 67 July 1950.
588 Verstappen, H. Th. u. Doets, J. P.: "Luchtfotostudien over het Centrale Bergland van Nedeerl. Nieuw Guinea". Tijdschr. for het Kon. Nedeerl. Aardrijks. Genootsch. July u. Oct. 1952.
589 Vetter, J.: „Aus der Märchenwelt d. Papuas in Kaiser-Wilhelm-Land", Mitt. d. Geogr. Ges. Jena 1892.
590 Veurman, I. D.: "Rondom het Carstensz-Gebergte". Tijdschr. van het Nederl. Aardrijksk. Genootsch. 2. reeks Deel 68 No. 3, July 1951.
591 Vicedom, G.: „Im unerforscht. Zentr.-Neu-Guinea". Ztschr. f. Erdk. 12, 1944.
592 Vicedom, G.: „Die MBOWAMB". Hamburg 1948.
593 Vogel, Walther: „Politische Geographie", Gotha 1935.
594 Volkens, G.: „Jahresb. ü. d. Entwicklung d. Schutzgeb. von Deutsch-Neu-Guinea". 1899—1900 Kol. Ztg. 1900, S. 112.

595 Volz, Wilhelm: „Über die Bodenversetzung i. d. Tropen". Z.G.E.B. 1913, S. 115 ff
596 Vormann, Fritz: „Das tägliche Leben der Papua". Anthropos 1917.
597 Vroklage, B. A. G.: "Enkele Aanteekeningen over het in de laatste Jaaren ontdekte Stammen in het Mandaatgeb. v. Nieuw Guinea". Tijdschr. f. h. Kon. Ned. Aardrijksk. Genootsch. Vol. 53, 1936, 886—893.
598 Wallace, Alf R.: „Die geographische Verbreitung d. Tiere". Dresden 1876, S. 475.
599 Warburg, O.: „Beiträge zur Kenntnis d. papuanischen Flora". Englers Bot. Jahrb. 1890.
600 Warburg, O.: „Die Vegetationsverhältnisse v. Neu-Guinea". Verh. d. Ges. f. Erdk. Berlin 1892.
601 Warburg, O.: „Die Pflanzenwelt Neu-Guineas" in: Krieger „Neu-Guinea", Berlin 1899.
602 Wawn, T.William: "The South Islands and the Queensland Labor Trade". London 1893.
603 Wegener, Georg: „Deutschland im Stillen Ozean". Bielefeld u. Leipzig 1903.
604 Werner, E.: „Bilder aus Neu-Guinea". Dt. Kol. Ztg. 1900 p. 4.
605 Werner, E.: „Im westl. Finisterre u. a. d. Nordküste v. Deutsch-Neu-Guinea". Pet. Mitt. 1909 p. 73.
606 Werner, E.: „Kaiser-Wilhelm-Land". Freiburg 1911.
607 Wernicke, W.: „Die Waria Expedition in Neu-Guinea". Dt. Kol. Blatt XIX, 1908.
608 Weyhmann, Horst: „Unsere Südsee". Berlin 1917.
609 Whyte, W. F.: "The Australian Parliamentary Handbook". Sydney 1952.
610 Wichmann, Art.: „Entdeckungsgesch. v. Neu-Guinea". Nova Guinea, I u. II, 1909—1912.
611 Wichmann, Art.: „Bericht ü. e. im Jahr 1903 ausgeführte Reise n. Neu-Guinea". Nova Guinea Vol. IV, Leyden 1909—1912.
612 Wichmann, H.: „Die Deutsch-Niederl. Grenzkommiss. in Neu-Guinea". Pet. Mitt. 1911, S. 184.
613 Wiersbitzky, K.: „Politische Geographie des Australasiatischen Mittelmeers". Gotha 1936.
614 Wiese, I.: „Fischfang u. Jagd i. d. Südsee". Süßerroths Kol. Kalend. 1910.
615 Wiese, I.: „Wirtschaftliches und Ethnographisches aus Kais.-Wilh.-Land". Zt. f. Kol. Pol. 1912 p. 273.
616 Williams, Francis E.: "The natives of the Purari-Delta". Anthropolog. Report No. 5 Terr. of Papua 1924.
617 Williams, Francis E.: "Vailala Madness". Anthrop. Rep. No. 4 Terr. of Papua 1924.
618 Williams, Francis E.: "The collection of curios and the preservation of native culture". Terr. of Papua Native Taxes ordinance 1917—1922.
619 Williams, Francis E.: "OROKAIVA Magic". Oxford Univers. Press. 1928.
620 Williams, Francis E.: "OROKAIVA Society". Oxford Univers. Press. 1930.
621 Williamson, R. W.: "The MAFULU Mountain people of British New Guinea". London 1912.
622 Williamson, R. W.: "The ways of the South Sea savages. A record of travel amongst the people of New Guinea". London 1914.
623 Willoughby, John: "Economic Progreß in Papua and New Guinea". Quart. Bull. of South Pac. Comm. Okt. 1956.
624 Wirz, Paul: „Bei liebenswürdigen Wilden in Neu-Guinea". Stuttgart 1929.
625 Wirz, Paul: „Anthrop.-Ethnol. Ergebnisse d. Central-Neu-Guinea Expedition 1921 bis 1922". Nova Guinea XVI 1924—1934.
626 Wirz, Paul: „Beitr. z. Ethnolog. d. Sentanier (Holl.-Neu-Guinea)". Nova Guinea Vol. XVI, Leyden 1924—1934.
627 Wirz, Paul: „Die Gemeinde der GOGODARA". Nova Guinea Vol. XVI, Leyden 1924—1934, S. 371.
628 Wirz, Paul: „Die MARIND ANIM v. Holl.-Neu-Guinea". Bd I u. II, Hamburg 1925. Monographien zur Völkerkunde Ho 1.
629 Wirz, Paul: „Dämonen u. Wilde in Neu-Guinea". Stuttgart 1928.
630 Wirz, Paul: „Südseestudien". Basel 1951. Über die alten Steinmörser u. and. Steingeräte des nordöstl. Zentr.-Gebirges Neu-Guineas. Basel 1951.
631 Witthöft, Felix: „Das Salz in Ozeanien". Diss. Hamburg 1939.
632 Wolff: „Das Recht am Grund u. Boden im Schutzgeb. v. Deutsch-Neu-Guinea". Zt. f. Kol. Pol. 1906 p. 464.
633 Wollaston, Alex. F. R.: "Pygmies and Papuas". London 1912.
634 Wollaston, Alex. F. R.: „An Expedition to Dutch New Guinea". Geogr. Journal Vol. 43, 1914.
635 Womersley, I. S.: "A Brief history of Botanical Explorat. of Papua a. New Guinea". The Papua and New Guinea Agricultural Gazette Oct. 1953, S. 32.
636 Wood, G. L.: "Australia it's Resources and Development, New York 1951.
637 Yearbook of the United Nations 1954.

638 Yearbook of the Commonwealth of Australia, Canberra 1950, 1955.
639 Zimmermann. Alf.: „Geschichte d. deutsch. Kolonialpolitik". Berlin 1914.
640 Zöller, H.: „Deutsch-Neu-Guinea". Leipzig 1891.
641 Zöller, H.: „Meine Exped. in das Finisterre Gebirge", Pet. Mitt. 1890.
642 Zöller, H.: „Untersuchungen ü. 24 Sprachen aus d. Schutzgeb. der Neu-Guinea-Compagnie". Pet. Mitt. 1890.
643 Zöller, H.: „Deutsch-Neu-Guinea und meine Ersteigung des Finisterre-Gebirges". Stuttgart 1899.
644 Zwierzycki, J.: "Notes on the Morphology and Tectonics of New Guinea". The Philipp. Journal of science Bd. 29, Manila 1926 p. 505.
645 Zwierzycki, J.: „Geolog. Overzichtskaart. van den Nederlandsch-Indischen-Archipel". Jaarb. v. h. Mijnwezen i. Nederl. Indie, Jaarg. 56, 1927, Verhandling. I. Deel.
646 Handbook of Papua and New Guinea 1954, Sydney 1954.
647 Blum, Hans: „Neu-Guinea und der Bismarck-Archipel". Berlin 1900.
648 Non Self-Governing Territories. Summaries and analyses of informations transmitted to the Secretary-General during 1954. Report to United Nations (Papua). New York 1955.
649 Seilkopf, Heinrich: „Deutsche Hydrograph. Zeitschrift Band 9", 1956, S. 90 ff.

Benutzte Zeitschriften, Berichte und Handbücher.

Archiv für Schiffs- und Tropenhygiene (Heft 21).
Australian Geographer, The: Sydney.
Australian National Review: Canberra.
Australian Quarterly: Political Review Sydney.
Australia, Report of the League of Nations on the Terr. of New Guinea 1914—1921.
Bodenschätze des afrikanischen Raumes, Die: Anhang die Bodenschätze d. ehem. dt. Kolon. d. Südsee. Berlin 1940.
British New Guinea: Foreign Office Handbook. 1920 London.
Bulletin of the Territory of Papua, Sydney.
Commonweal: New York 17. Dez. 1954, p. 302.
Deutsche Kolonialzeitung.
Deutsches Koloniallexikon, 2. Bd.
New Guinea Handbook: Canberra 1943.
New Guinea Agricultural Gazette, Port Moresby.
Oceania: Herausgegeben vom National Research Council Sydney.
Overseas Trade Bulletin: Canberra.
Pacific Affairs: Journal of the Inst. of Pacific relations, Honululu.
Pacific Islands monthly: Sydney.
Pacific Islands Pilot: Hydrograph. Dept. of Admirality London. Vol. 1, 1947.
Papuan Villager: Monatsheft Port Moresby.
Quarterly Bulletin of South Pacific Commission. Noumea Neu-Kaledonien.
Report of the UN Visiting Commission on New Guinea New York 1951.
Report of the New Guinea Nutrition Survey Exped. 1947.
Royal Commission on late German New Guinea (final rep.). Melbourne 1920.
Royal Commission on Papua: Melbourne 1907.
Report of the Committee appointed to survey the possibilities of establishing a combined administration of the Territ. of Papua and New Guinea Melbourne 1939.
Report of the South Pacific Commission, Wellington NZ 1950.
Statistisches Jahrbuch für die Bundesrepublik 1956.
United Nations Bulletin, New York 1953 u. 1954.
United Nations Review, New York 1955 u. 1956.
USA Gazetteer No. 1 Salomonen, Bismarck-Arch. 1944.
USA Gazetteer No. 2 New Guinea and nearby islands 1944.
Walkabout, Zeitschrift der Geograph. Gesellsch. Melbourne.
Australian Army Journal, Canberra 1954.
Yearbook of World affairs, London 1956.

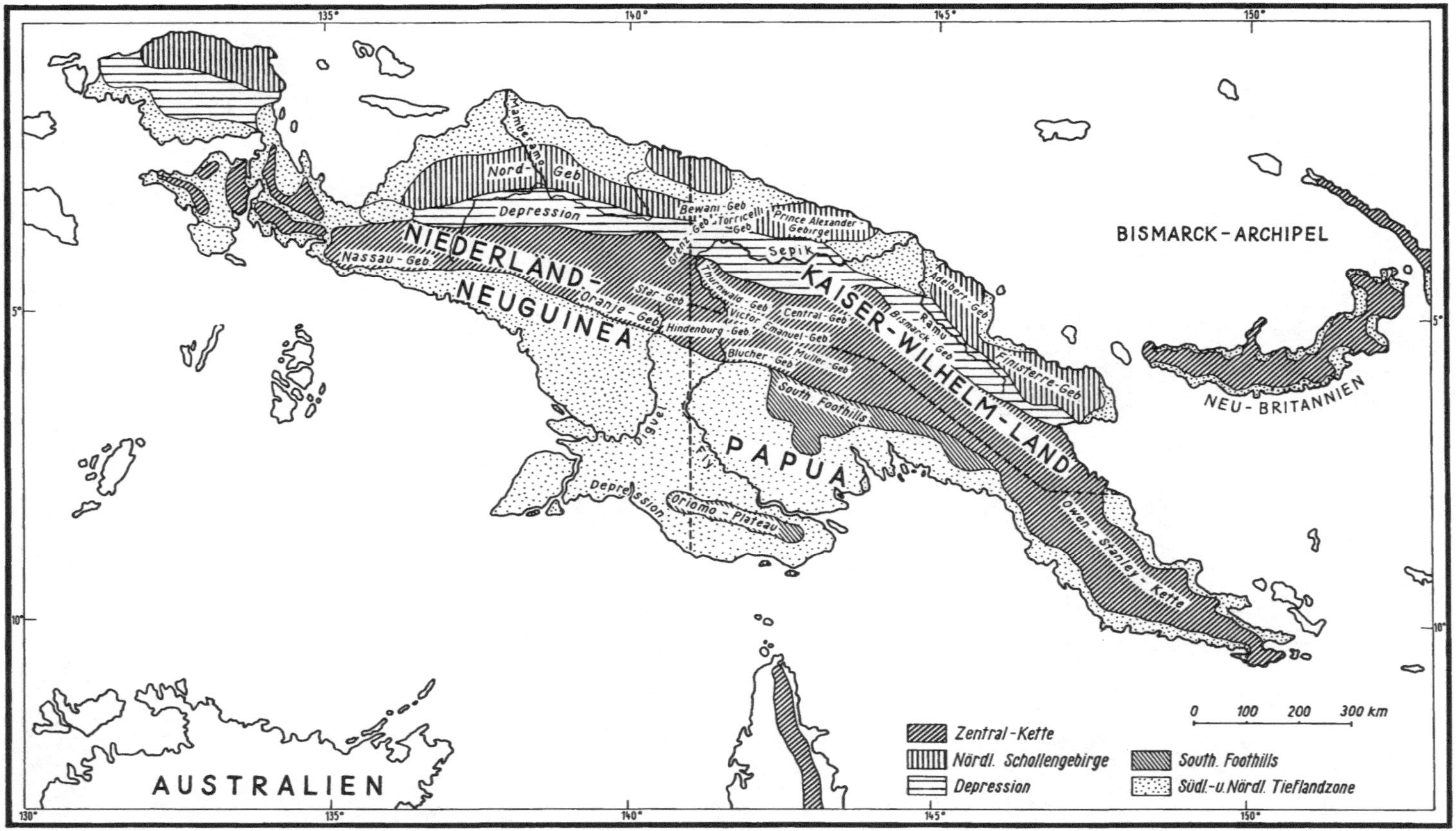

Karte 2 Neu-Guinea: Gesamtübersicht und regionale Gliederung

Karte 3

Geologische Karte von Neu-Guinea

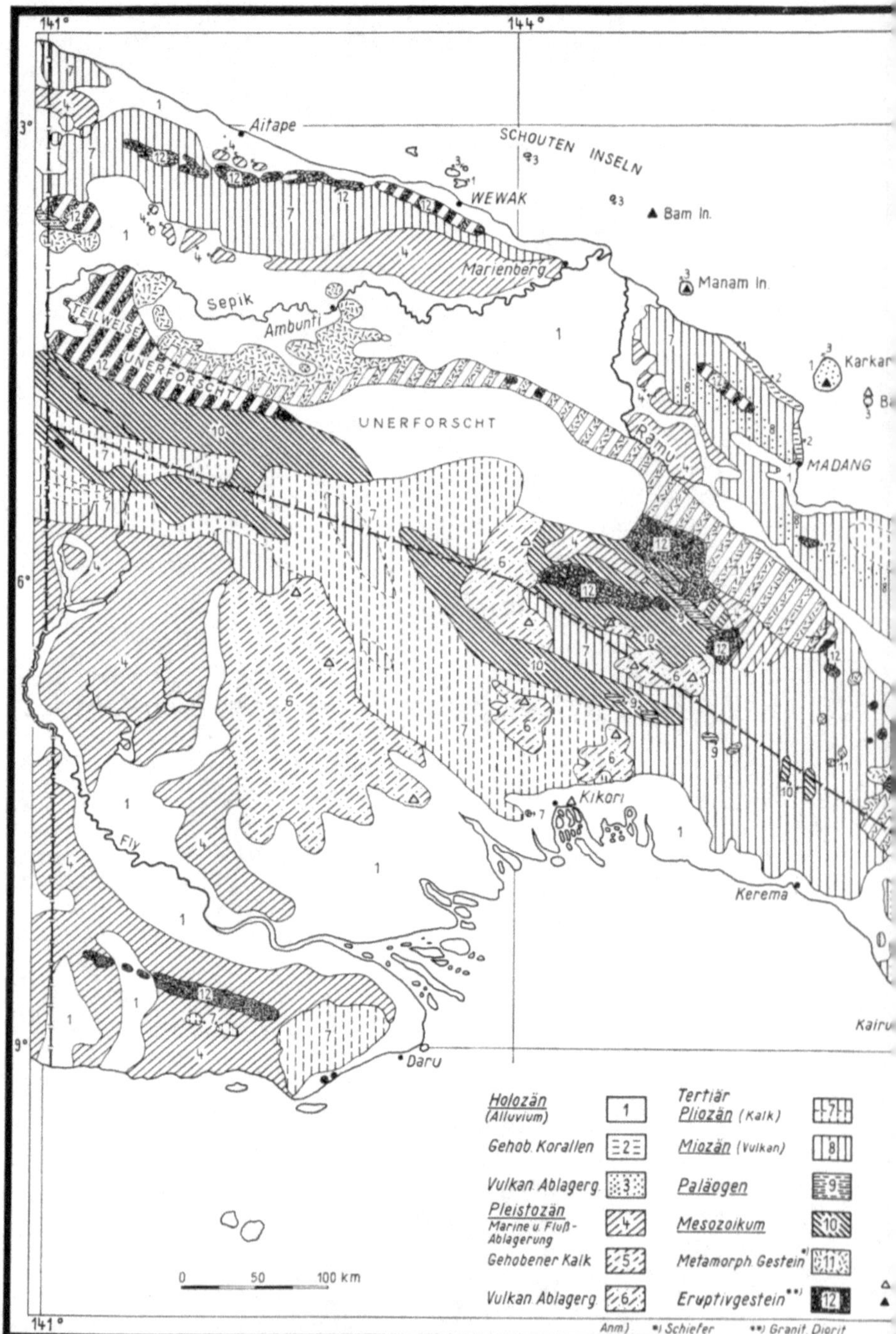

KARTE 3 Geologi

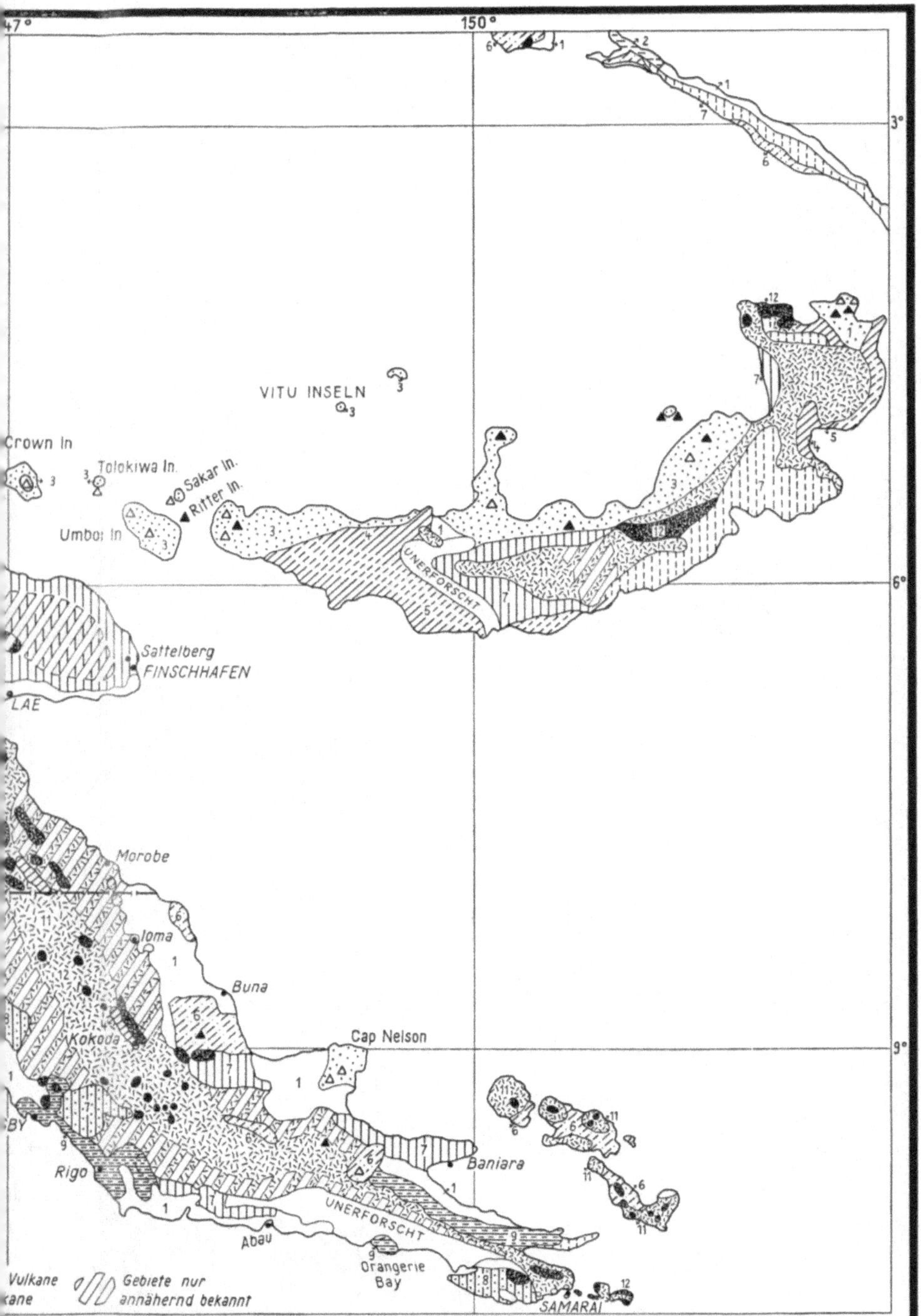

Karte von Neu-Guinea

Karte 5

Niederschlagskarte von Neu-Guinea

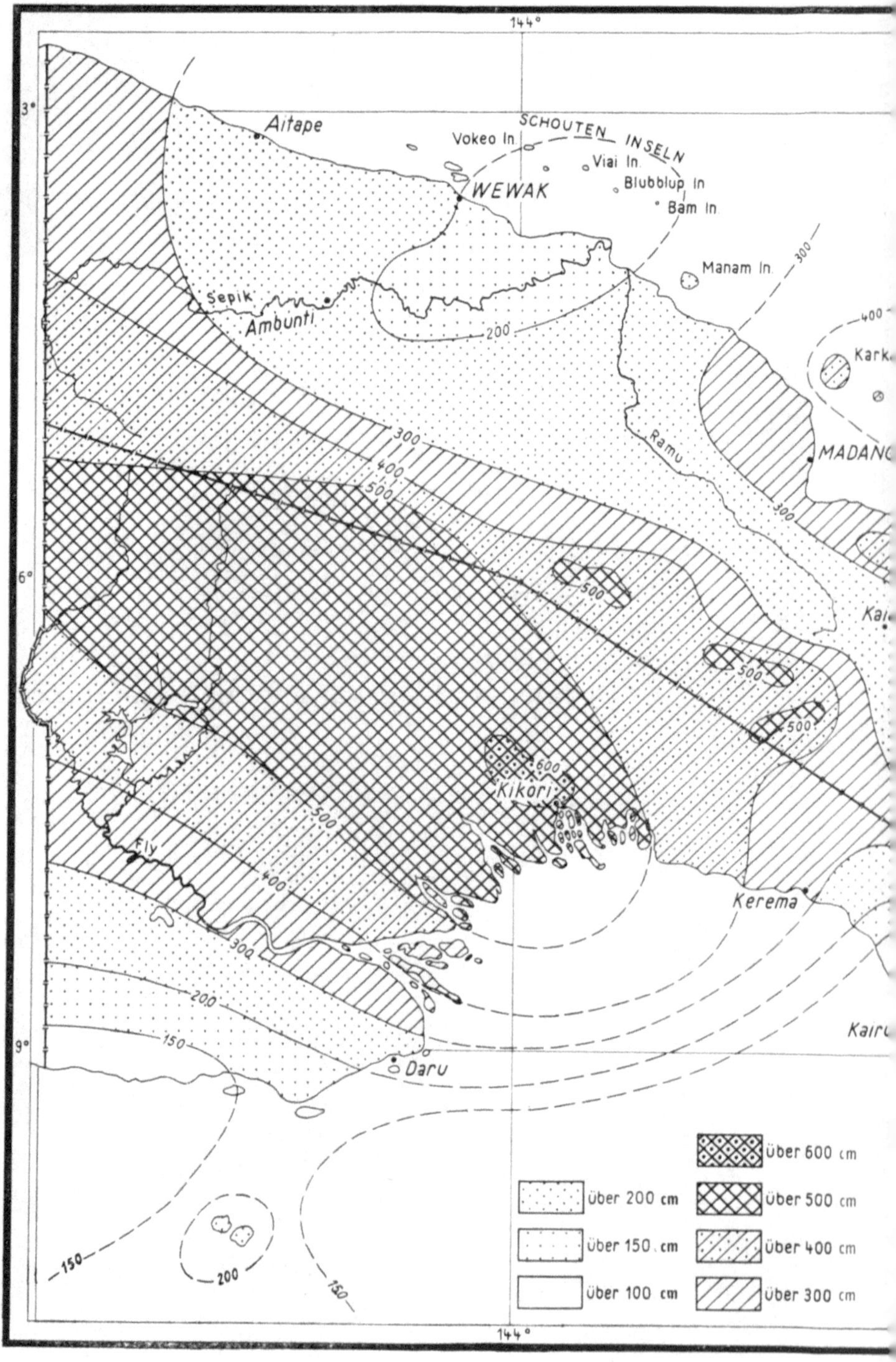

KARTE 5 Niedersc

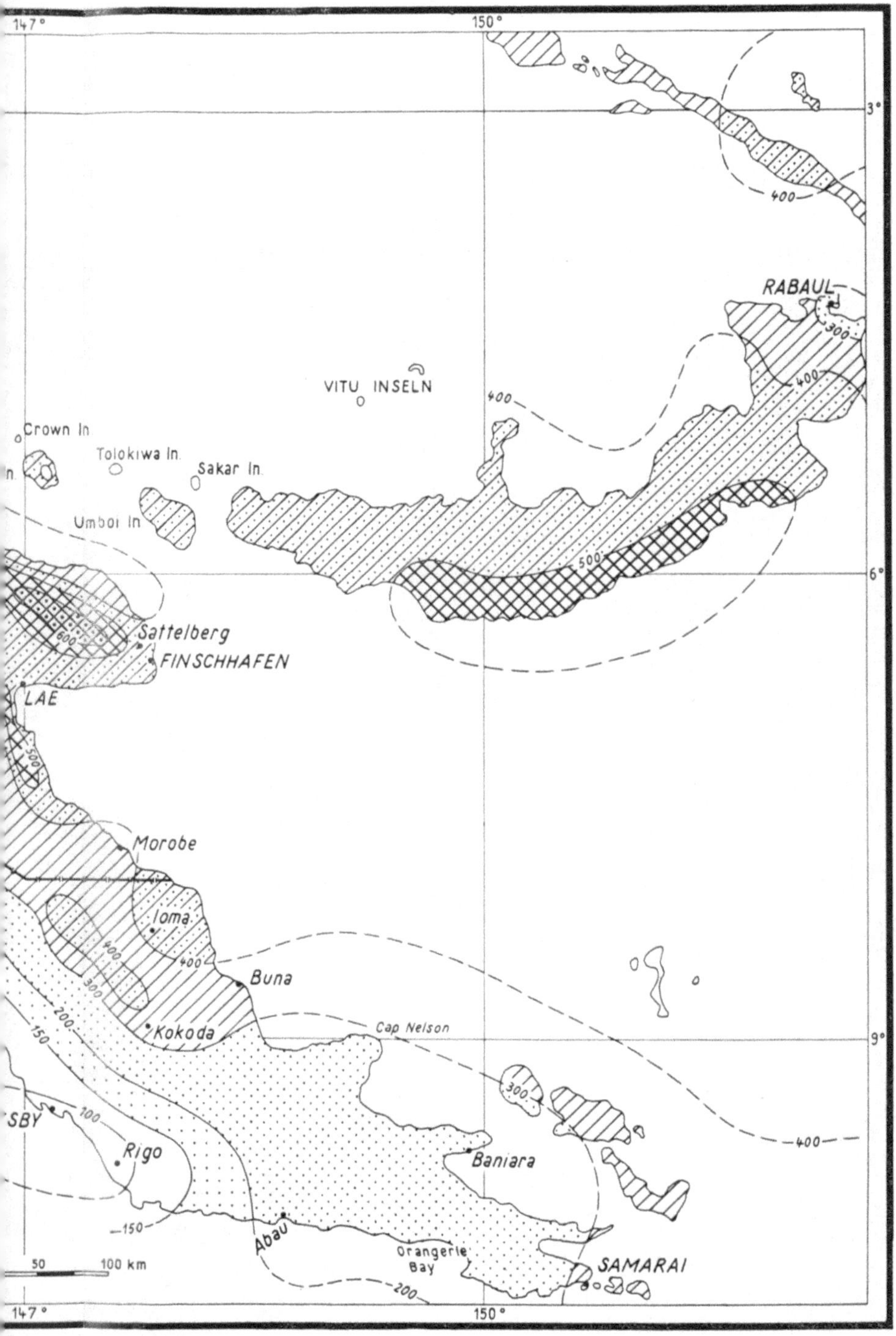

arte von Neu-Guinea

Karte 6

Vegetationskarte von Neu-Guinea

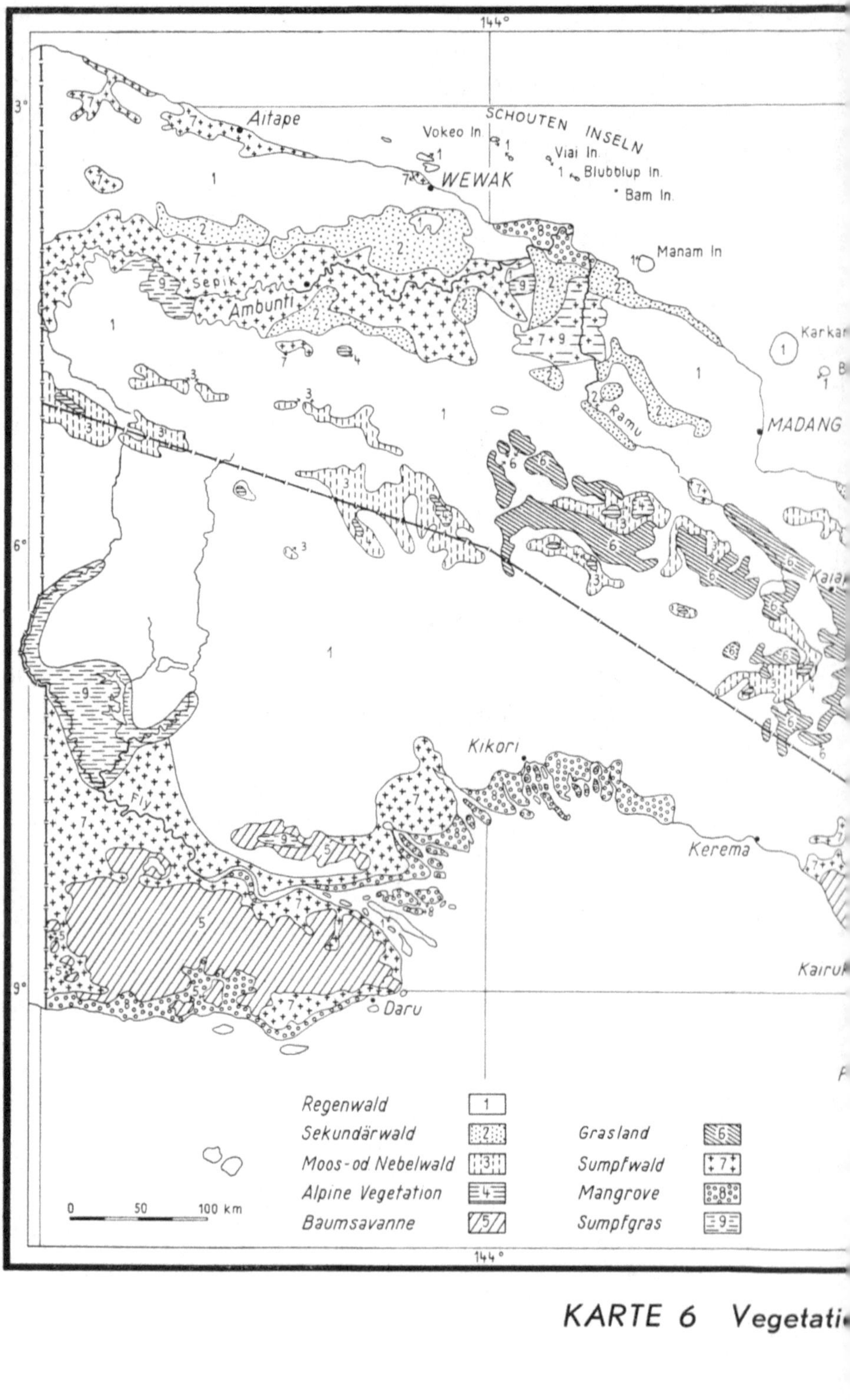

KARTE 6 Vegetati

rte von Neu-Guinea

Karte 7

Verkehrskarte von Neu-Guinea

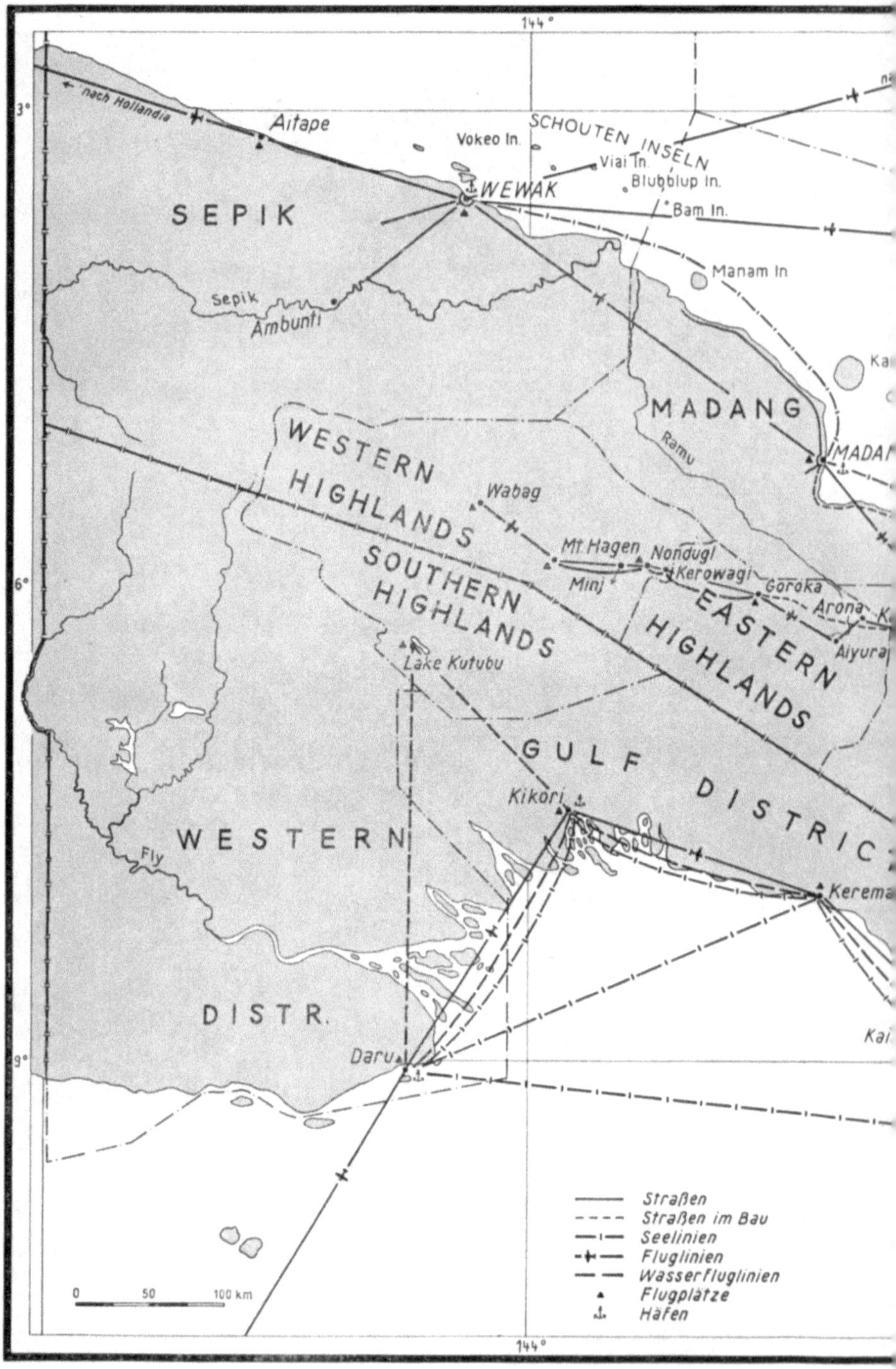

KARTE 7 Verke

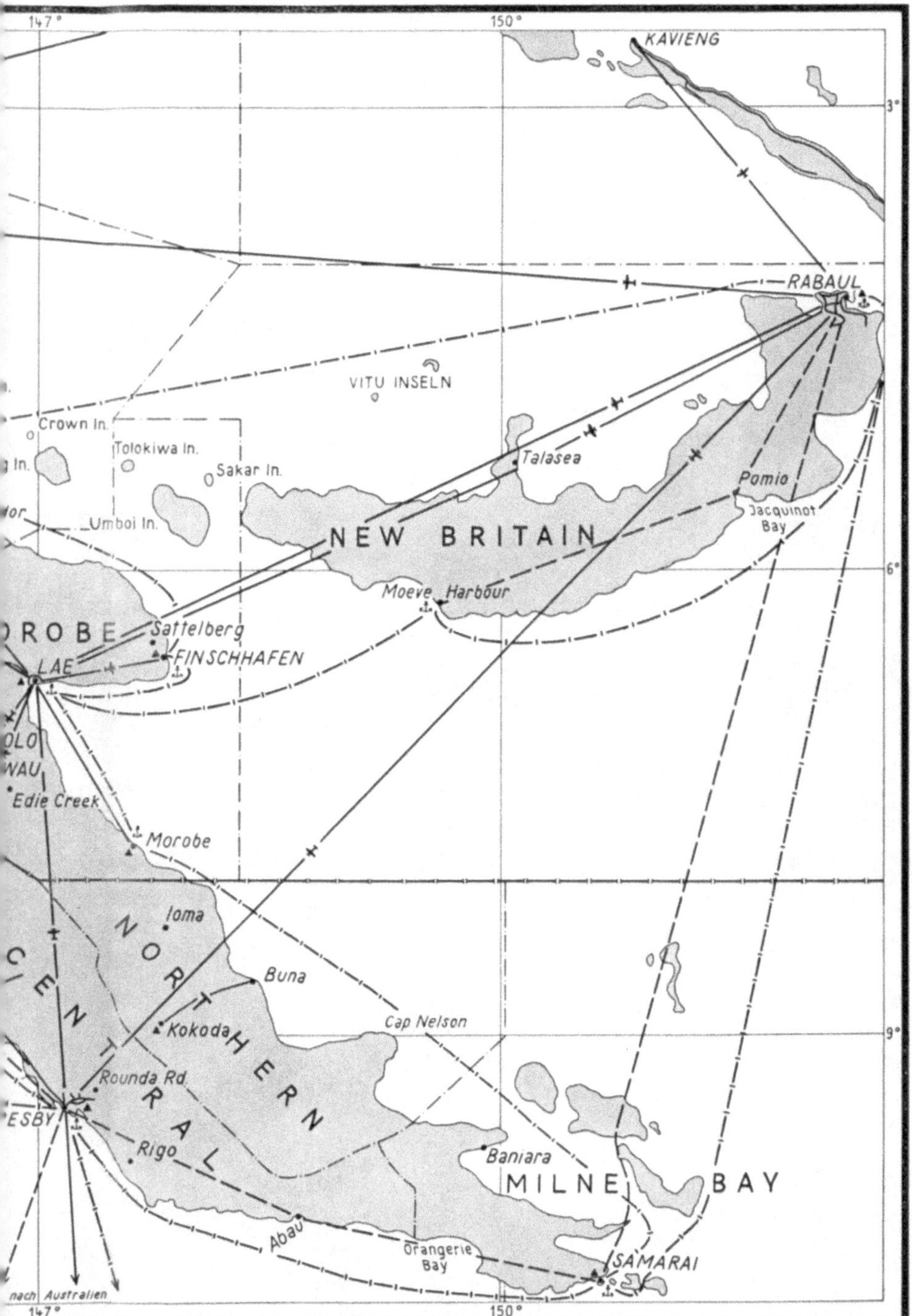

rte von Neu-Guinea

Zeitfracht Medien GmbH
Ferdinand-Jühlke-Straße 7
99095 Erfurt, Deutschland
produktsicherheit@kolibri360.de